Karl-Heinz Hauck

# Meßwert-Analyse

Karl-Heinz Hauck

# Meßwert-Analyse

**Rechnerische und graphische Auswertung von Meßdaten**

Mit 19 Praxisbeispielen

Friedr. Vieweg & Sohn Braunschweig / Wiesbaden

CIP-Titelaufnahme der Deutschen Bibliothek

**Hauck, Karl-Heinz:**
Messwert-Analyse: rechnerische und graphische Auswertung von Messdaten; mit 19 Praxisbeispielen / Karl-Heinz Hauck. – Braunschweig; Wiesbaden: Vieweg, 1990
(Viewegs Fachbücher der Technik)
ISBN 3-528-03368-1



Das in diesem Buch enthaltene Programm-Material ist mit keiner Verpflichtung oder Garantie irgendeiner Art verbunden. Der Autor übernimmt infolgedessen keine Verantwortung und wird keine daraus folgende oder sonstige Haftung übernehmen, die auf irgendeine Art aus der Benutzung dieses Programm-Materials oder Teilen davon entsteht.

Der Verlag Vieweg ist ein Unternehmen der Verlagsgruppe Bertelsmann.

Umschlaggestaltung: Hanswerner Klein, Leverkusen
Druck und buchbinderische Verarbeitung: W. Langelüddecke, Braunschweig
Printed in Germany

ISBN 3-528-03368-1

# Vorwort

Dieses Buch hat die Aufgabe, Anregungen zur Verarbeitung von Daten aus Messungen elektronischer Vorgänge zu geben, das heißt Meßwerte oder Meßreihen so zu analysieren, daß der beobachtete Vorgang mathematisch möglichst genau durch eine Funktionsgleichung beschrieben werden kann. Das gelingt entweder über selbst gezeichnete und dann ausgewertete graphische Darstellungen oder über die Eingabe der Meßwerte in einen Computer, der die Berechnungen mit dem vorgegebenen Programm weitaus schneller durchführt, die Ergebnisse anzeigt, ausdruckt und gegebenenfalls auch die zugehörigen Diagramme zeichnet.

Darüberhinaus sollen zur Erweiterung der mathematischen und zeichnerischen Fähigkeiten des Lesers auch Tabellen aus der Fachliteratur untersucht und graphisch und rechnerisch ausgewertet sowie Anregungen gegeben werden, Arbeitsunterlagen mit einfacher Ablesbarkeit für den eigenen Bedarf zu erstellen.

Die Ausführungen sind so gehalten, daß sie möglichst wenig über die Schulmathematik der gymnasialen Mittelstufe hinausgehen, und ausführlicher mitunter, weil auch ein Kreis weniger Vorgebildeter oder „Einsteiger" in das Gebiet der Elektronik angesprochen werden soll. Hierunter verstehen wir Autodidakten oder Bastler, die schon gewisse Grundkenntnisse auf dem Gebiet der Elektronik haben, die aber noch eine Erweiterung ihres Wissens anstreben. Diesem Leserkreis sollen hier einige mathematische Anregungen gegeben werden. Naturwissenschaftliche oder technische Phänomene lassen sich aber nun einmal nicht ohne mathematische Symbole oder Funktionen beschreiben und analysieren.

Die hier behandelten Meßdaten aus elektronischen Vorgängen können verschiedenen Ursprungs sein: Es kann sich um eigene Meßergebnisse handeln, um Zahlen oder Tabellen aus der Fachliteratur, es können Formeln mit vorgegebenen Werten zur praktischen Anwendung kommen, oder es besteht Veranlassung, die Abhängigkeit mehrerer Variablen in einem einzigen Schaubild darzustellen. Bei eigenen auszuwertenden Meßreihen besteht eines der Probleme darin, daß jedes Meßergebnis mit Fehlern behaftet ist, mindestens aber sein kann. Darum muß Wert darauf gelegt werden, daß diese so gut wie möglich eliminiert werden. „Von Hand" geschieht das durch die Regressionsanalyse oder andere rechnerische oder zeichnerische Verfahren, vom Computer wird diese meist mühevolle Arbeit aber durch das hier erarbeitete Programm automatisch erledigt.

Gleich welcher Weg beschritten wird, so soll doch angeraten werden, Meßergebnisse sogleich auf mm-Papier graphisch darzustellen, weil man dann sofort erkennen kann, ob einzelne Punkte herausfallen, die noch zu kontrollieren wären, ob generell starke Streuungen zu einer Änderung der Meßmethodik auffordern oder ob Ablesefehler vorgekommen sind, die zum Beispiel bei Verwendung von Multimetern mit mehreren Skalen oft gemacht werden.

Das hier durchgehend angewandte Prinzip zur Ermittlung gültiger Funktionen besteht darin, eventuell gefundene nichtlineare Abhängigkeiten ( = Kurven) in der graphischen

Darstellung durch Verwendung anderer Koordinatensysteme zu Geraden zu „strecken“, aus denen sich dann die gesuchten Gesetzmäßigkeiten ableiten lassen. Eine Gerade hat bekanntlich den Vorteil, daß ihre Lage schon durch zwei Punkte bestimmt ist, wobei zur Kontrolle aber oft ein dritter Punkt wünschenswert ist. Sie gestattet es aber auch, Zwischenwerte genauer ablesen zu können, und schließlich ermöglicht sie die Extrapolation, das heißt die Ermittlung von extrem liegenden Werten, die nicht durch Messung erhalten wurden.

Trotz vieler Beispiele aus der Praxis liegt hier kein „Kochbuch“ vor, nach dessen Rezepten man vorgehen und Probleme sofort lösen kann, sondern Text und Bildbeispiele möchten erarbeitet werden und ein Wegweiser für Elektroniker sein, Gesetzmäßigkeiten aus erhaltenen Werten abzuleiten. Daneben soll gezeigt werden, wie man vermeiden kann, häufig benutzte Formeln immer wieder neu mit Werten zu füllen: Ein einmal – wenn auch in mühsamer Kleinarbeit – erstelltes Diagramm bedeutet eine große Arbeitserleichterung und es vermindert oder es vermeidet Rechenfehler.

Selbstverständlich sind mit den hier beschriebenen Verfahren und Anregungen nicht alle Probleme der Meßwert-Analyse zu lösen, zum Beispiel werden Funktionen mit Minima, Maxima oder Wendepunkten nicht erfaßt. Die Beispiele und Kurvendiskussionen zeigen aber, daß zahlreiche technische Probleme – auch über das Fachgebiet der Elektronik hinaus – zu analysieren sind.

Im wesentlichen werden in diesem Buch behandelt:

1. Lineare Funktionen: $y = m \cdot x + n$
2. Exponentialfunktionen: $y = n \cdot e^{(m \cdot x)}$
3. Potenzfunktionen: $y = n \cdot x^m$
4. Logarithmische Funktionen: $y = m \cdot \ln(x) + n$
   bzw. $y = m \cdot \lg(x) + n$

Hamburg, im August 1990 *K.-H. Hauck*

# Inhaltsverzeichnis

# 1 Auswertung von Messungen mit linearen Abhängigkeiten

Bei elektronischen Messungen wird vorwiegend die Abhängigkeit zweier Größen voneinander festgestellt, die man ganz allgemein mit x und y bezeichnen kann. Ihre Beziehung zueinander wird so beschrieben, daß y eine Funktion von x ist, also in Form einer Gleichung: $y = f(x)$ (lies: y gleich Funktion von x).

x wird das Argument genannt, es ist die unabhängige Veränderliche (Variable). y ist die abhängige Veränderliche. Im einfachsten Fall ist eine solche Abhängigkeit linear, das heißt die graphische Darstellung der Gleichung $y = f(x)$ ergibt eine Gerade. Als bekanntestes Beispiel sei das Ohmsche Gesetz angeführt: Bei einer bestimmten Spannung (x) fließt ein bestimmter Strom (y) durch einen Widerstand. Verdoppelt man die Spannung, so fließt ein doppelt so großer Strom, dreifache Spannung läßt einen dreifachen Strom fließen usw. Mit der Auswertung derartiger Meßergebnisse, die bei graphischer Darstellung eine Gerade ergeben, befaßt sich das 1. Kapitel.

Jedem Praktiker ist bekannt, daß Messungen nie oder ganz selten so fehlerfrei sind, daß alle Punkte bei der graphischen Darstellung genau auf einer Geraden oder auf einer – später zu behandelnden – Kurve liegen, sondern daß gewisse Streuungen zu beobachten sind, auf deren Ursachen hier nicht näher eingegangen werden soll. Um diese Streuungen zu eliminieren, das heißt um die „ideale" Gerade (oder Kurve) zu finden, bedient man sich einer statistischen Methode, der „Regressionsanalyse", die mit relativ geringem Rechenaufwand zu der bestmöglichen zeichnerischen Darstellung der gesuchten Abhängigkeit führt. Darüberhinaus kann man durch die Berechnung des sogenannten „Korrelationskoeffizienten" sogar noch etwas über die Zuverlässigkeit der graphischen Darstellung aussagen.

## 1.1 Diskussion einer Geraden

**Praxisbeispiel 1: Messungen an einem NTC-Widerstand**

Als Beispiel für den linearen Zusammenhang zwischen zwei Größen werden hier Messungen an einem NTC-Widerstand gewählt: Die Bezeichnung NTC bedeutet, daß es sich um ein Bauelement mit **n**egativem **T**emperatur **C**oeffizienten handelt, dessen Widerstandswert also mit steigender Temperatur abnimmt (rund 4 %/K). Man bezeichnet diese Widerstände auch als Thermistoren oder Heißleiter. Im Gegensatz dazu stehen reine Metalle (= Kaltleiter), deren Widerstandswert mit steigender Temperatur zunimmt, ebenfalls um rund 4 %/K.*) Wenn an einen NTC-Widerstand eine konstante Spannung angelegt wird, so wird er von einem Strom durchflossen, dessen Größe von der Eigentem-

*) Literatur: [1] S 31; [8] S. 19; [11] S. 231; [14] S. 152; [16] S. 107; [17] S. 59; [19] S. 196; [23] H 1 S. 26; [25] H 5 S. 33

peratur des NTC-Widerstandes abhängig ist. Wählt man die angelegte Spannung sehr klein oder begrenzt man den durch den Heißleiter fließenden Strom durch einen Vorwiderstand, dann bleibt der Heißleiter im Bereich der sogenannten „Fremderwärmung", das heißt sein Widerstandswert bzw. der durch ihn fließende Strom ist allein von seiner Umgebungstemperatur abhängig. Erhöht man den Strom – durch Vergrößerung der angelegten Spannung oder durch Verkleinerung des Vorwiderstandes – so daß der Thermistor mehr Leistung verbraucht, so kommt er in den Bereich der „Eigenerwärmung" und ist als Temperaturfühler nicht mehr brauchbar.

Also: Fließender Strom – eine Funktion der Umgebungstemperatur. Den Strom wollen wir jetzt y nennen, weil seine Werte später (Bild 1.1) auf der – senkrechten – Ordinatenachse aufgetragen werden, und die Temperatur soll mit x bezeichnet werden, weil ihre Werte auf der – horizontalen – Abszissenachse aufgetragen werden. Dann läßt sich die Abhängigkeit vereinfacht zum Ausdruck bringen: $y = f(x)$. Man erkennt in Bild 1.1, daß die Meßpunkte im Temperaturbereich 40–130 °C sehr wenig um die eingezeichnete Gerade streuen, während außerhalb dieser Temperaturgrenzen deutlich Abweichungen von der Linearität zu beobachten sind. Dieses Beispiel zeigt, wie in der Einleitung erwähnt, daß es mitunter nützlich ist, die Tabelle der Meßergebnisse – wenigstens grob – graphisch darzustellen, um von vornherin erkennen zu können, daß nur der lineare Teil dieser Graphik zur Auswertung herangezogen werden kann. Mit anderen Worten: Auch nur in diesem linearen Bereich führt die Benutzung eines NTC-Widerstandes über die Registrierung des fließenden Stromes zu leicht auswertbaren Temperaturmessungen.

Auf die Zweckmäßigkeit bzw. Notwendigkeit, bei der Auswertung von Meßdaten mitunter nur einen Teil davon zu benutzen, wird zu Beginn des Kapitels 12 noch einmal eingegangen: Computer-Berechnungen erlauben bei solchen Entscheidungen eine wesentliche Arbeitserleichterung.

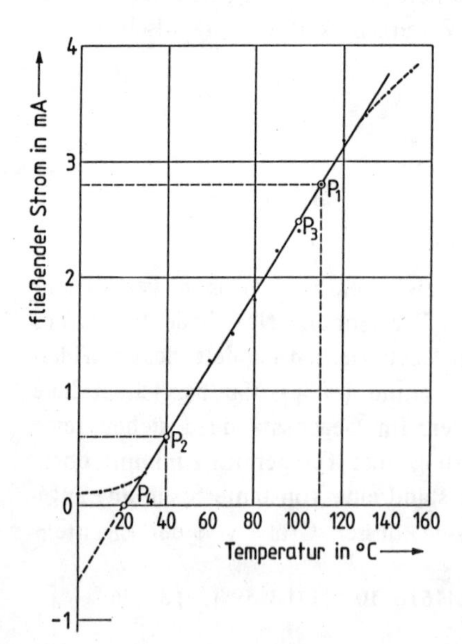


**Bild 1.1**

Abhängigkeit des fließenden Stromes y (in mA) von der Temperatur x (in °C) eines NTC-Widerstandes:
$y = 0{,}03\,x - 0{,}66$

Die in Bild 1.1 gezeichnete Gerade ist schon nach der Regressionsanalyse so berechnet – man würde sie wahrscheinlich nach Augenmaß ähnlich legen, weil recht streuarme Messungen zugrunde lagen. Streuen aber die Meßwerte mehr, wie es der Fall wäre, wenn zum Beispiel eine unstabilisierte Spannung benutzt würde, wenn der Temperaturausgleich mal mehr und mal weniger abgewartet worden wäre, oder wenn nur ein minderwertiges Vergleichsthermometer zur Verfügung gestanden hätte, dann ist oft die Entscheidung schwer, wie eine Gerade oder Kurve durch die eingetragenen Meßpunkte zu legen ist.*) (Vergleiche das später benutzte Beispiel mit fiktiven Werten in Bild 1.2, S. 6)

Nicht immer mag es wichtig sein, eine solche Gerade optimal zu zeichnen, wie es die Regressionsanalyse erlaubt, die zur geringsten Fehlerwahrscheinlichkeit führt. Will man aber aus derartigen Meßwerten wie in diesem Falle zum Beispiel ein Milliamperemeter in °C eichen, das – sozusagen lebenslänglich – genau sein soll, so darf man nicht zufällige Meßwertschwankungen in die Skala einarbeiten.

Zunächst einige Worte zur Erinnerung an die Gerade – „die kürzeste Verbindung zwischen zwei Punkten" – und eine Bekanntmachung mit der durchgehend benutzten Schreibweise der mathematischen Formeln.

Eine Gerade hat die allgemeine Gleichung

$$\boxed{y = m \cdot x + n} \quad {}^{**)} \tag{1.1}$$

Darin sind x und y die korrelierenden Werte irgend eines Punktes der Geraden. (In Bild 1.1 z.B. gehören zu $P_1$: $y = 2{,}8$ mA und $x = 110\,°C$ – gestrichelt eingezeichnet.) m in Gleichung 1.1 ist der sogenannte Richtungsfaktor der Geraden, der über ihre Neigung Auskunft gibt. Ist m positiv, so liegt die Gerade steigend wie in Bild 1.1. Ist m dagegen negativ, dann geht die zugehörige Gerade von links oben nach rechts unten, der Winkel mit der positiven Richtung der x-Achse wäre so größer als 90°***). Man nennt eine solche Gerade dann fallend und ihre allgemeine Gleichung würde lauten: $y = -m \cdot x + n$. Dieser Richtungsfaktor m kann leicht ermittelt werden, wenn man sich zwei beliebige Punkte auf der betrachteten Geraden heraussucht, wobei man möglichst solche wählt, die einfache x- und y-Werte ablesbar machen. In Bild 1.1 sind die gewählten Punkte $P_1$ und $P_2$ durch Kreise gekennzeichnet und die benötigten Hilfslinien gestrichelt bzw. strichpunktiert. Der Richtungsfaktor m einer Geraden wird nach folgender Gleichung bestimmt:

$$\boxed{m = \frac{y_1 - y_2}{x_1 - x_2}} \tag{1.2}$$

Für $P_1$ in Bild 1.1 kann abgelesen werden:

$y_1 = 2{,}8$ und $x_1 = 110$

---

*) Literatur: [4] S. 26

**) Grundlegende mathematische Gleichungen und solche, die später noch einmal benutzt werden, sind durch Umrahmung und alle Gleichungen sind durch eine fortlaufende Numerierung in den einzelnen Kapiteln gekennzeichnet.

***) Literatur: [4] S. 20

Für $P_2$ gilt:

$$y_2 = 0{,}6 \text{ und } x_2 = 40$$

Dann folgt nach Gleichung 1.2:

$$y_1 - y_2 = 2{,}8 - 0{,}6 = 2{,}2 \quad \text{und}$$
$$x_1 - x_2 = 110 - 40 = 70$$

Für diese Gerade ist also m = 2,2 : 70 = 0,0314. Wäre m größer, dann läge die Gerade steiler, wäre m kleiner, dann läge sie flacher.

Das n in der allgemeinen Geradengleichung 1.1 wird durch den Punkt ermittelt, in dem die Gerade die (senkrechte) y-Achse schneidet. In Bild 1.1 liegt dieser Punkt unterhalb der x-Achse, also ist n negativ. Zu schätzen ist: n ungefähr − 0,6.

## 1.2 Die Regressionsanalyse

Nach dieser kurzen Rückblende auf die analytische Geometrie kommen wir zur Regressionsanalyse, einem Verfahren, das es gestattet, eine optimale Gerade durch eine Schar streuender Meßwerte zu legen.*) Aus Bild 1.1 wird deutlich, daß nur ein Teil der Meßpunkte durch eine Gerade gedeckt werden kann, und nur dieser gerade Teil soll und kann für die Kalibrierung des Meßinstrumentes (°C statt mA) benutzt werden. Aus Gründen der einfachen Mittelwertbildung wurden 10 Meßpunkte ausgewählt, die auf dem geraden Teilstück liegen: x = 40 bis 130 °C.

Das Verfahren der Regressionsanalyse wird anhand der Tabelle 1.1 erläutert: In Spalte 1 ist ist eine laufende Numerierung der Meßpunkte (N), in Spalte 2 die Temperatur (x) und in Spalte 3 der zugehörige Strom (y) für die gewählten Meßpunkte (d.h. die effektiven Meßwerte) eingetragen.

**Tabelle 1.1**

| 1<br>N | 2<br>x | 3<br>y | 4<br>$(x-\bar{x})$ | 5<br>$(y-\bar{y})$ | 6<br>$(x-\bar{x})(y-\bar{y})$ | 7<br>$(x-\bar{x})^2$ | 8<br>$(y-\bar{y})^2$ |
|---|---|---|---|---|---|---|---|
| 1 | 40 | 0,56 | −45 | −1,45 | 65,25 | 2025 | 2,10 |
| 2 | 50 | 0,98 | −35 | −1,03 | 36,05 | 1225 | 1,06 |
| 3 | 60 | 1,26 | −25 | −0.75 | 18,75 | 625 | 0,56 |
| 4 | 70 | 1,50 | −15 | −0,51 | 7,65 | 225 | 0,26 |
| 5 | 80 | 1,80 | − 5 | −0,21 | 1,05 | 25 | 0,04 |
| 6 | 90 | 2,22 | + 5 | +0,21 | 1,05 | 25 | 0,04 |
| 7 | 100 | 2,40 | +15 | +0,39 | 5,85 | 225 | 0,15 |
| 8 | 110 | 2,80 | +25 | +0,79 | 19,75 | 625 | 0,62 |
| 9 | 120 | 3,18 | +35 | +1,17 | 40,95 | 1225 | 1,37 |
| 10 | 130 | 3,40 | +45 | +1,39 | 62,55 | 2025 | 1,93 |
|  | Σ 850 | Σ 20,10 |  |  | Σ 258,90 | Σ 8250 | Σ 8,15 |
|  | $\bar{x}$ 85 | $\bar{y}$ 2,01 |  |  |  |  |  |

*) Literatur: [6] S. 145; [7] S. 167; [10] S. 62

Aus diesen Spalten lassen sich die Werte der Spalten 4 bis 8 berechnen. Die Querstriche über x und y, also die Schreibweise $\bar{x}$ und $\bar{y}$ (lies: x quer und y quer) bezeichnet die Mittelwerte aller x und y, sie sind unterhalb der Spalten 2 und 3 zu finden. Das Zeichen Σ (der große Buchstabe Sigma des griechischen Alphabets) heißt: Die Summe aus .... Beides sind in der Mathematik, insbesondere in der Statistik übliche Schreibweisen bzw. Symbole. Da alle Rechenwerte in Tabelle 1.1 eingetragen sind, ist leicht nachzuvollziehen, wie sie zustande kamen.

Zunächst wird m der allgemeinen Geradengleichung 1.1 bestimmt. Es ist:

$$\boxed{m = \frac{\Sigma\,(x-\bar{x})\cdot(y-\bar{y})}{\Sigma\,(x-\bar{x})^2}} \qquad (1.3)$$

Mit den Werten aus Tabelle 1.1 wird nach Gleichung 1.3:

$$m = \frac{258{,}9}{8250} = 0{,}0314,$$

wie es auch nach Gleichung 1.2 schon berechnet wurde.

Dann folgt die Berechnung von n nach folgender Formel:

$\boxed{n = \bar{y} - m \cdot \bar{x}}$ (Gleichung 1.4 – vergleichbar mit der umgestellten Gleichung 1.1).

Mit den Werten aus Tabelle 1.1 ist

$$n = 2{,}01 - (0{,}0314 \cdot 85) = -0.659$$

(Schätzend war dieser Wert aus Bild 1.1 bereits abzulesen.) Nun läßt sich mit m = 0.0314 und n = – 0.659 nach Gleichung 1.1 die Funktion dieser Regressionsgeraden aufstellen:

$$y = 0{,}0314 \cdot x - 0{,}659$$

Sie stellt die „bestmögliche Verbindung aller Meßwerte" dar.

Die im Kapitel 12 beschriebene Computerberechnung mit den erhaltenen Meßergebnissen liefert die Gleichung

$$y = 0{,}0314 \cdot x - 0.6575$$

Der Korrelationskoeffizient, auf den im Kapitel 1.3 (S. 8) eingegangen wird, ist K = 0.9984. Bei genaueren Messungen hätte er nur Neunen hinter dem Komma, bzw. würde mit genau K = 1 angezeigt.

Es ist jetzt aber noch interessant festzustellen, daß man ein ganz anderes Computerergebnis erhalten würde, wenn nicht nur die auf der Geraden liegenden Punkte, sondern alle Meßwerte zur Berechnung herangezogen würden. Dann würde man ein m = 0,029 (statt 0,0314) und ein n = – 0,439 (statt – 0,659 bzw. – 0,6576) finden und der Korrelationskoeffizient wäre noch kleiner, das heißt „schlechter", nämlich K = 0,996.

Diese, nur interessehalber in den Computer eingegebenen, insgesamt gemessenen Werte führen also – wegen des kleinen K – zu einem unbefriedigenden Ergebnis, das vermieden werden kann, wenn man – wie gesagt – sich durch eine kleine graphische Darstellung zunächst vergewissert, welcher Teil der Meßwerte wirklich auf einer Geraden liegt, das heißt praktisch auswertbar ist.

Die Regressionsgerade ist leicht zu zeichnen, wenn zwei Punkte berechnet werden. Dazu wählt man möglichst einfache Koordinatenwerte:

a) x = 100 in die Gleichung der Geraden eingesetzt ergibt:

$$y = 0{,}0314 \cdot 100 - 0{,}659 = 3{,}14 - 0{,}659 = 2{,}48$$

Mit x = 100 und y = 2,48 kann Punkt $P_3$ in Bild 1.1 eingetragen werden.

b) y = 0 in die Gleichung eingesetzt ergibt:

$$0 = 0{,}0314\,x - 0{,}659$$
$$0{,}0314\,x = 0{,}659$$
$$x = 20{,}98$$

Mit y = 0 und x = 20,98 kann Punkt $P_4$ in Bild 1.1 eingetragen werden.

Selbstverständlich liegen die vorher für die Berechnung von m benutzten Punkte $P_1$ und $P_2$ ebenfalls auf der Geraden.

Eingangs wurde schon erwähnt, daß dem Bild 1.1 sehr streuarme Messungen zugrundeliegen. Darum soll an einem fiktiven Beispiel gezeigt werden, wie wichtig es sein kann die Regressionsanalyse durchzuführen – nämlich dann, wenn die Meßwerte so stark streuen, daß das Zeichnen einer Geraden zu einer „Gewissensfrage" wird.

In Bild 1.2 sind von links unten nach rechts oben streuende Meßpunkte eingezeichnet (in Tabelle 1.2 aufgelistet), die dazu anregen könnten, die gestrichelt eingezeichnete Gerade zum Ausgleich aller Streuungen zu zeichnen. Man ist, wie dieses Beispiel zeigt, geneigt, die Gerade durch den Koordinatenursprung gehen zu lassen. Für diese gestrichelte

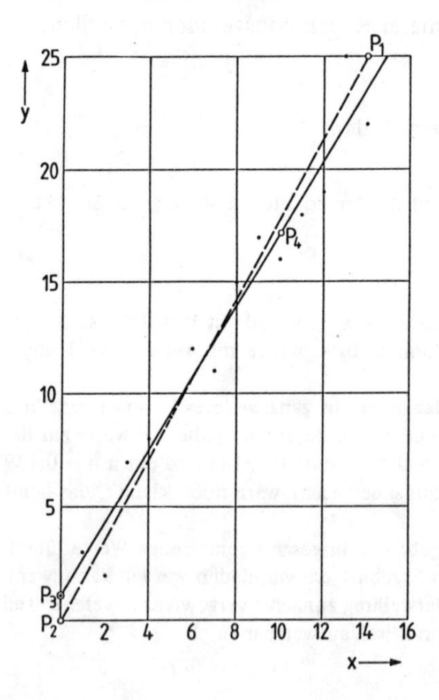


**Bild 1.2**
Auftragen fiktiver Werte von y gegen x zur Erläuterung des Korrelationskoeffizienten

**Tabelle 1.2**

| 1<br>x | 2<br>y | 3<br>$(x-\bar{x})$ | 4<br>$(y-\bar{y})$ | 5<br>$(x-\bar{x})(y-\bar{y})$ | 6<br>$(x-\bar{x})^2$ | 7<br>$(y-\bar{y})^2$ |
|---|---|---|---|---|---|---|
| 1 | 3 | −6,5 | −10,143 | 65,93 | 42,25 | 102,88 |
| 2 | 2 | −5,5 | −11,143 | 61,29 | 30,25 | 124,17 |
| 3 | 7 | −4,5 | − 6,143 | 27,64 | 20,75 | 37,74 |
| 4 | 8 | −3,5 | − 5,143 | 18,00 | 12,25 | 26,45 |
| 5 | 9 | −2,5 | − 4,143 | 10,36 | 6,25 | 17,16 |
| 6 | 12 | −1,5 | − 1,143 | 1,71 | 2,25 | 1,31 |
| 7 | 11 | −0,5 | − 2,143 | 1,07 | 0,25 | 4,59 |
| 8 | 15 | +0,5 | + 1,857 | 0,93 | 0,25 | 3,45 |
| 9 | 17 | +1,5 | + 3,857 | 5,79 | 2,25 | 14,88 |
| 10 | 16 | +2,5 | + 2,857 | 7,14 | 6,25 | 8,16 |
| 11 | 18 | +3,5 | + 4,857 | 17,00 | 12,25 | 23,59 |
| 12 | 19 | +4,5 | + 5,857 | 26,36 | 20,25 | 34,30 |
| 13 | 25 | +5,5 | +11,857 | 65,21 | 30,25 | 140,59 |
| 14 | 22 | +6,5 | + 8,857 | 57,57 | 42,25 | 78,45 |
| Σ 105<br>$\bar{x}$ = 7,5 | Σ 184<br>$\bar{y}$ = 13,143 | | | Σ 366,00 | Σ 227,50 | Σ 617,75 |

Gerade läßt sich mit den eingezeichneten Punkten $P_1$ und $P_2$ nach Gleichung 1.2 der Richtungsfaktor m ermitteln:

$$m = \frac{25-0}{14-0} = 1{,}79$$

Der Ordinatenabschnitt ist Null, weil die gedachte Gerade durch den Nullpunkt geht; also würde ihre Gleichung lauten:

$$y = 1{,}79 \cdot x$$

Führt man nun aber die Regressionsanalyse durch, dann ist die Tabelle 1.2 zu berechnen. In ihr sind in den Spalten 1 und 2 die fiktiven Werte aufgeschrieben und danach die übrigen Spalten berechnet. Nach Gleichung 1.3 erhält man den Richtungsfaktor:

$$m = \frac{366}{227{,}5} = 1{,}609$$

Nach Gleichung 1.4 ist der Ordinatenabschnitt berechenbar:

$$n = 13{,}143 - 1{,}609 \cdot 7{,}5$$
$$n = 1{,}075$$

Damit ist die Gleichung dieser Geraden bestimmt, die durch Anwendung der Regressionsanalyse genauer ist als die obenstehende:

$$y = 1{,}609\,x + 1{,}075.$$

Zur Konstruktion der Regressionsgeraden sind wieder zwei Punkte einzusetzen. $P_3$ ist durch den berechneten Ordinatenabschnitt (n = 1,075) schon gegeben, für $P_4$ findet man mit x = 10:

$$y = 16{,}09 + 1{,}075$$
$$y = 17{,}17$$

In Bild 1.2 ist die durch Regressionsanalyse gefundene Gerade ausgezogen gezeichnet, sie liegt statistisch gesehen besser als die zunächst geschätzte, gestrichelt gezeichnete Gerade. Die Nullpunktsannahme war also falsch.

Hier sei auch wieder das Ergebnis der Computerberechnungen im Sinne von Kapitel 12 vorweggenommen: Man erhält als Gleichung der Geraden nach Bild 1.2:

$$y = 1{,}6088\,x + 1{,}0769$$

Der Korrelationskoeffizient (siehe nachstehendes Kapitel 1.3) wird mit nur K = 0,9763 angezeigt, was bei der starken Streuung der fiktiven Meßwerte nicht verwunderlich ist. Die Übereinstimmung der „von Hand" berechneten und der vom Computer ausgegebenen Gleichungen ist aber recht gut.

## 1.3 Ermittlung des Korrelationskoeffizienten

Wenn, wie in den hier gezeigten Beispielen, eine Regressionsanalyse durchgeführt und die so berechneten Geraden gezeichnet wurden, dann ist es nützlich zu prüfen, ob für die zwischen allen x- und y-Werten gefundene, wechselseitige Beziehung eine sogenannte „Korrelation" gegeben ist. Das wird mathematisch durch den Korrelationskoeffizienten K zum Ausdruck gebracht.*) Es ist dies eine Zahl zwischen + 1 und − 1, je nachdem, ob der Zusammenhang der Werte direkt (+ 1) oder indirekt (− 1) linear ist. Mit anderen Worten: K = + 1 bedeutet, daß sowohl x als auch y gleichermaßen steigende Werte aufweisen, daß also eine steigende Gerade vorliegt. K = − 1 bedeutet, daß sich x und y gegenläufig verhalten, wie es bei fallenden Geraden zutrifft. Je näher K bei + 1 oder bei − 1 liegt, umso größer ist die Wahrscheinlichkeit für einen linearen Zusammenhang. Ist im Extremfalle K = 0, so haben die Werte x und y keinen mathematisch definierbaren Zusammenhang.

Der Korrelationskoeffizient K wird nach folgender Gleichung berechnet:

$$K = \frac{\Sigma\,(x-\bar{x})\cdot(y-\bar{y})}{\sqrt{\Sigma\,(x-\bar{x})^2\cdot\Sigma\,(y-\bar{y})^2}} \tag{1.5}$$

Zur Anwendung dieser Gleichung 1.5 ist in Tabelle 1.1 die Spalte 8 berechnet, die bisher noch nicht benutzt wurde. In Tabelle 1.2 dient Spalte 7 demselben Zweck.

*) Literatur: [6] S. 128; [7] S. 176; [10] S. 66

Für Tabelle 1.1 und die ausgezogene Gerade in Bild 1.1 folgt dann:

$$K = \frac{258{,}9}{\sqrt{8250 \cdot 8{,}15}} = \frac{258{,}9}{259{,}3} = 0{,}998$$

Für Tabelle 1.2 und die Gerade in Bild 1.2 folgt:

$$K = \frac{366}{\sqrt{227{,}5 \cdot 617{,}75}} = \frac{366}{374{,}88} = 0{,}976$$

Für die Regressionsgerade in Bild 1.1 ergibt sich somit eine „Glaubwürdigkeit" zu 99,8 %, für die Gerade in Bild 1.2 eine solche zu 97,6 %. – Das ist bei Betrachtung der Streuungen der Koordinatenwerte ein verständliches Ergebnis für beide Fälle: In Bild 1.1 lagen genaue Messungen zugrunde, in Bild 1.2 wurde mit fiktiven, starken Streuungen operiert.

Die Berechnung über den Computer führt zu dem gleichen Resultat:
Es wird für die Gerade nach Bild 1.1:

$$K = 0{,}9984$$

und für die Gerade nach Bild 1.2:

$$K = 0{,}9763.$$

Durch ein weiteres Beispiel soll noch beleuchtet werden, wie wichtig die Regressionsanalyse sein kann, wenn sehr genaue Ergebnisse aus Messungen abgeleitet werden sollen.

**Praxisbeispiel 2: Kalibrierung eines VCO**

Es gibt elektronische Schwingungserzeuger (Oszillatoren), deren Frequenz mit einer veränderbaren Gleichspannung einzustellen ist. Ein Qualitätsmerkmal dieser spannungsgesteuerten Oszillatoren (VCO = voltage controlled oscillator) ist die Linearität der Umsetzung der Steuerspannung in die am Ausgang anstehende Frequenz.*)

Mit einem solchen Oszillator (CMOS 4046 B von Fairchild) wurde eine Schaltung nach Bild 1.3 aufgebaut und die Ausgangsfrequenz $f_A$ in Abhängigkeit von der Steuerspannung $U_{VCO}$ gemessen. (Tabelle 1.3)

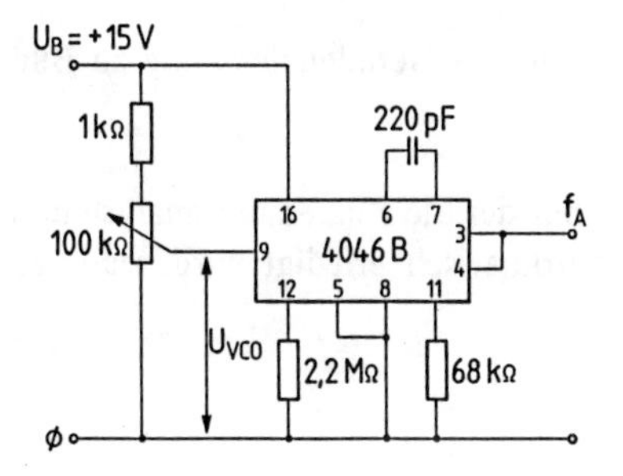


**Bild 1.3**
Schaltung zur Aufnahme der Kennlinie eines VCO

*) Literatur: [27] H2, S. 50–53

**Tabelle 1.3**

| Spannung $U_{VCO}$ V | Frequenz $f_A$ kHz |
|---|---|
| 1,2 | 0,088 |
| 2 | 4,4 |
| 3 | 10,0 |
| 4 | 15,6 |
| 5 | 21,1 |
| 6 | 26,0 |
| 7 | 31,1 |
| 8 | 35,6 |
| 9 | 40,5 |
| 10 | 45,2 |
| 11 | 50,0 |
| 12 | 54,1 |
| 13 | 58,6 |

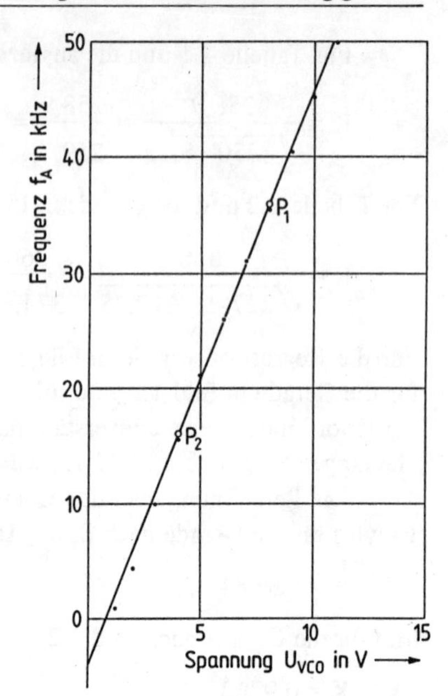


**Bild 1.4** Abhängigkeit der Oszillatorfrequenz y (in kHz) von der an den VCO angelegten Steuerspannung x (in V): $y = 5\,x - 4{,}6$

In Bild 1.4 wurde die Steuerspannung $U_{VCO}$ in Volt auf der x-Achse und die Ausgangsfrequenz $f_A$ in kHz auf der y-Achse aufgetragen. Man erkennt eine recht streuarme, lineare Abhängigkeit der beiden Größen voneinander.

Zur Ableitung der gültigen Funktion werden die Punkte $P_1$ und $P_2$ benutzt, um den Richtungsfaktor m der Geraden nach Gleichung 1.2 zu berechnen:

$$P_1 : y_1 = 36; \quad x_1 = 8$$
$$P_2 : y_2 = 16; \quad x_2 = 4$$
$$m = \frac{36 - 16}{8 - 4} = \frac{20}{4} = 5$$

Der Achsenabschnitt n ist mit – 4 abzulesen. Daraus folgt als Geradengleichung zu Bild 1.4:

$$y = 5 \cdot x - 4$$

Die Berechnung über den Computer nach Kapitel 12, bei der die Regressionsanalyse und auch die Berechnung des Korrelationskoeffizienten automatisch erledigt wird, führt zu folgenden Anzeigen:

$$m = 4{,}959$$
$$n = -4{,}611$$
$$K = 0{,}9991$$

Da bei der zeichnerischen Lösung keine Regressionsanalyse durchgeführt wurde, tritt hier ein Unterschied auf, denn die so ermittelte Gleichung wäre genauer:

$$y = 4{,}959 \cdot x - 4{,}611$$

Betrachtet man die Lage der Meßpunkte, so zeigen sich im oberen und im unteren Teil der Geraden leichte Abweichungen, die zwar zeichnerisch hinreichend berücksichtigt werden können, die aber nur über die Regressionsanalyse in eine optimale Gleichung einbezogen werden können.

Da diese Aussage nicht nur für Geraden im linearen Koordinatensystem sondern auch für solche in einfach- oder doppelt-logartihmischen Systemen gilt, die weiter unten diskutiert werden, hier schon folgender Hinweis: Bei der Regressionsanalyse für Geraden, die im einfach- oder doppelt-logarithmischen Koordinaten-System gezeichnet wurden, sind jeweils die lg-Werte zu berücksichtigen. Das wird beispielhaft für die Funktion $y = x^2$ im Kapitel 5.3 (S. 50) und für die Gerade 8 in Bild 5.8 (S. 51) behandelt.

Nachdem gezeigt wurde, wie bei linearer Abhängigkeit zweier Variablen – die graphische Darstellung ergibt eine Gerade – durch die Regressionsanalyse ein relativ einfaches Verfahren verfügbar ist, um Meßwertstreuungen zu eliminieren, soll nun zunächst erläutert werden, wie man Kurven in graphischen Darstellungen zu behandeln hat, die sich wegen starker Streuungen der Meßpunkte nur schwer oder ungenau zeichnen ließen.

# 2 Behandlung von Messungen mit Kurven in der graphischen Darstellung

Ein mathematisches Verfahren zur Glättung von Kurven aus streuenden Meßwerten läßt sich nur mit erheblichem Rechenaufwand durchführen, so daß hier die zeichnerische Lösung vorzuziehen ist, die, wie das Beispiel zeigen wird, zu recht befriedigenden Ergebnissen führt. Das Verfahren ist allerdings auf schwach gekrümmte Kurven begrenzt, die meist ja aber auch vorliegen – wieweit es anwendbar ist, muß von Fall zu Fall geprüft werden.

## 2.1 Zeichnerische Glättung streuender Meßwerte

In den Spalten 1–3 der Tabelle 2.1 ist eine Reihe von 10 Meßwerten zusammengestellt, die in Bild 2.1 als Punkte eingetragen wurden. Man erkennt, daß es bei dem hier gewählten Maßstab schwer, ja fast unmöglich ist, eine glaubwürdige Kurve als Verbindung der eingezeichneten Punkte zu zeichnen, die hier einfach durch eine Zickzacklinie miteinander verbunden wurden. Bild 2.2 enthält noch einmal dieselben Punkte, jetzt jedoch mit $P_1$ bis $P_{10}$ beschriftet und nicht durch eine Zickzacklinie sondern „im Übersprung" miteinander verbunden. „Im Übersprung", das heißt, folgende Punktverbindungen sind hier hergestellt:

$P_1$–$P_3$, $P_3$–$P_5$, $P_5$–$P_7$, $P_7$–$P_9$ und
$P_2$–$P_4$, $P_4$–$P_6$, $P_6$–$P_8$, $P_8$–$P_{10}$.

(Die eingezeichnete Kurve ist zunächst noch wegzudenken, sie ist erst das Ergebnis des nachstehend beschriebenen Verfahrens.)

Man verbindet also die ungradzahligen Meßpunkte 1–3, 3–5, 5–7 usw. und ebenso die gradzahligen 2–4, 4–6, 6–8 usw. Damit ergeben sich zwei geknickte Kurvenzüge, die

**Tabelle 2.1**

| Spalte | 1<br>Nr. | 2<br>x | 3<br>y | 4<br>$\bar{y}$ | 5<br>$(\bar{y})^2$ | 6<br>$y = 1{,}017 \cdot \sqrt{x}$ |
|---|---|---|---|---|---|---|
| | 1 | 2 | 1,2 | – | – | 1,438 |
| | 2 | 4 | 2,5 | 2 | 4,0 | 2,034 |
| | 3 | 6 | 2,25 | 2,5 | 6,25 | 2,491 |
| | 4 | 8 | 3,05 | 2,9 | 8,4 | 2,877 |
| | 5 | 10 | 3,4 | 3,2 | 10,24 | 3,216 |
| | 6 | 12 | 3,1 | 3,5 | 12,25 | 3,523 |
| | 7 | 14 | 4,0 | 3,8 | 14,44 | 3,805 |
| | 8 | 16 | 3,8 | 4,0 | 16,0 | 4,068 |
| | 9 | 18 | 4,25 | 4,25 | 18,06 | 4,315 |
| | 10 | 20 | 4,65 | – | – | 4,548 |

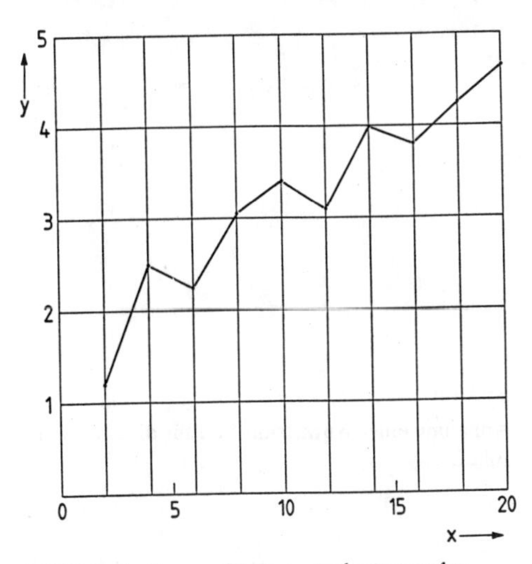


Bild 2.1 Auftragen fiktiver, stark streuender Meßwerte

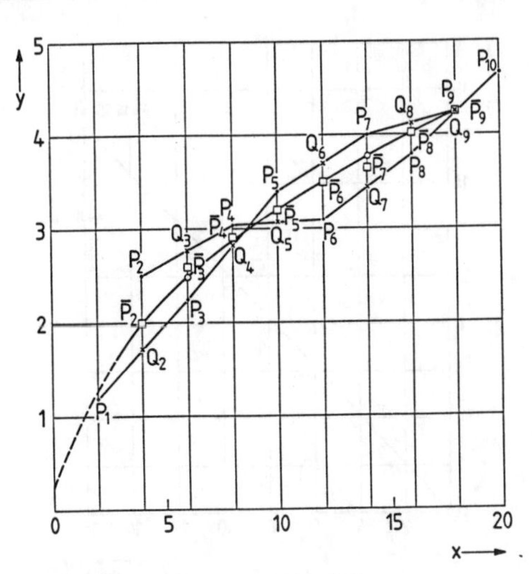


Bild 2.2 Zeichnerische Ermittlung von Korrekturwerten für die Zackenlinie in Bild 2.1

sich auch mal überschneiden können. Diese kurzen Geradenstücke schneiden die dazwischenliegenden Ordinaten. Die Schnittpunkte sind hier mit $Q_2$–$Q_9$ bezeichnet. Dann werden die senkrechten Strecken $Q_2$–$P_2$, $Q_3$–$P_3$, $Q_4$–$P_4$ usw. gedanklich in drei gleiche Teile zerlegt. Man wählt den, dem Q-Punkt benachbarten Teilpunkt als „verbesserten Meßpunkt" aus – er liegt also mit 1/3 Abstand von Q und mit 2/3 Abstand von P entfernt. Diese Punkte sind in Bild 2.2 mit $\overline{P}_2$ bis $\overline{P}_9$ (lies: P zwei quer bis P neun quer) bezeichnet. Sie werden durch eine Hilfskurve verbunden, die aber noch nicht die endgültige Form haben muß. Auf jeden Fall sind jetzt alle Meßpunkte bis auf die beiden Endpunkte $P_1$ und $P_{10}$ schon korrigiert. Nicht alle $\overline{P}$-Punkte können mitunter von der Hilfskurve erfaßt werden, wie es in Bild 2.2 insbesondere die Punkte $\overline{P}_3$ und $\overline{P}_7$ zeigen.

Mit den neu gewonnenen $\overline{P}$-Punkten ergänzt man Tabelle 2.1 durch die Spalte 4, wobei in diesem Falle die durch Kreise gekennzeichneten Ordinaten der Hilfskurve für $P_3$ und $P_7$ benutzt wurden, da sie offensichtlich schon etwas besser liegen als die entsprechenden $\overline{P}$-Punkte.

Aus den je zwei unterstrichenen, runden Werten in den Spalten 2 und 4 der Tabelle 2.1 sollte man annehmen können, daß die Gleichung der zugehörigen Kurve $x = (\overline{y})^2$ (bzw. in üblicher Schreibweise mit y auf der linken Seite der Gleichung) $\overline{y} = \sqrt{x}$ lautet. Kurven, die in einer solchen Funktion gehorchen, nennt man Parabeln, die im Kapitel 4 (S. 28) ausführlich behandelt werden. Hier, wo nach Tabelle 2.1 eine quadratische Abhängigkeit der x- und y-Werte zunächst nur zu vermuten ist, kann man eine Entscheidung treffen, indem man die Teilung der Ordinatenachse nicht mit y beschriftet sondern mit $(\overline{y})^2$. Dann sollte nach Auftrag der entsprechend berechneten Werte eine Gerade zu zeichnen sein. Um das zu prüfen, erweitert man Tabelle 2.1 um die Spalte 5, die durch Quadrieren von Spalte 4 errechnet wird. Dann zeichnet man mit x aus Spalte 2 und $(\overline{y})^2$ aus Spalte 5 eine Gerade, die, wenn die Annahme $x = (\overline{y})^2$ stimmt, alle Rechenwerte miteinander verbindet. Mit dem in Bild 2.3 dargestellten Ergebnis kann man zufrieden sein. Ein einziger

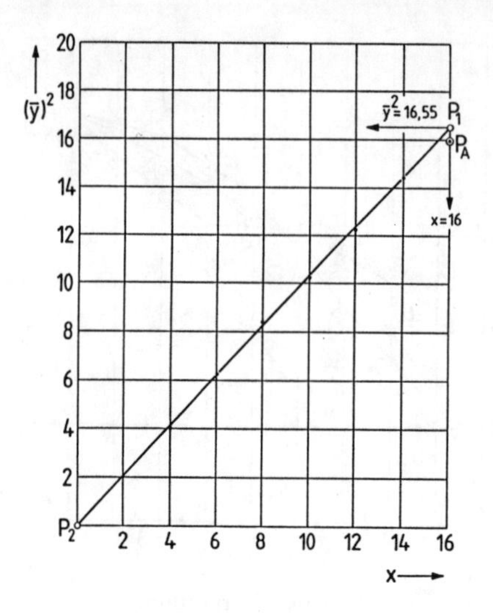


**Bild 2.3**

Annahme einer Wurzelfunktion für die Kurve in Bild 2.2: $y \approx \sqrt{x}$

Punkt $P_A$ ist als „Ausreißer" anzusehen, das ist ausgerechnet einer von denen, die uns zur Annahme einer quadratischen Funktion verleitet hatten. Da alle anderen Meßwerte aber sehr gut durch die Gerade erfaßt werden, soll sie, wie gezeichnet, als richtig anerkannt werden.

Jetzt weiß man aber auch mit Sicherheit, daß die ursprüngliche Kurve in Bild 2.2 durch den Nullpunkt geht, was dort nur vermutend angedeutet werden konnte.

Wenn man aber Bild 2.3 genau betrachtet, dann stimmt die Gleichung $x = (\overline{y})^2$ noch nicht, denn dann müßte die Gerade genau 45° Neinung zur x-Achse haben, weil ja beide Achsen den gleichen Maßstab tragen. Auch der „beanstandete" Punkt $P_A$ müßte auf der Geraden liegen. Man erkennt, daß die Gerade etwas steiler verläuft, sie hat einen anderen Richtungsfaktor als $m = 1$ in der allgemeinen Geradengleichung (1.1):

$$y = m \cdot x + n.$$

Zur Berechnung von m muß man beachten, daß in der Darstellung des Bildes 2.3 noch nicht die übliche Funktion $y = f(x)$ sondern $(\overline{y})^2 = f(x)$ vorliegt, so daß der Richtungsfaktor m zunächst für diese zweite Funktion berechnet wird. Für die Ausfüllung der Gleichung 1.2 werden die Koordinatenwerte von zwei Punkten benötigt:

$$P_1: \quad y_1 = 16{,}55; \quad x_1 = 16$$
$$P_2: \quad y_2 = 0 \quad ; \quad x_2 = 0$$

Dann folgt nach Gleichung 1.2:

$$m = \frac{16{,}55 - 0}{16 - 0} = 1{,}034$$

Also entspricht die Gleichung der Geraden in Bild 2.3 der Parabelgleichung

$$y^2 = 1{,}034 \cdot x$$

bzw. in üblicher Schreibweise:

$$y = \sqrt{1{,}034} \cdot \sqrt{x}$$

$$y = 1{,}017 \cdot \sqrt{x}$$

Damit ist auch die Gleichung der Kurve in Bild 2.2 gefunden, denn die Gerade in Bild 2.3 war aus ihr abgeleitet.

Wieder sei das Ergebnis von Computerberechnungen gemäß Kapitel 12 vorweggenommen, um hier besonders deutlich zu zeigen, wie sich die verbesserten Werte $(\bar{y})^2$ gegenüber den wirklichen Meßwerten auswirken.

Bei Verwendung der Meßwerte aus den Spalten 2 und 3 der Tabelle 2.1 wird folgende Gleichung gefunden:

$$y = 0{,}9622 \cdot x^{0{,}5205}$$

mit einem Korrelationskoeffizienten von nur K = 0,9594. Gibt man dagegen die Zahlen der Spalten 2 und 4 in den Computer ein, so erhält man die Gleichung

$$y = 1{,}0196 \cdot y^{0{,}4962}$$

und den besseren Korrelationskoeffizienten K = 0,9993.

Hier sei angemerkt, daß nach den Regeln der Mathematik anstelle von $\sqrt{x}$ auch $x^{\frac{1}{2}}$ geschrieben werden könnte. Die gegenüber der zeichnerischen Lösung genauere Computer-Berechnung ergibt nun als Potenzwert nicht genau 1/2 = 0,5 sondern abweichende Zahlenwerte: 0,5205 bzw. 0,4962. Das würde bedeuten: $\sqrt[1{,}92]{x}$ bzw. $\sqrt[2{,}02]{x}$. In Anbetracht der hier gewählten, fiktiven Streuwerte sollte man sich aber mit der üblichen zweiten Wurzel zufrieden geben.

## 2.2 Rechenverfahren bei streuenden Meßwerten

Die zeichnerische Methode bei stark streuenden Meßwerten, die graphisch als leicht gekrümmte Kurve erscheinen, zu einer glaubhaften, nicht zackigen Kurvendarstellung zu kommen, kann durch ein rechnerisches Verfahren ersetzt werden, wenn man folgendem Gedankengang nachgeht:

Die Ordinaten der Punkte $\bar{P}_2$ bis $\bar{P}_9$ in Bild 2.2 – das sind die $\bar{y}$-Werte der Spalte 4 in Tabelle 2.1 – lassen sich nach folgender Überlegung auch berechnen; hier für die zwischen $P_1$ und $P_3$ liegenden Punkte mit dem Index 2 beispielhaft erläutert: Die Ordinate für $Q_2$ hat den Wert

$$y_Q = \frac{y_1 + y_3}{2}$$

Wenn die Entfernung zwischen $P_2$ und $Q_2$ mit e bezeichnet wird, dann gilt es, e/3 zu ermitteln, also

$$e/3 = \frac{y_2 - y_Q}{3}$$

Die Ordinate für $\overline{P}_2$ hat dann den Wert

$$y_P = y_Q + \frac{y_2 - y_Q}{3}$$
$$= \frac{3y_Q + y_2 - y_Q}{3}$$
$$= \frac{2y_Q + y_2}{3}$$

$$\boxed{y_P = \frac{y_1 + y_2 + y_3}{3}} \qquad (2.1)$$

Mit den Werten aus Spalte 3 folgt

$$y_{\overline{P}_2} = \frac{1{,}2 + 2{,}5 + 2{,}25}{3} = \frac{5{,}95}{3} \sim 2$$

Ebenso können alle anderen Ordinaten berechnet werden, also

$\overline{P}_3$ mit $y_2 + y_3 + y_4$
$\overline{P}_4$ mit $y_3 + y_4 + y_5$ usw. bis
$\overline{P}_9$ mit $y_8 + y_9 + y_{10}$

Untenstehende Tabelle 2.2 zeigt die Ergebnisse der nach Gleichung 2.1 berechneten $\overline{y}$-Werte für die Punkte $\overline{P}_2$ bis $\overline{P}_9$. Diese sind mit Bild 2.2 zur Deckung zu bringen und müßten ebenfalls bei den Punkten 3 und 7 korrigiert werden.

**Praxisbeispiel 3: Kalibrierung eines Dreheisen-Strommessers**

Das vorher besprochene „Verfahren zur zeichnerischen Glättung von Kurven aus streuenden Meßwerten" war mit fiktiven Daten in Tabelle 2.1 durchgeführt, um in Bild 2.2 bzw. 2.3 eine deutliche Darstellung zu ermöglichen. Es soll noch ein praktisches Beispiel gegeben werden, wie mit quadratischen Funktionen $y = x^2$ bzw. $y = \sqrt{x}$ umzugehen ist.

Für einen Dreheisen-Strommesser (0–2 A) soll eine Skala angefertigt werden, die möglichst genau die bekannte quadratische Abhängigkeit des Zeiger-Ausschlagwinkels

**Tabelle 2.2**

| P | (y-Werte) | $\frac{y}{3} = \overline{y}_P$ |
|---|---|---|
| 2 | 5,95 | 1,98 |
| 3 | 7,8 | 2,60 |
| 4 | 8,7 | 2,92 |
| 5 | 9,55 | 3,18 |
| 6 | 10,5 | 3,5 |
| 7 | 10,9 | 3,63 (statt 3,8!) |
| 8 | 12,05 | 4,02 |
| 9 | 12,7 | 4,23 |

($\alpha$) vom durchfließenden Strom (I) wiedergibt. Es ist also die Funktion $\alpha = f(I^2)$ für ein spezielles Meßinstrument zu ermitteln. Die Funktion besagt in Worten: Der Zeiger-Ausschlagwinkel $\alpha$ ist dem Quadrat des Stromes I proportional.*)

Bei Versuchen wurde festgestellt, daß bei geringem Strom eine Trägheit des Instrumentes vorhanden ist, vermutlich durch Reibung in der Zeigerlagerung hervorgerufen. Es muß also auch festgestellt werden, welcher Mindeststrom erforderlich ist, um den Zeiger überhaupt in Bewegung zu setzen. Bei durchgeführten Versuchen wurde die Entscheidung darüber zur „Gewissensfrage", so daß nur eine graphisch-rechnerische Auswertung erfolgreich schien.

Auf der Behelfsskala des zu kalibrierenden Instrumentes ist zunächst eine lineare Gradeinteilung angebracht, die später durch eine Ampère-Skala ersetzt werden soll. Tabelle 2.3 gibt in den Spalten 1 und 2 die Meßwerte wieder, die im Bild 2.4 aufgetragen

**Tabelle 2.3**

| Spalte | 1<br>$\alpha$<br>(grd) | 2<br>I<br>(A)<br>gem. | 3<br>$\sqrt{\alpha}$ | 4<br>I<br>(A)<br>ber. | 5<br>I<br>(A)<br>Comp. |
|---|---|---|---|---|---|
| | 10 | 0,8 | 3,2 | 0,81 | 0,8 |
| | 20 | 1,1 | 4,5 | 1,08 | 1,08 |
| | 30 | 1,3 | 5,5 | 1,28 | 1,3 |
| | 40 | 1,45 | 6,3 | 1,46 | 1,47 |
| | 50 | 1,62 | 7,1 | 1,61 | 1,63 |
| | 60 | 1,75 | 7,75 | 1,75 | 1,76 |
| | 70 | 1,9 | 8,4 | 1,88 | 1,88 |
| | 80 | 2,0 | 8,9 | 1,99 | 2,0 |

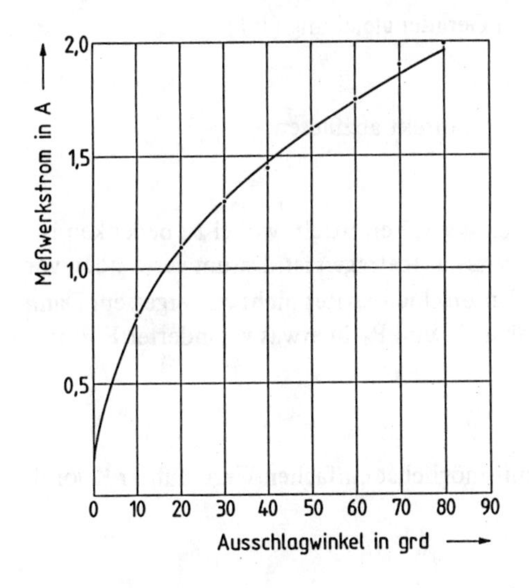


**Bild 2.4**
Darstellung der Meßwerte zur Eichung eines Dreheisen-Strommessers

*) Literatur: [3] S. 40

und mit einem Kurvenzug verbunden wurden. Da die Funktion $\alpha = f(I^2)$ für diesen Fall bekannt ist, bestehen keine Zweifel, daß beim Auftragen von $\alpha$ gegen $I^2$ bzw. von I gegen $\sqrt{\alpha}$ auf normalem mm-Papier eine Gerade entsteht.

Drückt man diese Zusammenhänge mit den mathematischen Gleichungsbestandteilen x und y aus, so kommt man zu den Formeln $y = x^2$ bzw. $y = \sqrt{x}$. Bei beiden Funktionen wären Parabeln zu zeichnen, die schon im Zusammenhang mit Bild 2.3 erwähnt wurden und die im Kapitel 4 dann ausführlich besprochen werden. Diese Parabeln unterscheiden sich nur in ihrer Lage, wie man in Bild 4.1 (S. 28) erkennen kann. Zum Bild 2.3 wurde die y-Achse mit $y^2$ beschriftet und die dazu berechneten Werte eingetragen. Man kann ebensogut die x-Achse mit $\sqrt{x}$ beschriften und die dazu berechneten Werte übertragen. Dann wird aus der Parabel, die der Gleichung $y = \sqrt{x}$ gehorcht, wieder eine Gerade auf normalem mm-Papier.

Wir wählen diese zweite Abhängigkeit, weil man damit zu kleineren Rechenwerten kommt. ($\alpha$ ist 0–80°, $\sqrt{\alpha}$ ist nur 0–ca. 9) Also wird in Tabelle 2.3 zu jedem $\alpha$-Wert der zugehörige Wurzelwert berechnet (Spalte 3).

Mit den Spalten 1 und 3 der Tabelle 2.3 wird nun Bild 2.5 gezeichnet. Bis auf einen „Ausreißer" A (x) sind die Messungen so streuarm, daß auf jede Korrektur verzichtet werden kann. Jetzt ist auch zu erkennen, daß das Meßinstrument erst bei 0,16 A anspringt, so daß der (nicht vermessene) Skalenpunkt $P_1$ für 0,25 A bei $\sqrt{\alpha} = 0{,}45$ also bei $\alpha = 0{,}2°$ anzubringen wäre. Ein so kleiner Winkel ist aber nicht zu zeichnen. Der erste, auf der Skala markierte Punkt $P_2$ erscheint dann bei 0,5 A mit $\sqrt{\alpha} = 1{,}7$, das ist $\alpha = 3°$.

Am oberen Rand des Bildes 2.5 sind die Gradzahlen notiert, die als $(\sqrt{\alpha})^2$ berechnet wurden. (Eingetragenes Beispiel: 1,2 A – Markierung bei 25,5°).

Zur weiteren Verdeutlichung der mathematischen Auswertung einer solchen Geraden soll nun noch ihre Gleichung und auch wieder ihr Richtungsfaktor m berechnet werden. (Vergleiche das ähnliche Verfahren bei Bild 2.3, dort mit $y^2$, hier umgekehrt mit $\sqrt{x}$).

Der Ordinatenabschnitt n der allgemeinen Geradengleichung (1.1):

$$y = m \cdot x + n$$

ist in Bild 2.5 – bei Verwendung von mm-Papier – direkt abzulesen:

$$n = 0{,}16.$$

Der Richtungsfaktor m wird wieder nach Gleichung 1.2 ermittelt, wobei zu bedenken ist, daß in Bild 2.5 nicht x sonder $\sqrt{x}$ auf der Abszisse aufgetragen ist. Darum verwenden wir zunächst den Großbuchstaben X, um diesen Unterschied später nicht zu vergessen. Dann erscheint Gleichung 1.2 für die gewählten Punkte $P_3$ und $P_4$ in etwas veränderter Form:

$$m = \frac{y_3 - y_4}{X_3 - X_4}$$

Man sucht wieder zwei Punkte der Geraden mit möglichst einfachen Werten ihrer Koordinaten. In Bild 2.5 ist eingezeichnet:

$P_3: X_3 = 6{,}5; \quad y_3 = 1{,}5$
$P_4: X_4 = 2{,}6; \quad y_4 = 0{,}7$

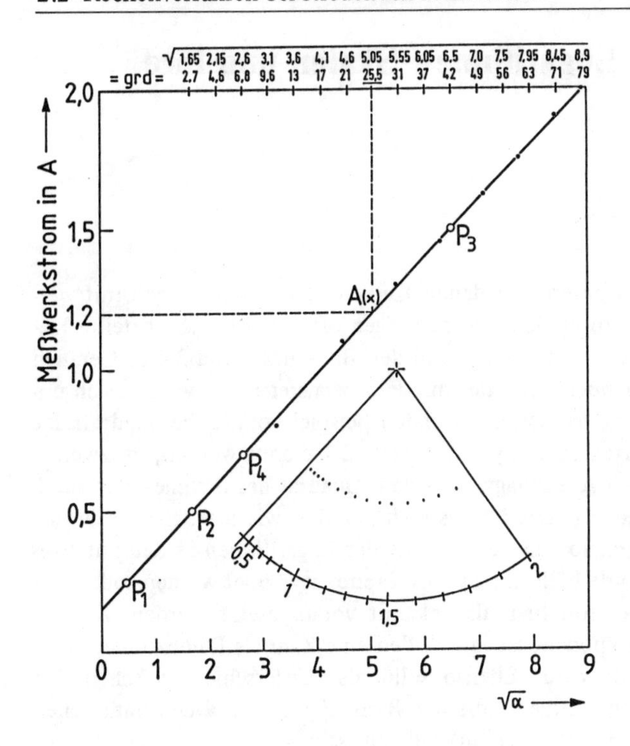


**Bild 2.5**

Die Gerade zur Funktionsermittlung für das Meßwert: $I = 0{,}2\,\sqrt{\alpha} + 0{,}16$

Dann folgt:

$$m = \frac{1{,}5 - 0{,}7}{6{,}5 - 2{,}6} = 0{,}20513$$

Also lauter die Gleichung dieser Geraden: $y = 0{,}20513 \cdot X + 0{,}16$

und in Erinnerung daran, daß $X = \sqrt{\alpha}$ und $y = I$ war: $I = 0{,}20513 \cdot \sqrt{\alpha} + 0{,}16$

Würde man die Gleichung nach $\alpha$ umstellen, was ja eigentlich der Sinn der Messung war, dann erhielte man eine quadratische Gleichung ($\alpha = 23{,}765\ (I)^2 - 7{,}6\ I + 0{,}61$), die nur mühsam zu berechnen ist, während das hier durchgeführte, graphische Verfahren schnell und bequem arbeitet.

Benutzt man die durch Zeichnung gefundene Gleichung, um den genauen Zusammenhang zwischen dem Ausschlagwinkel des Instrumentenzeigers und dem durchfließenden Strom zu berechnen, so kommt man zu Spalte 4 in Tabelle 2.3. Es ist zu erkennen, daß die gute Übereinstimmung zwischen den Spalten 2 und 4 (gemessene und berechnete Werte) auf den Genauigkeitsgrad der gefundenen Formel hinweist.

Wenn wieder die Meßwerte der Tabelle 2.3, Spalte 1 als x und Spalte 2 als y in den Computer eingegeben werden, so findet dieser eine ganz andere Gleichung für die Kurve in Bild 2.4, nämlich

$$y = 0{,}293\ x^{0{,}438}$$

bei einem guten Korrelationskoeffizienten von $K = 0{,}9996$. Berechnet man mit dieser Formel den Strom I (= y) aus den Winkelwerten $\alpha$ (= x), so erhält man die Zahlen der Spalte 5 in Tabelle 2.3, die ebenfalls eine gute Übereinstimmung mit den wirklichen Meßwerten in Spalte 2 zeigen. Der „Anspringpunkt“ bei 0,16 A ist hier jedoch nicht zu erkennen.

# 3 Der Umgang mit Logarithmen-Skalen und ihre Eigenfertigung

Graphisch-rechnerische Verfahren, bei denen Kurven zu Geraden umgeformt werden sollen, um ihre Auswertung zu erleichtern, benötigen oft logarithmisch geteilte Koordinatenachsen. Bei der Umformung der Kurven in den Bildern 2.2 und 2.4 zu Geraden in den Bildern 2.3 und 2.5 war noch normales mm-Papier ausreichend, weil es sich um einfache quadratische Funktionen handelte. Im ersten Beispiel konnte die quadratische Abhängigkeit zwischen den Werten x und y aus Tabelle 2.1 erahnt werden, im zweiten Falle war bekannt, daß der Zeiger-Ausschlagwinkel dem Quadrat des Stromes, der durch das Meßwerk fließt, proportional ist. Oft ist das nicht so klar, wie die Beispiele in den folgenden Kapiteln zeigen werden, so daß dem Thema der Logarithmen-Skalen zur Vorbereitung auf später zu behandelnde Fälle ein eigenes Kapitel gewidmet werden soll.

Der Begriff „Logarithmus" soll hier als bekannt vorausgesetzt werden. Zur Erinnerung sei gesagt, daß es der Exponent ist, durch den eine Zahl als Potenz einer angenommenen Grundzahl dargestellt wird. Ebenso sollte der Unterschied zwischen den Briggschen oder dekadischen Logarithmen (mit der Basis 10) „lg" und den natürlichen Logarithmen (mit der Basis e = 2,817282 ...) „ln" bekannt sein.

Also z. B.: $\lg 100 = 2$ bedeutet
$(\text{Basis } 10)^2 = 100$ oder $10^{\lg 100} = 100$
oder: $\lg 2 = 0{,}3010$ bedeutet
$(\text{Basis } 10)^{0{,}3010} = 2$
oder: $\ln 7{,}389 = 2$
$(\text{Basis } e)^2 = 7{,}389$
dagegen wäre: $\lg 7{,}390 = 0{,}8686$
$(\text{Basis } 10)^{0{,}8686} = 7{,}389$

Auch die logarithmischen Rechenregeln und ebenso die Einteilung und Benutzung der sogenannten Logarithmen-Papiere sollen als bekannt vorausgesetzt werden. Da diese aber bei den folgenden Kapiteln immer wieder gebraucht werden, soll – beginnend mit einem Praxisbeispiel – auf die Themen Logarithmen und logarithmische Darstellungen näher eingegangen werden.*)

**Praxisbeispiel 4: Dezibel – graphisch dargestellt**

Die Notwendigkeit, eine logarithmisch geteilte Skala (lg-Skala) zu verwenden, wird deutlich, wenn man eine Tabelle mit Dezibel-Angaben (dB) betrachtet. Für die Leistungs-Verstärkung (+) oder -Abschwächung (–) gilt zum Beispiel folgende Aufstellung in Tabelle 3.1:

*) Literatur: [4] S. 36

**Tabelle 3.1**

| dB | Verstärkungsfaktor (Leistung) |
|---|---|
| + 30 | 1000 |
| + 25 | 316 |
| + 20 | 100 |
| + 15 | 31,6 |
| + 10 | 10 |
| + 5 | 3,16 |
| 0 | 1 |
| − 5 | 0,31 |
| − 10 | 0,1 |
| − 15 | 0,03 |
| − 20 | 0,01 |

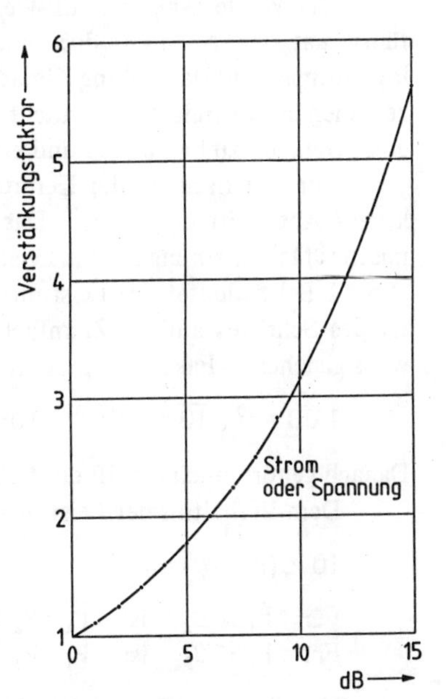


**Bild 3.1** Verstärkungsfaktor für Strom und Spannung, ablesbar in Dezibel (dB)

**Tabelle 3.2**

| dB | Verstärkungsfaktor (Strom oder Spannung) |
|---|---|
| + 60 | 1000 |
| + 50 | 316,23 |
| + 40 | 100 |
| + 30 | 31,62 |
| + 20 | 10 |
| + 15 | 5,62 |
| + 10 | 3,16 |
| + 5 | 1,77 |
| 0 | 1 |
| − 5 | 0,56 |
| − 10 | 0,32 |
| − 15 | 0,18 |
| − 20 | 0,1 |

Eine Skala für den Verstärkungsfaktor von 1 bis 1000 reichend oder auch für die Abschwächung von 1 bis 0,01 wäre auf normalem mm-Papier nicht mehr lesbar. Man könnte also nur einen Teilabschnitt darstellen.

Ein instruktives Beispiel für die Zweckmäßigkeit der Verwendung von dB-Angaben anstelle von Leistungswerten ist durch Betrachtung von Sende- und Empfangsleistungen z. B. im UKW-Bereich gegeben: Ein UKW-Sender möge eine Leistung von 100 kW (= $10^5$ W) abstrahlen, die Antenne eines Empfängers möge dagegen noch eine Leistung von 10 pW (= $10^{-11}$ W) aufnehmen. Das entspricht einem Leistungsverhältnis von $1 : 10^{16}$. Wer operiert schon gern mit solchen Zahlen? Tabelle 3.1 läßt ableiten, daß dafür − 160 dB − oder besser 16 B (Bel) − zu schreiben sind, denn 1 Dezibel ist bekanntlich der zehnte Teil eines Bel.

Das wird auch nicht viel besser, wenn man dB-Angaben nicht für Leistungen (Tabelle 3.1) sondern für Ströme oder für Spannungen betrachtet, wobei der Skalenumfang geringer wird, wie die vorstehende Tabelle 3.2 zeigt. Ein Teilausschnitt dieser Tabelle (0 bis + 15 dB) ist in Bild 3.1 graphisch dargestellt.

Die Wiedergabe von dB-Werten auf normalem mm-Papier wie in Bild 3.1 ausgeführt, hat den Nachteil, daß eine Kurve gezeichnet werden muß, während bei einer logarithmischen Darstellung Geraden erhalten werden, die viel leichter und genauer zu zeichnen sind. Außerdem braucht man bei linearen Abbildungen immer nur zwei Punkte einer Geraden zu berechnen und einzutragen – ein beachtenswerter Vorteil.

Zur Auffrischung der Kenntnisse über die Begriffe Bel und Dezibel (dB) sei hier ein kurzer Abschnitt eingefügt.*) Das – üblicherweise benutzte – Dezibel ist ein logarithmisches Maß, ursprünglich für Leistungsverhältnisse.

1 Bel bedeutet das Leistungsverhältnis 10 zu 1 = 10. Das Dezibel (dB) ist ein Zehntel des Schrittes auf das Zehnfache. Jeder dieser Zehntelschritte wird durch einen – jeweils gleichen – Faktor dargestellt:

$$1\ \mathrm{dB} = \sqrt[10]{10} = 10^{1/10} = 10^{0,1} \approx 1,26$$

Danach gehört zu einem dB ein Leistungsverhältnis von etwa 1,26:1.

Dem Verhältnis der Leistung $P_1$ zu der Leistung $P_2$ entsprechen:

$$10\ \lg (P_1 : P_2)\ \mathrm{dB}.$$

Für $P_1 > P_2$ ist $P_1 : P_2 > 1$ mit positivem dB-Vorzeichen.
Für $P_1 < P_2$ ist $P_1 : P_2 < 1$ mit negativem dB-Vorzeichen.

Man benutzt dB auch für Strom- und Spannungsverhältnisse. Hierbei dient aber im Grunde stets die Leistung als Ausgangspunkt. Stillschweigende, aber unbedingte Voraussetzung hierfür ist die Gleichheit der Widerstände (R) zu den zwei Strömen (I) oder Spannungen (U). Dabei verhalten sich die Spannungen oder Ströme wie die Quadratwurzeln der zugehörigen Leistungen.

$$(I_1^2 \cdot R) : (I_2^2 \cdot R) = P_1 : P_2 \quad \text{oder}$$
$$I_1^2 : I_2^2 = P_1 : P_2 \quad \text{oder}$$
$$I_1 : I_2 = \sqrt{P_1 : P_2}$$

Zum Verhältnis des Stromes $I_1$ zum Strom $I_2$ gehören also

$$2 \cdot 10\ (=)\ 20\ \lg (I_1 : I_2)\ \mathrm{dB}.$$

Entsprechendes gilt für Spannungsverhältnisse.

Das Leistungsverhältnis in dB ausgedrückt war

$$L = 10\ \lg (P_1 : P_2)$$

Für P kann man bekanntlich schreiben:

$$U^2 : R,$$

dann wird

$$L = 10\ \lg \frac{U_1^2 : R_1^2}{U_2^2 : R_2^2}$$

---

*) Literatur: [15] S. 79; [16] S. 157 u. 184; [19] S. 320

Da, wie oben ausgeführt, $R_1 = R_2$ vorausgesetzt wird, folgt

$$L = 10 \lg (U_1^2 : U_2^2)$$
$$L = 10 \lg (U_1 : U_2)^2$$
$$L = 20 \lg (U_1 : U_2)$$

Somit gehört zu einem dB ein Strom- oder Spannungsverhältnis von nur etwa 1,12 oder genau

$$\sqrt[20]{10} = 10^{0,05} = 1{,}12202$$

Nochmals auf eine Kurzform gebracht:
Für Leistungsverhältnisse bedeuten

| | |
|---|---|
| je 10 dB mehr | jeweils den Faktor 10 |
| je 10 dB weniger | jeweils den Faktor 0,1 |

Für Strom- und Spannungsverhältnisse bedeuten

| | |
|---|---|
| je 20 dB mehr | jeweils den Faktor 10 |
| je 20 dB weniger | jeweils den Faktor 0,1 |

Nun zurück zur Kurvendarstellung in Bild 3.1. Wie schon gesagt, läßt sich nur ein Teilausschnitt der Tabelle 3.2 wiedergeben, wenn eine einigermaßen befriedigende Ablesbarkeit gegeben sein soll. Für einen großen Skalenumfang verwendet man hier zweckmäßig halblogarithmisch geteilte Netze, wie in den Bildern 3.2 und 3.3 beispielhaft ausgeführt. Jetzt werden alle dB-Werte für die Verstärkungs- und Abschwächungsfaktoren gut ablesbar, hier in den Grenzen 0 bis 40 dB (Bild 3.2) und 0 bis − 40 dB (Bild 3.3).

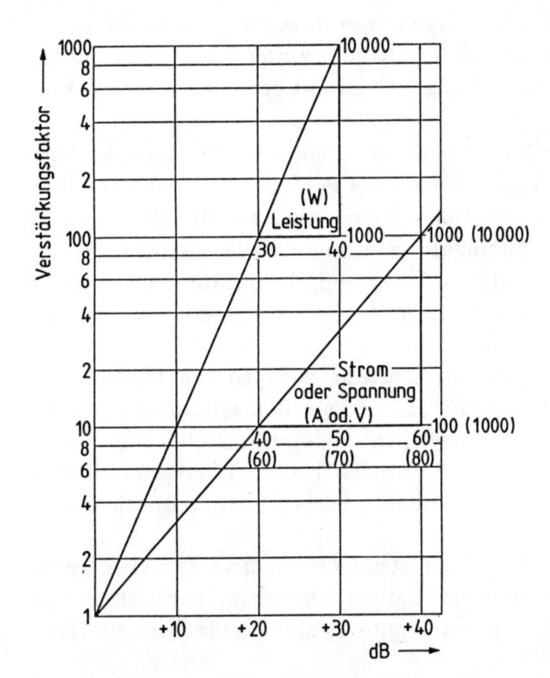


**Bild 3.2**
Verstärkungsfaktoren für Leistung, Strom und Spannung ergeben in halblogarithmischer Darstellung lineare Abhängigkeiten gegenüber der Ablesung in Dezibel (dB)

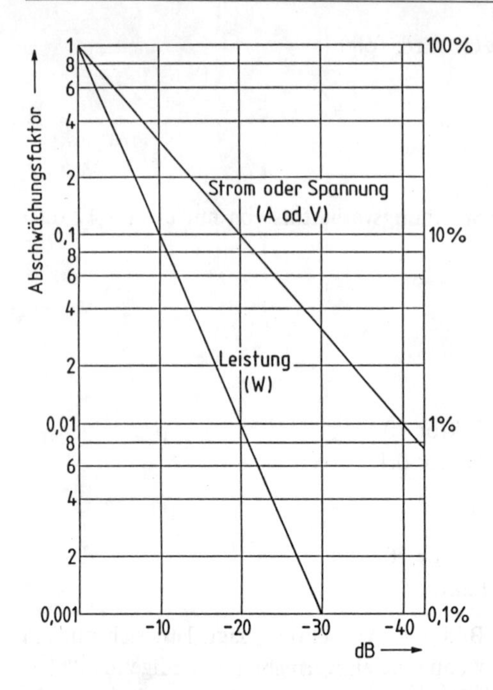


**Bild 3.3**
Für Abschwächungsfaktoren gilt ebenfalls die Aussage zu Bild 3.2

Derartige Diagramme auf halblogarithmischem Papier sind auch bequem erweiterbar, wie an den beiden eingezeichneten Dreiecken in Bild 3.2 erläutert werden soll. Wenn zum Beispiel bei der Geraden für die Strom- oder Spannungsverstärkung der Bereich (40 dB = 100fache Verstärkung) nicht ausreicht, dann kann man mit Hilfe des eingezeichneten Dreiecks – man denken es sich schräg nach oben verschoben, so daß es die Gerade verlängert – zusätzlich den Bereich 40–60 dB und weiter den Bereich 60 dB (= × 1000) bis 80 dB (= × 10 000) ablesen. Sinngemäß ist mit dem anderen Dreieck an der Leistungsgeraden zu verfahren.

Anhand des Bildes 3.1 mit einer Punkt für Punkt zu ermittelnden Kurve im Vergleich zu Bild 3.2 mit Geraden, deren Lage mit nur zwei Punkten bestimmt ist, wurde schon auf den Vorteil einer logarithmischen Abbildung hingewiesen. Das läßt sich mit vielen Kurven, die nach elektronischen Messungen gezeichnet werden können, ebenso machen, und oft wird dabei ein einfach oder auch ein doppelt logarithmisch geteiltes Koordinatennetz benötigt. Dieses Kapitel soll einige Anregungen geben, wie man zu solchen logarithmischen Skalen kommen kann.

Für die Bilder 3.2 und 3.3 wurde käufliches Logarithmen-Papier benutzt und zwar ein einfach logarithmisch geteiltes. Ebenso sind auch doppelt logarithmisch geteilte Papiere erhältlich. Man nennt sie Exponentialpapier (einfach logarithmisches Papier) und Potenzpapier (doppelt logarithmisches Papier). Die handelsüblichen Teilungen und Formate sind in Tabelle 3.3 zusammengestellt. Alle sind als Bücher- oder Pauspapiere (Zusatz P zur Nummer) zu haben.

Diese Liste zeigt eine große Auswahl, und dennoch ist es möglich, daß eine andere Dekadenzahl oder auch nur ein Dekadenausschnitt benötigt wird. Es kommt auch erfahrungsgemäß vor, daß man ein geeignetes Papier kaufen könnte, es aber gerade nicht zur Hand

**Tabelle 3.3** Handelsübliche Logarithmen-Papiere

| Papier-Nr. | senkrechte Achse | waagerechte Achse | Papiergröße mm |
|---|---|---|---|
| 442 1/2 | linear/170 mm | 6 Dekaden/297 mm | DIN A 4 (210 × 297) |
| 443 1/2 | linear/270 mm | 6 Dekaden/360 mm | DIN A 3 (297 × 420) |
| 396 1/2 | 4 Dekaden/200 mm | linear/300 mm | 150 × 350 |
| 369 1/2:6 | linear/160 mm | 4 Dekaden/250 mm | DIN A 4 |
| 430 1/2 | 2,2 Dekaden/270 mm | linear/370 mm | 320 × 435 |
| 373 1/2 | linear/170 mm | 3 Dekaden/270 mm | DIN A 4 |
| 373 1/2 A3 | 3 Dekaden/270 mm | linear/370 mm | DIN A 3 |
| 368 1/2 | 5 Dekaden/450 mm | linear/600 mm | 550 × 700 |
| 376 1/2 | 2 Dekaden/200 mm | linear/300 mm | 250 × 350 |
| 367 1/2 | 1 Dekade/250 mm | linear/250 mm | 300 × 350 |
| 369 1/2 | 4 Dekaden/200 mm | 4 Dekaden/200 mm | 250 × 250 |
| 369 1/2:1 | 2,3 Dekaden/155 mm | 4 Dekaden/250 mm | DIN A 4 |
| 369 1/2:2 | 3 Dekaden/167 mm | 3 Dekaden/250 mm | DIN A 4 |
| 369 1/2:5 | 3 Dekaden/270 mm | 2 Dekaden/180 mm | DIN A 4 |
| 365 1/2 | 3 Dekaden/200 mm | 3 Dekaden/300 mm | 300 × 350 |
| 366 1/2 | 4 Dekaden/400 mm | 5 Dekaden/500 mm | 480 × 580 |
| 369 1/2:3 | 1,5 Dekaden/170 mm | 2,3 Dekaden/248 mm | DIN A 4 |
| 375 1/2 | 1 Dekade/250 mm | 1 Dekade/250 mm | 300 × 350 |

hat. Darum werden nachfolgend einige Tips zur Eigenfertigung von Logarithmen-Skalen gegeben.

a) Man entnimmt den Logarithmus einer Zahl entweder einer Logarithmentafel oder einem Taschenrechner mit entsprechender log- oder lg-Taste. Diesen Wert multipliziert man mit der gewünschten Skalenlänge. Dabei ist die Dekadenzahl zu beachten. Ob die Übertragung dann auf die Ordinaten- oder auf die Abszissenachse oder auf beide Achsen erfolgt, ist zunächst gleichgültig.

*Beispiel 1:* Gewünscht eine Dekade mit 150 mm Länge

Punkt $\lg 2 = 0{,}3010 \cdot 150 \rightarrow 45{,}15$ mm
$\lg 5 = 0{,}6990 \cdot 150 \rightarrow 105$ mm
$\lg 10 = 1{,}0 \cdot 150 \rightarrow 150$ mm

(Kontrollrechnung ergab Skalenlänge)

Will man z. B. die y-Achse beschriften, so trägt man von 1 (unten) bis 10 (oben bei 150 mm) die berechneten mm-Abstände und evtl. weitere Werte auf.

Bei diesem Verfahren ist es auch möglich, jeden gewünschten Zwischenwert genau zu fixieren. Wenn z. B. bei dieser Skala bei y = (lg) 4,65 eine Eintragung gemacht werden soll, dann ergibt die Rechnung: $\lg 4{,}65 = 0{,}667 \cdot 150 = 100$ mm – das ist der Abstand vom unten liegenden Punkt (lg) 1 aus nach oben.

Umgekehrt läßt sich auch, wenn man die Skala nicht mit allen Details gezeichnet hat, jeder Kurvenpunkt genau bestimmten. Beispiel: eine Ablesung für y = 30 mm wird wie folgt ausgewertet:

$30 : 150 = 0{,}2$ Numerus von $0{,}2 = 1{,}58$

Der Ordinatenwert dieses Punktes ist also (lg) 1,58.

*Beispiel 2:* Gewünscht 3 Dekaden mit 210 mm Länge, das bedeutet eine Skala von 1 bis 1000. Man muß gedanklich die gesamte Skalenlänge zunächst in drei Teile teilen, so daß eine Dekade nur 210 : 3 = 70 mm lang wird. Dann wieder die Berechnung, z. B.

$$
\begin{array}{rlrl}
\text{Punkt } \lg 2 = 0{,}3010 & \cdot\, 70 \rightarrow & 21{,}1 & \text{mm} \\
\lg 10 = 1{,}0 & \cdot\, 70 \rightarrow & 70 & \text{mm} \\
\lg 100 = 2{,}0 & \cdot\, 70 \rightarrow & 140 & \text{mm} \\
\lg 500 = 2{,}7 & \cdot\, 70 \rightarrow & 189 & \text{mm} \\
\lg 1000 = 3{,}0 & \cdot\, 70 \rightarrow & 210 & \text{mm (= Kontrolle)}
\end{array}
$$

b) Man benutzt einen Rechenschieber, der ja bekanntlich logarithmische Skalen besitzt, und zwar üblicherweise eine Skala mit nur einer und eine Skala mit zwei Dekaden.*) Man kann die Rechenschieberzunge herausnehmen und die Punkte mit den zugehörigen Skalen auf mm-Papier übertragen. Je nachdem, ob man die Zunge eines normalen oder eines Taschenrechenschiebers benutzt, erhält man so Skalen von 62,5, 125, oder 250 mm Länge.

**Tabelle 3.4**

| lg | 1 Dekade = | | |
|---|---|---|---|
| | 62,5 mm | 125 mm | 250 mm |
| 1 | 0 | 0 | 0 |
| 2 | 19 | 37,5 | 75 |
| 3 | 30 | 59,5 | 119 |
| 2 | 37,5 | 75 | 150,5 |
| 5 | 44 | 87,5 | 175 |
| 6 | 48,5 | 97 | 184,5 |
| 7 | 53 | 105,5 | 211 |
| 8 | 56,5 | 113 | 226 |
| 9 | 59,5 | 119 | 238,5 |
| 1 | 62,5 | 125 | 250 |

c) Dann soll noch besprochen werden, wie man einen Teilausschnitt einer lg-Skala berechnen und auf mm-Papier abbilden kann. Im Sinne einer möglichst formatfüllenden Darstellung ist es ja manchmal zweckmäßig, nur den wirklich benutzten Teil einer lg-Skala zu zeichnen.

*Beispiel 3:* Ein mm-Raster von 120 mm Breite soll mit den lg-Werten von 30 bis 100 ausgenutzt werden. Dann rechnet man wie folgt:

$$
\begin{array}{r}
\lg 100 = 2{,}0 \\
-\lg 30 = 1{,}477 \\
\hline
\text{Differenz: } 0{,}523
\end{array}
$$

*) Literatur: [9] S. 16

Aus

$$\frac{120 \text{ mm Skalenlänge}}{0{,}523 \text{ (= Differenz)}} = 229{,}446 = F$$

wird ein konstanter Faktor F ermittelt. Jeder Punkt der lg-Skala ist dann schnell zu berechnen, insbesondere dann, wenn ein Taschenrechner zur Verfügung steht, in dem man den Faktor F speichern kann. Hier soll beispielhaft nur der Punkt x = 50 ermittelt werden: Man rechnet (lg x – lg 30) · F = mm Abstand vom Skalen-Anfangspunkt

Also:

$$(1{,}699 - 1{,}477) \cdot 229{,}446 = 50{,}9.$$

Zur Kontrolle, ob der berechnete Faktor F stimmt, kann man vor Beginn der Ermittlung der Einzelpunkte erst mit den Endpunkten der Skala rechnen: Der Ausdruck (lg 100 – lg 30) · F muß die Skalenlänge = 120 mm ergeben.

Ganz zum Schluß noch ein Wort zu den natürlichen Logarithmen (ln), die in der Fachliteratur, insbesondere wenn e-Funktionen eine Rolle spielen, immer wieder vorkommen. Auch alle Computerrechnungen, die im Kapitel 12 besprochen werden, ergeben stets Werte mit natürlichen Logarithmen (ln), die gegebenenfalls mit nachstehenden Formeln in dekadische Logarithmen (lg) umzuwandeln sind. Man braucht dazu meist keine extra Skala anzufertigen, weil die natürlichen Logarithmen (Basis e) sich von den dekadischen (oder Brigg'schen) Logarithmen (Basis 10) um einen konstanten Faktor unterscheiden:

$$\frac{\ln x}{\lg x} = 2{,}306 \qquad \frac{\lg x}{\ln x} = 0{,}4343$$

$$\ln x = 2{,}306 \cdot \lg x \qquad \lg x = 0{,}4343 \cdot \ln x$$

# 4 Parabeln und Hyperbeln – Die einfachsten Funktionsabbildungen

## 4.1 Parabelähnliche Kurven

Bei der Diskussion der Geraden in den Bildern 2.3 und 2.5 war schon darauf hingewiesen, daß es sich bei den Gleichungen $y = x^2$ und $y = \sqrt{x}$ um Parabel-Funktionen handelt. Die Bilder 2.2 und 2.4 ließen diese Kurvenform auch erkennen. Durch Änderung der Achsenbeschriftungen (von y in $y^2$ in Bild 2.3 und von $\alpha$ in $\sqrt{\alpha}$ in Bild 2.5) und Eintragung der entsprechenden Rechenwerte waren Geraden entstanden. Diese gehorchen dann im Idealfall der allgemeinen Geradengleichung 1.1: $y = m \cdot x + n$. „Idealfall“ bedeutet: $m = 1$ und $n = 0$, was bei den zitierten Geraden aber nicht zutraf.

Die Diskussion der Kurvenform „Parabel“ soll nun noch vertieft werden.

In beiden vorher besprochenen Fällen wurde nur der erste Quadrant eines Koordinatensystems betrachtet, das heißt x und y hatten nur positive Werte. Es gibt natürlich auch Fälle, wo x und/oder y negativ sein können. Darüberhinaus können auch die Funktionen selbst negativ werden, also $y = -\sqrt{x}$ oder $y = -x^2$. Die diesen Aussagen zugehörigen Kurven sind in Bild 4.1 zusammengestellt, in dem der bisher benutzte I. Quadrant umrahmt ist. Man erkennt vier „Windmühlenflügel“, an deren Seiten die zugehörigen Gleichungen angeschrieben sind.

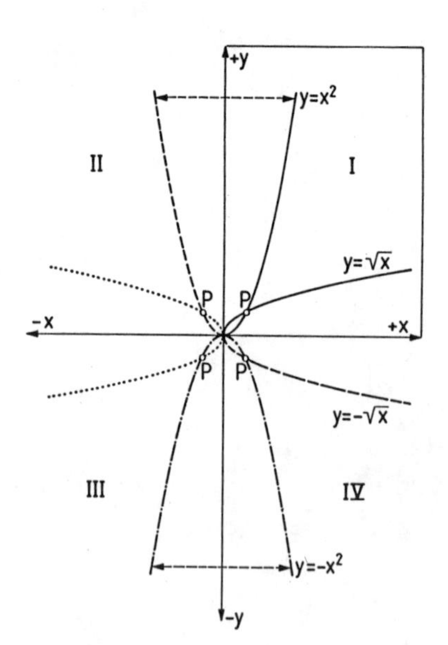


**Bild 4.1**

Einfache Parabeln, die den Funktionen $y = \pm x^2$ oder $y = \pm \sqrt{x}$ gehorchen

a) Die Kurve $y = x^2$ geht bei negativen x-Werten in den II. Quadranten über (gestrichelt gezeichnet), y bleibt immer positiv, weil $(-x)^2 = +x^2$ ist.
b) Die Kurve $y = \sqrt{x}$ hat nur den im I. Quadranten liegenden Ast, weil $\sqrt{-x}$ eine imaginäre Zahl ist, die es sozusagen gar nicht gibt. Dagegen gehorcht ihr Spiegelbild im IV. Quadranten der Gleichung $y = -\sqrt{x}$, also x bleibt positiv, aber das Minuszeichen vor der Wurzel wandelt die y-Werte in negative Werte um.
c) Die Funktion $y = -x^2$ ergibt sowohl bei positiven als auch bei negativen Werten von x immer ein negatives y, so daß der untere „Windmühlenflügel" im III. und IV. Quadranten (strichpunktiert) zu zeichnen ist.
d) Der linke „Windmühlenflügel" (punktiert) existiert praktisch nicht, weil, wie gesagt, $\sqrt{-x} = i$ eine imaginäre Zahl ist.

Alle diese Kurven gehen durch die Punkte P mit $x = +1$ oder $-1$ und $y = +1$ oder $-1$, weil $(+1)^2$ und $(-1)^2$ immer $+1$ sind, das aber nur in diesem „Modellfall", wenn in den Grundgleichungen keine anderen Faktoren auftreten, wenn also die Funktion $y = x^2$ oder $y = x^{1/2}$ lautet.

Abweichungen von dieser Aussage: Punkt P mit $x = 1$ und $y = 1$ waren schon im Bild 2.5 (S. 19) zu sehen, für dessen Kurve die Gleichung $y = 0{,}293\ x^{0{,}438}$ gefunden wurde, und im Bild 2.2 (S. 13), für dessen Gerade die Gleichung $y = 1{,}017\ x^{1/2}$ lautete.

Wir wollen uns nun zunächst mit einigen typischen Kurven befassen, die den gleichen „Schwung" haben wie die im Bild 4.1 im ersten Quadranten dargestellten, für die die Grundgleichungen $y = x^2$ bzw. $y = \sqrt{x}$ gelten, bzw. diese mit Faktoren ergänzt zu $y = n \cdot x^2$ bzw. $y = n \cdot \sqrt{x}$.

**Praxisbeispiel 5: Zulässige Stromdichte für Trafowicklungen**

In der Fachliteratur findet man Tabellen oder graphische Darstellungen, die zulässige Stromdichten für Trafowicklungen ablesbar machen.*) Unter Stromdichte versteht man den Strom in A pro $mm^2$ Querschnitt des Drahtes. Um die Berechnung des Drahtquerschnittes (q) zu vermeiden, sind die Angaben meist auf den Drahtdurchmesser (d) bezogen, der leicht ermittelt werden kann. Da sowohl der Drahtdurchmesser (0,05–3 mm) als auch die zu verarbeitenden Ströme (0,01–20 A) einen weiten Bereich umfassen, werden die graphischen Darstellungen immer mit logarithmischen Teilungen beider Achsen wiedergegeben.

Bei den Bildern zum Thema „Dezibel" war jeweils nur eine Achse logarithmisch geteilt, aber Tabelle 3.3 (S. 25) machte schon darauf aufmerksam, daß auch Netzpapiere verfügbar sind, bei denen beide Achsen logarithmisch geteilt sind. Auf einem solchen Papier ist Bild 4.2 gezeichnet.

Die zulässige Stromdichte ($A/mm^2$) für Trafowicklungen aus Kupferdraht kann je nach Größe und Kühlmöglichkeit mit 1–4 $A/mm^2$ angesetzt werden. Das Band zwischen den beiden äußeren Geraden in Bild 4.2 zeigt also die Grenzen. Die mittlere Gerade für die Stromdichte 2,55 $A/mm^2$ ist ein empfohlener Richtwert. Diese Angaben über Stromdichten gelten für normale Lagenwicklungen, bei denen im Inneren der dünnste, nach außen hin zunehmend die dickeren Drähte aufgebracht werden.

*) Literatur: [16] S. 143

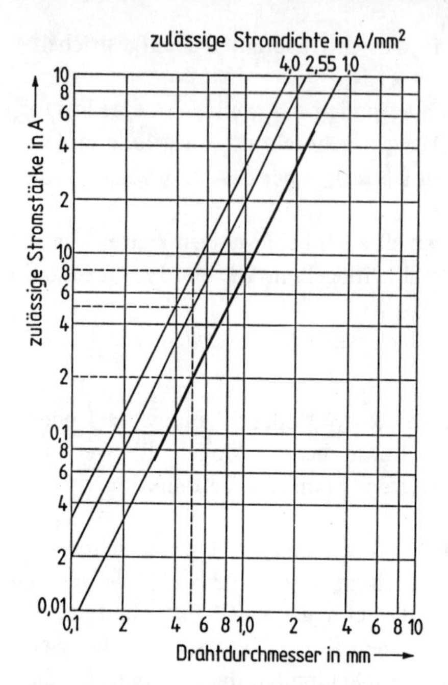


**Bild 4.2** Zulässige Stromstärken y (in A) für Trafowicklungen bei verschiedenen Stromdichten (in A/mm²) in Abhängigkeit vom Drahtdurchmesser x (in mm).

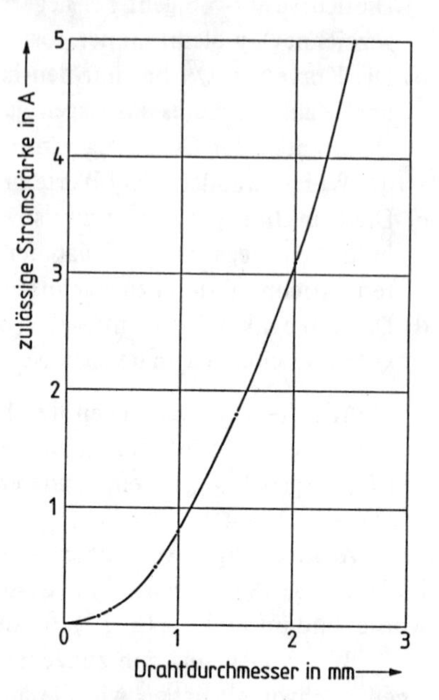


**Bild 4.3** Bei Darstellung in linearer Netzteilung entsteht eine Parabel (z. B. für die Stromdichte 1 A/mm²)

Als Ablesebeispiel ist gestrichelt eingetragen, daß eine Trafowicklung aus 0,5 mm Kupferdraht bei 0,2 A mit Sicherheit „kalt" bleibt, daß sie normalerweise mit 0,5 A belastet werden kann, nicht jedoch mit mehr als 0,8 A betrieben werden sollte.

Man kann aber infolge der logarithmischen Achsenteilungen eine Parabel, die hier diskutiert werden soll, nicht erkennen. Die Abhängigkeit des Drahtquerschnittes (q) von seinem Durchmesser (d): $q = d^2 \cdot \frac{\pi}{4}$ bzw. die daraus umgestellte Gleichung $d = 1{,}1284\sqrt{q}$ weist aber wegen der vorhandenen Wurzel auf eine Parabel hin. Um zu verdeutlichen, daß es sich tatsächlich um eine Parabel handelt, wurden die Ordinaten- und Abszissenwerte auf der Geraden für 1 A/mm² im Bereich des dicker ausgezogenen Teilstückes abgelesen und in nachstehender Tabelle 4.1 niedergeschrieben. Aus diesen Werten läßt sich nun auf normalem mm-Papier eine Kurve zeichnen, die die Form einer Parabel hat. (Bild 4.3) (vgl. die Parabel $y = x^2$ in Bild 4.1)

Jetzt soll wieder das Computerprogramm aus Kapitel 12 bemüht werden, um die Gleichungen dieser drei Geraden aus Bild 4.2 zu ermitteln, bzw. die Funktionen der zugehörigen Parabeln, wie ein Teilstück beispielhaft in Bild 4.3 gezeichnet ist.

**Tabelle 4.1**

| Drahtdurchmesser (mm)<br>x | Strom (A)<br>y |
|---|---|
| 0,3 | 0,07 |
| 0,4 | 0,125 |
| 0,8 | 0,5 |
| 1,0 | 0,8 |
| 1,5 | 1,8 |
| 2,0 | 3,1 |
| 2,5 | 5,0. |

Dazu werden aus jeder der drei Geraden 4 Punkte ermittelt, die durch die etwas dicker gezeichneten, waagerechten Linien gekennzeichnet sind: Bei y-Werten von 0,1, 0,4, 1,0 und 4,0 A werden die zugehörigen x-Werte (= Drahtdurchmesser in mm) abgelesen, die in Tabelle 4.2 aufgeführt sind.

**Tabelle 4.2**

| y | x für 1,0 A/mm² | 2,55 A/mm² | 4,0 A/mm² |
|---|---|---|---|
| 0,1 | 0,36 | 0,225 | 0,177 |
| 0,4 | 0,72 | 0,45 | 0,36 |
| 1,0 | 1,12 | 0,71 | 0,56 |
| 4,0 | 2,25 | 1,42 | 1,13 |

Der Computer ermittelt dann in allen drei Fällen die Funktion $y = n \cdot x^m$ mit folgenden Zahlenwerten:

**Tabelle 4.3**

| für 1 A/mm² | für 2,55 A/mm² | für 4,0 A/mm² |
|---|---|---|
| n = 0,78<br>m = 2 | n = 2<br>m = 2 | n = 3,15<br>m = 2 |

Daraus ergeben sich die Gleichungen:

$$y = 0{,}78\,x^2 \qquad y = 2\,x^2 \qquad y = 3{,}15\,x^2$$

Jetzt kann also für jeden gegebenen Drahtdurchmesser (x in mm) nicht nur in Bild 4.2 abgelesen sondern auch durch die vorstehenden Gleichungen berechnet werden, welche höchstzulässige Stromstärke (y in A) für die drei Belastungsfälle zu beachten ist.

Obwohl die Graphik in Bild 4.2 es auch erlaubt, bei vorgegebener Stromstärke umgekehrt den erforderlichen Drahtdurchmesser zu bestimmen, soll jetzt erläutert werden, wie auch die entsprechenden Funktionsgleichungen für diesen Fall zu ermitteln sind. Für den im Kapitel 12 benutzten Computer ist das sehr einfach: Wenn man nicht wie üblich erst die x- und dann die y-Werte der Tabelle 4.2 eingibt, sondern umgekehrt erst die y- und dann die x-Werte, dann meldet er folgende umgekehrte (= invertierte) Werte für n und m zur gleichen Grundfunktion $y = n \cdot x^m$:

| für 1,0 A/mm² | für 2,55 A/mm² | für 4,0 A/mm² |
|---|---|---|
| n = 1,13 | n = 0,706 | n = 0,563 |
| m = 0,5 | m = 0,5 | m = 0,5 |

und damit sind die Gleichungen aufzustellen:

$y = 1{,}13 \cdot x^{0{,}5}$ $\qquad y = 0{,}71 \cdot x^{0{,}5}$ $\qquad y = 0{,}56 \cdot x^{0{,}5}$

Nun ist also x die vorgegebene Stromstärke (in A) und als gesuchtes Ergebnis wird y der zugehörige Drahtdurchmesser.

Wie schon erwähnt, ist es bei der Benutzung graphischer Darstellungen meist nicht erforderlich, die Umkehrfunktion zu kennen, weil man bei der Ablesung ja sowohl von der x-Achse als auch von der y-Achse ausgehen kann, um einen gesuchten Wert zu finden. Auch bei Benutzung eines Computers wäre, wie eben gezeigt, die Kenntnis des folgenden Kapitels entbehrlich. Dennoch soll aber der Vollständigkeit halber auf dieses Rechenverfahren eingegangen werden. Es schließt mit zwei Beispielen für die „Handarbeit“ anstelle der soeben beschriebenen Computer-Berechnung.

## 4.2 Umkehr von Funktionen

Zu vielen Funktionen f gehört eine Umkehrfunktion $\bar{f}$ (lies: f quer). Ihre Abbildung ist eine Spiegelung um die 45°-Linie durch den Koordinatenanfangspunkt.*) Im Bild 4.1 (S. 28) ist das für alle gezeichneten Kurven gut zu erkennen.

Um diese Umkehrfunktion zu ermitteln, geht man nach folgendem Schema vor:

$$y = f(x)$$

sei die Ausgangsfunktion. Sie wird umgestellt, so daß x auf der linken Seite der Gleichung steht:

$$x = \varphi(y)$$

Dann werden die Buchstaben x und y vertauscht, so daß nun wieder y auf der linken Seite steht:

$$y = \bar{f}(x)$$

Einige Beispiele sollen das erläutern:

---

*) Literatur: [9] S. 207

**Tabelle 4.4**

| Ausgangsfunktion | Umstellung | Inverse Funktion |
|---|---|---|
| $y = \frac{1}{2}x$ | $x = 2y$ | $y = 2x$ |
| $y = 3x$ | $x = \frac{y}{3}$ | $y = \frac{x}{3}$ |
| $y = ax + b$ | $x = \frac{y-b}{a}$ | $y = \frac{x-b}{a}$ |
| $y = x^2$ | $x = \pm\sqrt{y}$ | $y = \pm\sqrt{x}$ |
| $y = x^3$ | $x = \sqrt[3]{y}$ | $y = \sqrt[3]{x}$ |
| $y = \frac{1}{x}$ | $x = \frac{1}{y}$ | $y = \frac{1}{x}$ |
| $y = \frac{1}{x^2}$ | $x = \frac{1}{\sqrt{y}}$ | $y = \frac{1}{\sqrt{x}}$ |
| $y = \frac{a}{x^2}$ | $x = \sqrt{\frac{a}{y}}$ | $y = \frac{\sqrt{a}}{\sqrt{x}}$ |
| $y = 10^x$ | $x = \lg_{10} y$ | $y = \lg x$ |
| $y = e^x$ | $x = \lg_e y$ | $y = \ln x$ |
| $y = a^x$ | $x = \lg_a y$ | $y = \lg_a x$ |

Man kann natürlich auch den umgekehrten Weg wählen, indem man zunächst x und y vertauscht und dann anschließend erst die Umstellung vornimmt. Hierfür das Beispiel:

$$y = \frac{1}{2}x \qquad x = \frac{1}{2}y \qquad y = 2x$$

Kehren wir noch einmal zu den Funktionen des Praxisbeispiels 5 zurück, so sind anhand der vorstehenden Tabelle 4.4 folgende Rechengänge nachzuvollziehen, bei denen einmal von der quadratischen und einmal von der Wurzelfunktion ausgegangen wird.

| | |
|---|---|
| $y = 2x^2$ | $y = 1{,}13\sqrt{x}$ |
| $x^2 = \frac{y}{2}$ | $\sqrt{x} = \frac{y}{1{,}13}$ |
| $x = \frac{\sqrt{y}}{\sqrt{2}}$ | $x = \frac{y^2}{(1{,}13)^2}$ |
| $y = \frac{\sqrt{x}}{1{,}41}$ | $y = \frac{x^2}{1{,}277}$ |
| $y = 0{,}71 \cdot \sqrt{x}$ | $y = 0{,}78 \cdot x^2$ |

## 4.3 Hyperbelähnliche Kurven

Die bisher diskutierten einfachen Parabeln, in denen der Exponent $m = 2$ oder $1/2$ sein sollte und in deren Gleichungen allenfalls ein Faktor n zugegen war, der sowohl positive als auch negative Werte annehmen kann, sind allgemeiner durch die Gleichung $y = n \cdot x^m$ zu beschreiben. Somit kann auch m andere, „krumme“ Zahlenwerte annehmen. Darüber hinaus kann m auch negativ sein, wonach die neue Gleichung $y = n \cdot x^{-m}$ lauten würde. Darauf kommen wir im Kapitel 7 ausführlicher zurück.

Ist aber der Exponent m negativ, so kann statt $y = n \cdot x^{-m}$ geschrieben werden: $y = \frac{n}{x^m}$ und das ist die allgemeine Gleichung einer Hyperbel. Diese Kurvenform kommt in der Elektronik noch häufiger vor als die vorher besprochene Parabel. In dieser allgemein gültigen Hyperbelgleichung können die Faktoren n und m größer, kleiner oder auch gleich 1 sein.

Die typische Form der Hyperbel kann als bekannt vorausgesetzt werden; drei Kurven dieser Art sind in Bild 4.4 gezeichnet, dem Elektroniker als „Verlustleistungs-Hyperbeln“ wohlvertraut.

**Praxisbeispiel 6: Transistorübersicht auf Basis der Leistungshyperbeln**

Der professionelle Elektroniker hat meist alle Unterlagen zur Hand und auch viele Berechnungsformeln im Kopf, wenn er eine Schaltung entwickelt. Der Hobby-Elektroniker dagegen hat oft Mühe ein Bauteil, zum Beispiel einen Transistor, richtig zu dimensionieren oder auszuwählen. Eine der „Klippen“, die es bei Transistoren gibt, ist die Gesamtverlustleistung ($P_{tot}$), die in Vergleichstabellen meist angegeben wird, die aber mit den ebenfalls aufgeführten Werten der Kollektor-Emitter-Sperrspannung ($U_{CES}$) und dem Kollektor-Spitzenstrom ($I_{CM}$) gar nichts zu tun zu haben scheint, zumal die Angaben in den Herstellerunterlagen oft verschiedene Werte für den gleichen Transistortyp enthalten.*)

Nun kann man sich für jeden Einzelfall die Verlustleistungshyperbel auf mm-Papier zeichnen und den Transistor als Verstärker bei allen Strom- und Spannungswerten betreiben, die unterhalb dieser Kurve liegen – aber das wäre zu mühsam. Die Hyperbeln für die verschiedenen Verlustleistungen lassen sich sehr schön zu Geraden umformen und dann viel leichter auswerten, wenn man folgende mathematische Überlegung anstellt.

Leistung in Watt ist gleich Spannung in Volt mal Strom in Ampère, oder in Formeln ausgedrückt: $W = V \cdot A$ bzw. $P = U \cdot I$. Da jetzt wieder graphische Darstellungen mit den Koordinaten x und y zur Anwendung kommen, kann man also auch schreiben: $P = x \cdot y$ oder umgeformt, so daß y wie immer auf der linken Seite steht: $y = P/x$.

P ist eine Konstante, denn für jede Verlustleistung ist eine spezielle Kurve zu zeichnen, bei der üblicherweise auf der Ordinatenachse die Stromwerte und auf der Abszissenachse die Spannungswerte aufgetragen werden. Die Wertetabelle (abgerundet) für beispielsweise drei ausgewählte Verlustleistungen hat dann folgendes Aussehen (Tabelle 4.5):

*) Literatur: [1] S. 197; [12] S. 151; [13] S. 182

**Tabelle 4.5**

| x | Verlustleistung P (mW) | | |
|---|---|---|---|
| (V) | 500<br>y (mA) | 1000<br>y (mA) | 2000<br>y (mA) |
| 10 | 50 | 100 | 200 |
| 20 | 25 | 50 | 100 |
| 30 | 16,7 | 33,3 | 66,7 |
| 40 | 12,5 | 25 | 50 |
| 50 | 10 | 20 | 40 |
| 60 | 8,3 | 16,7 | 33,3 |
| 70 | 7,1 | 14,3 | 28,6 |
| 80 | 6,3 | 12,5 | 25 |
| 90 | 5,6 | 11,1 | 22,2 |
| 100 | 5 | 10 | 20 |

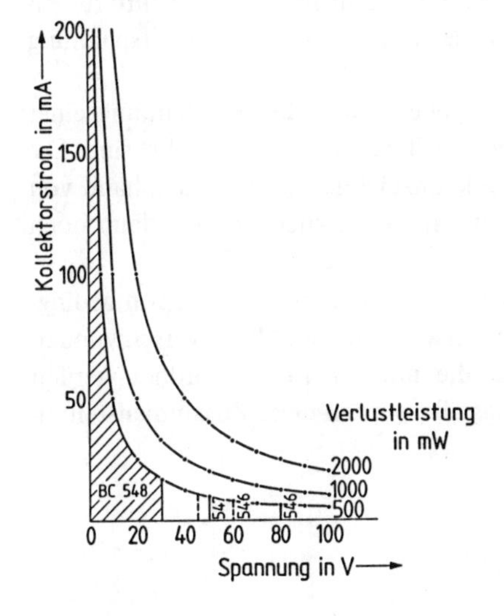


**Bild 4.4**
Verlustleistungshyperbeln für Transistoren mit 500, 1000 und 2000 mW Leistungsgrenze

Die graphische Darstellung ergibt die drei Kurven in Bild 4.4, die als Hyperbeln zu erkennen sind.

Ein häufig in Schaltungen anzutreffender 500 mW-Transistor BC 548 kann dann als Verstärker im schraffierten Bereich (Bild 4.4) von Strom und Spannung betrieben werden. Mit den vergleichbaren Typen BC 547 und BC 546 kann man, wie angedeutet, noch zu etwas höheren Spannungen gehen. Der Kollektor-Spitzenstrom $I_{Cmax}$ ist bei allen drei Typen gleich (200 mA), während die Kollektor-Basis-Sperrspannung $U_{CBO}$ mit 30, 50 und 80 V abzulesen ist. Zu berücksichtigen ist aber noch die in den Datenblättern angegebene Kollektor-Emitter-Sperrspannung, die mit 30, 45 und 60 V benannt wird und in Bild 4.4 gestrichelt eingetragen ist.

Wenn man diese Kurven nun zu Geraden umformen will, dann braucht man nicht so viele sondern nur zwei Punkte zu berechnen, durch die die Lage einer Geraden ja gegeben ist. Der Gedankengang bei der Umformung dieser Kurven in Geraden benutzt die logarithmischen Rechenregeln. Danach ist $y = P/x$ ersetzbar durch $\lg y = \lg P - \log x$.

lg P ist, wie vorher schon gesagt, eine Konstante, also irgend eine Zahl. Denkt man sich diese aus der vorstehenden Gleichung mal weg, dann ist zu sehen, daß lg y in Abhängigkeit von lg x steht – also sollte der Auftrag der Werte aus Tabelle 4.5 im doppelt logarithmischen Netz eine Gerade ergeben. Mit den in dieser Tabelle unterstrichenen drei y-Werten für x = 10 und mit den drei y-Werten für x = 100 sind dann über die eingekreisten Punkte schnell die drei Geraden des Bildes 4.5 zu zeichnen. Hier ist ein handelsübliches Logarithmenpapier benutzt worden – hat man es nicht zur Hand, so wäre Kapitel 3 zu beachten.

Wieder sind die in Bild 4.5 gekennzeichneten Betriebsbereiche der drei Transistortypen BC 548, BC 547 und BC 546 berücksichtigt. Für zum Beispiel BC 548 gilt: Kollektor-Spitzenstrom $I_{CM}$ = 200 mA, Kollektor-Emitter-Sperrspannung $U_{CES}$ = 30 V.

Wir wollen noch einen Schritt weitergehen und für die gängigsten Transistortypen zwei Tabellen als Arbeitsunterlage zur Verfügung stellen. Die – nennen wir sie – „Standardtransistoren" im Bereich 0,05 bis 150 W lassen sich in 48 Gruppen einordnen, wobei die maximale Verlustleistung das Hauptkriterium bildet. Dann ist weiter zu unterteilen in den zulässigen Kollektor-Spitzenstrom $I_{CM}$ und die Kollektor-Emitter-Sperrspannung $U_{CES}$-Werte (Tabelle 4.6)

Für die entgegengesetzte Suchrichtung – ausgehend von der Bezeichnung eines Transistors – dient Tabelle 4.7, in der cirka 100 gängige Transistoren aufgeführt sind. Die pnp-Typen sind durch eingeklammerte Nummern gekennzeichnet, so daß es anhand von Tabelle 4.6 leicht ist, Komplementärtypen zu ermitteln. Zusätzlich können dann noch Transistor-Vergleichslisten herangezogen werden.

Es muß hier zugegeben werden, daß diese beiden Tabellen insofern nur von bedingtem Wert sind, als dort aufgeführte Transistortypen inzwischen vom Markt verschwunden sein können oder als auch neue erschienen sind, die noch nicht eingeordnet werden konnten. Aber für noch genügend viele Anwendungsfälle werden diese Zusammenstellungen nützlich sein.

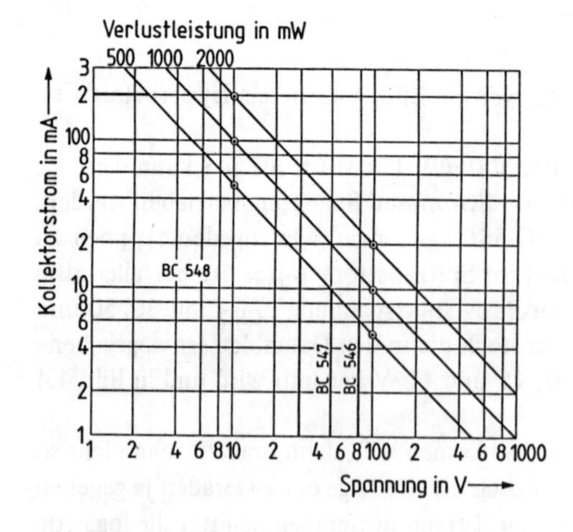


**Bild 4.5**
Bei Darstellung in doppelt logarithmisch geteiltem Netz entstehen Geraden

**Tabelle 4.6**

| Gruppe | W | $I_{CM}$(A) | $U_{CES}$(V) | npn- und (pnp)-Typen |
|---|---|---|---|---|
| 1 | 0,05 | 0,1 | 30 | BC (196), 198, 199 |
| 2 | 0,05 | 0,1 | 50 | BC 197 |
| 3 | 0,3 | 0,2 | 30 | BC 108, 109, 148, 149, 238, 239, (308) |
| 4 | 0,3 | 0,2 | 50 | BC 107, 147, (177), 237, (307) |
| 5 | 0,3 | 0,5 | 40 | BC (137) |
| 6 | 0,3 | 0,5 | 60 | BC 136 |
| 7 | 0,5 | 0,2 | 30 | BC 548, 549, (558), (559) |
| 8 | 0,5 | 0,2 | 50 | BC 547, 550, (557), (560) |
| 9 | 0,5 | 0,2 | 80 | BC 546, (556) |
| 10 | 0,5 | 0,8 | 60 | 2N 2220, 2221, 2222 |
| 11 | 0,5 | 0,8 | 75 | 2N 2220A, 2221A, 2222A |
| 12 | 0,625 | 0,4 | 40 | BC (516), 517 |
| 13 | 0,625 | 0,8 | 30 | BC (328), 338 |
| 14 | 0,625 | 0,8 | 50 | BC (327), 337 |
| 15 | 0,75 | 1 | 80 | BC 140 |
| 16 | 0,75 | 1 | 100 | BC 141 |
| 17 | 0,8 | 0,5 | 75 | 2N 1613A |
| 18 | 0,8 | 0,5 | 120 | 2N 1613B |
| 19 | 0,8 | 0,8 | 60 | 2N 2219 |
| 20 | 0,8 | 1 | 60 | BC 875, (876) |
| 21 | 2 | 0,1 | 250 | BF 469, (470) |
| 22 | 2 | 0,1 | 300 | BF 471, (472) |
| 23 | 10 | 0,1 | 160 | BF 457 |
| 24 | 10 | 0,1 | 250 | BF 458 |
| 25 | 12,5 | 1,5 | 45 | BD 135, (136) |
| 26 | 12,5 | 1,5 | 60 | BD 137, (138) |
| 27 | 12,5 | 1,5 | 80 | BD 139, (140) |
| 28 | 25 | 4 | 90 | 2N 3054 |
| 29 | 30 | 2 | 45 | BD 239, (240) |
| 30 | 30 | 2 | 60 | BD 239A, (240A) |
| 31 | 30 | 2 | 80 | BD 239B, (240B) |
| 32 | 30 | 2 | 100 | BD 239C, (240)C) |
| 33 | 40 | 3 | 45 | BD 241, (242) |
| 34 | 40 | 3 | 60 | BD 241A, (242A) |
| 35 | 40 | 3 | 80 | BD 241B, (242B) |
| 36 | 40 | 3 | 100 | BD 241C, (242C) |
| 37 | 117 | 15 | 100 | 2N 3055 |
| 38 | 125 | 10 | 60 | TIP 140, (145) |
| 39 | 125 | 10 | 80 | TIP 141, (146) |
| 40 | 125 | 10 | 100 | TIP 142, (147) |
| 41 | 125 | 25 | 45 | BD 249, (250) |
| 42 | 125 | 25 | 60 | BD 249A, (250A) |
| 43 | 125 | 25 | 80 | BD 249B, (250B) |
| 44 | 125 | 25 | 100 | BD 249C, (250C) |
| 45 | 150 | 15 | 60 | (MJ 2955) |
| 46 | 150 | 16 | 160 | 2N 3773 |
| 47 | 150 | 20 | 100 | 2N 3772 |
| 48 | 150 | 30 | 50 | 2N 3771 |

**Tabelle 4.7**

| BC-Typen | Gruppe |
|---|---|
| 107 | 4 |
| 108 | 3 |
| 109 (ra) | 3 |
| 136 | 6 |
| (137) | 5 |
| 140 | 15 |
| 141 | 16 |
| 147 | 4 |
| 148 | 3 |
| 149 (ra) | 3 |
| (177) | 4 |
| (196) | 1 |
| 197 | 2 |
| 198 | 1 |
| 199 (ra) | 1 |
| 237 | 4 |
| 238 | 3 |
| 239 (ra) | 3 |
| (307) | 4 |
| (308) | 3 |
| (327) | 14 |
| (328) | 13 |
| 337 | 14 |
| 338 | 13 |
| (516) (Da) | 12 |
| 517 (Da) | 12 |
| 546 | 9 |
| 547 | 8 |
| 548 | 7 |
| 549 (ra) | 7 |
| 550 (ra) | 8 |
| (556) | 9 |
| (557) | 8 |
| (558) | 7 |
| (559) (ra) | 7 |
| (560) (ra) | 8 |
| 875 (Da) | 20 |
| (876 (Da)) | 20 |

| BF-Typen (Video) | |
|---|---|
| 457 | 23 |
| 458 | 24 |
| 469 | 21 |
| (470) | 21 |
| 471 | 22 |
| (472) | 22 |

| TIP-Typen | |
|---|---|
| 140 (Da) | 38 |
| 141 (Da) | 39 |
| 142 (Da) | 40 |
| (145) (Da) | 38 |
| (146) (Da) | 39 |
| (147) (Da) | 40 |

| BD-Typen | Gruppe |
|---|---|
| 135 | 25 |
| (136) | 25 |
| 137 | 26 |
| (138) | 26 |
| 139 | 27 |
| (140) | 27 |
| 239 | 29 |
| 239A | 30 |
| 239B | 31 |
| 239C | 32 |
| (240) | 29 |
| (240A) | 30 |
| (240B) | 31 |
| (240C) | 32 |
| 241 | 33 |
| 241A | 34 |
| 241B | 35 |
| 241C | 36 |
| (242) | 33 |
| (242A) | 34 |
| (242B) | 35 |
| (242C) | 36 |
| 249 | 41 |
| 249A | 42 |
| 249B | 43 |
| 249C | 44 |
| (250) | 41 |
| (250A) | 42 |
| (250B) | 43 |
| (250C) | 44 |

| 2N-Typen | |
|---|---|
| 1613A | 17 |
| 1613B | 18 |
| 2219 | 19 |
| 2220 | 10 |
| 2220A | 11 |
| 2221 | 10 |
| 2221A | 11 |
| 2222 | 10 |
| 2222A | 11 |
| 3054 | 28 |
| 3055 | 37 |
| 3771 | 48 |
| 3772 | 47 |
| 3773 | 46 |
| (MJ 2955) | 45 |

Es bedeuten:

(ra) = rauscharm
(Da) = Darlington

# 5 Standard-Kurvenformen – Übersicht und Analyse

Die bisher gebrachten Beispiele für die Umformung von Kurven in Geraden haben schon erkennen lassen, wie zweckmäßig und arbeitserleichternd dieses „Geradebiegen“ von Kurven sein kann. Noch deutlicher wird der Vorteil dieses Verfahrens, wenn man nicht wie bisher von bekannten Gleichungen oder Zusammenhängen ausgeht, sondern wenn umgekehrt für eine – zum Beispiel durch Messungen gefundene – Kurve die gültige Funktion ermittelt werden soll. Es handelt sich zwar bei den in diesem Kapitel gebrachten Beispielen immer noch um „ideale“ Kurven, deren Meßpunkte sich sehr sauber verbinden lassen. Es geht ja aber hier zunächst darum, die Prinzipien zu entwickeln und zu beschreiben, mit denen Kurven mathematisch analysiert und ihre Gleichungen gefunden werden können.

Bei der Auswertung von elektronischen Messungen mit unvermeidlichen Streuungen werden schlechtere „Schätzkurven“ anfallen. Die Optimierung ihrer Strichführung ist einmal nach den in Kapitel 2.1 gegebenen Richtlinien möglich, zum anderen werden Meßwertstreuungen auch durch Umwandlung der Kurven in Geraden ausgeglichen – Verfahren, die nachfolgend beschrieben werden.

Zur besseren Übersicht ist es zweckmäßig, die Kurventypen, die aus elektronischen Messungen zu erwarten sind, in drei Gruppen zu ordnen. Wir beschränken uns dabei auf stetige Kurven, und bei diesen auf solche, die keine Maxima („Berge“) oder Minima („Täler“) aufweisen und die auch keine Wendepunkte enthalten („S-Kurven“). Außerdem werden zunächst nur ganz einfache Funktionen behandelt, während praktische Beispiele mit komplizierteren Funktionen erst in einem späteren Kapitel 7 (S. 66) diskutiert werden. Auch wird immer nur der 1. Quadrant eines Koordinatensystems betrachtet, das heißt alle Meßwerte werden mit positiven x und y angenommen.

Schließlich noch folgende Vorbemerkung: Die jetzt zuerst vorgenommene Gruppeneinteilung mit „ähnlich aussehenden“ Kurven bedingt nicht, daß gruppenweise gleiche Umzeichnungsverfahren anwendbar sind. Im Gegenteil: Ganz „unähnliche“ Kurven werden bei der Auswertung zueinander passen und umgekehrt: Ähnlich erscheinende werden bei der Umzeichnung von Kurven zu Geraden verschieden zu behandeln sein.

Das zur Meßwert-Analyse benutzte und meist auch erfolgreiche Verfahren, Kurven „gerade zu biegen“ besteht darin, die aus der ursprünglichen Kurve abgelesenen Koordinatenwerte auf ein einfach oder doppelt logarithmisch geteiltes Koordinatensystem zu übertragen (vgl. dazu Kapitel 3, S. 20). Man braucht im Idealfall dazu nur drei Punkte der ursprünglichen Kurve auszuwählen, wobei man zweckmäßig solche benutzt, die runde Koordinatenwerte aufweisen, um das Eintragen zu erleichtern. Liegen diese drei Punkte in einer der beiden logarithmischen Darstellungen auf einer Geraden, dann ist die Ermittlung ihrer Gleichung möglich und die weitere Umstellung zur Gleichung der ursprünglichen Kurve nur noch Gedankenarbeit. Ist man mit der Lage der drei ausgewählten Punkte nicht zufrieden, dann bleibt es natürlich unbenommen, noch weitere Punkte der ursprünglichen Kurve ins logarithmische System zu übertragen und damit die Richtigkeit der Maßnahme zu kontrollieren. Das Gleiche gilt, wenn in der ursprünglichen Kurve Streuungen der Meßwerte sichtbar sind. Dann entnimmt man der schon ausgleichend wirkenden Kurve Koordinatenwerte, die im logarithmischen System nochmals verbessert durch eine Gerade verbunden werden können. Wie weit man mit diesen Korrekturen gehen darf, zeigt der Arbeitsgang rückwärts: Aus der logarithmischen Darstellung werden Wertepaare entnommen und wieder auf normales mm-Papier übertragen. Um die daraus zu zeichnende Kurve herum werden die ursprünglich erhaltenen, echten Meßwerte als Punkte eingetragen. Kurve und Punkte müssen dann einen glaubhaften Zusammenklang ergeben.

Zur Beschreibung der Umzeichnungsverfahren werden, wie gesagt, zunächst einfache Funktionen gewählt, die aber ungenannt bleiben und erst nach der Auswertung bekannt gemacht werden sollen. Die folgenden Wertetabellen sind somit auf „einfache Funktionen" zurückzuführen. Deshalb können wir uns bei der Übertragung in logarithmisch geteilte Koordinatensysteme jeweils auf nur drei ausgewählte Punkte beschränken. Bei der Auswertung von praktischen Meßergebnissen wird man sich etwas mehr Mühe machen müssen, um zu kontrollieren, ob aus der auf normalem mm-Papier gezeichneten Kurve bei Übertragung ins logarithmische Netz wirklich Geraden entstehen.

Zunächst beschäftigen wir uns mit drei Gruppen von Kurven, für die folgende Merkmale gelten:

Gruppe 1: Kurven mit fallender Tendenz für die y-Werte bei steigendem x (vgl. die allgemeine Hyperbelgleichung $y = \frac{n}{x^m}$ mit Abbildung von Leistungshyperbeln in Bild 4.4)
Neue Kurven dieses Typs 1 sind in Bild 5.1 zusammengestellt (Nr. 1–3).

Gruppe 2: Kurven mit steigender Tendenz der y-Werte bei steigendem x, die zur x-Achse konvex gewölbt sind (mit Ausbuchtung nach oben).
(Vgl. die Glättung von Meßwerten in Bild 2.2 und die allgemeine Parabel $y = \sqrt{x}$ in Bild 4.1)
Neue Kurven dieses Typs 2 sind in Bild 5.2 zusammengestellt (Nr. 4–7).

Gruppe 3: Kurven mit steigender Tendenz der y-Werte bei steigendem x, die zur x-Achse konkav gewölbt sind (mit Einbuchtung nach unten).
(Vgl. die dB-Darstellung in Bild 3.1 und die allgemeine Parabel $y = x^2$ in Bild 4.1)
Neue Kurven dieses Typs 3 sind in Bild 5.3 zusammengestellt (Nr. 8–11).

## 5.1 Auswertung von Kurven der Gruppe 1 (Bild 5.1)

Tabelle 5.1 gibt die x- und y-Werte angenommener Messungen wieder, die wie üblich auf normalem mm-Papier graphisch dargestellt werden und die Kurven 1–3 in Bild 5.1 ergeben. Man beobachtet meist eine geringfügige Streuung der Meßwerte um die schon verbessert zu zeichnende Kurve. Nun wählt man auf jeder Kurve drei Punkte und registriert ihre Koordinatenwerte (Tabelle 5.2):

Mit der Frage: Ergibt die Verbindung der zusammengehörigen Punkte jeweils eine Gerade? werden diese Punkte zunächst auf ein einfach logarithmisch geteiltes Netz über-

# Bild 5.1–5.3 Vorläufe Ordnung von Kurven

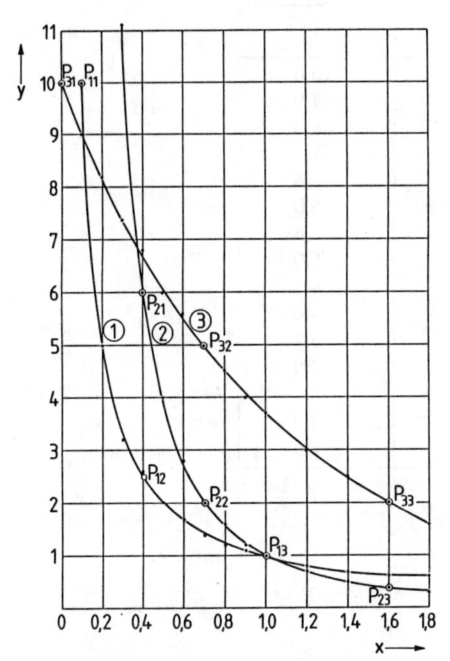


**Bild 5.1** Die Gruppe 1 (nach Tabelle 5.1)

(1) $y = 1/x$
(2) $y = 1/x^2$
(3) $y = 10/e^x$

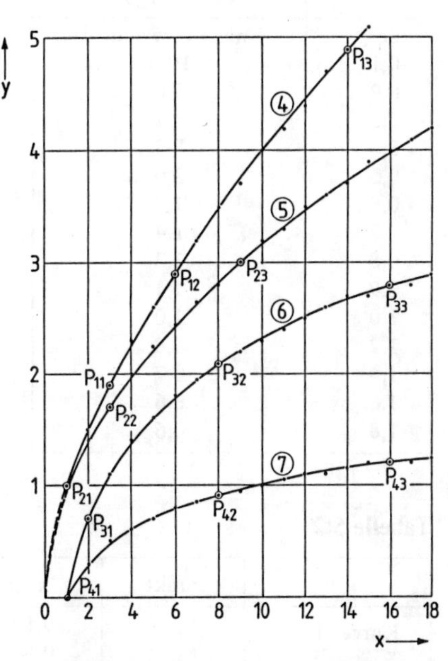


**Bild 5.2** Die Gruppe 2 (nach Tabelle 5.3)

(4) $y = x^{0,6}$
(5) $y = \sqrt{x}$
(6) $y = \ln x$
(7) $y = \lg x$

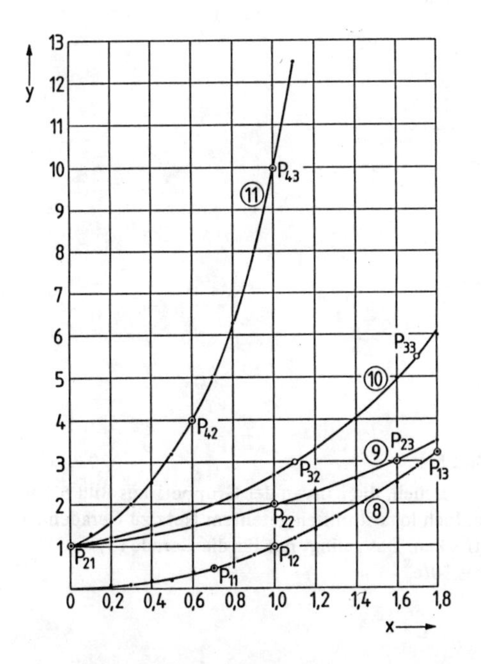


**Bild 5.3**

Die Gruppe 3 (nach Tabelle 5.5)

(8) $y = x^2$
(9) $y = 2^x$
(10) $y = e^x$
(11) $y = 10^x$

**Tabelle 5.1**

| x | y zu ① | y zu ② | y zu ③ |
|---|---|---|---|
| 0 | – nicht verwendbar | – | 10,0 |
| 0,1 | 10,0 | (100) | 9,0 |
| 0,2 | 5,0 | (25) | 8,2 |
| 0,3 | 3,2 | 11,1 | 7,4 |
| 0,4 | 2,5 | 6,0 | 6,8 |
| 0,5 | 2,0 | 4,0 | 6,0 |
| 0,6 | 1,7 | 2,8 | 5,6 |
| 0,7 | 1,4 | 2,0 | 5,0 |
| 0,8 | 1,2 | 1,6 | 4,5 |
| 0,9 | 1,1 | 1,2 | 4,0 |
| 1,0 | 1,0 | 1,0 | 3,7 |
| 1,2 | 0,8 | 0,7 | 3,0 |
| 1,4 | 0,7 | 0,5 | 2,5 |
| 1,6 | 0,6 | 0,4 | 2,0 |
| 1,8 | 0,6 | 0,3 | 1,6 |

**Tabelle 5.2**

| | Punkt | x | y |
|---|---|---|---|
| Kurve ① | $P_{11}$ | 0,1 | 10 |
| | $P_{12}$ | 0,4 | 2,5 |
| | $P_{13}$ | 1,0 | 1,0 |
| Kurve ② | $P_{21}$ | 0,4 | 6,0 |
| | $P_{22}$ | 0,7 | 2,0 |
| | $P_{23}$ | 1,6 | 0,4 |
| Kurve ③ | $P_{31}$ | 0 | 10 |
| | $P_{32}$ | 0,7 | 5 |
| | $P_{33}$ | 1,6 | 2 |

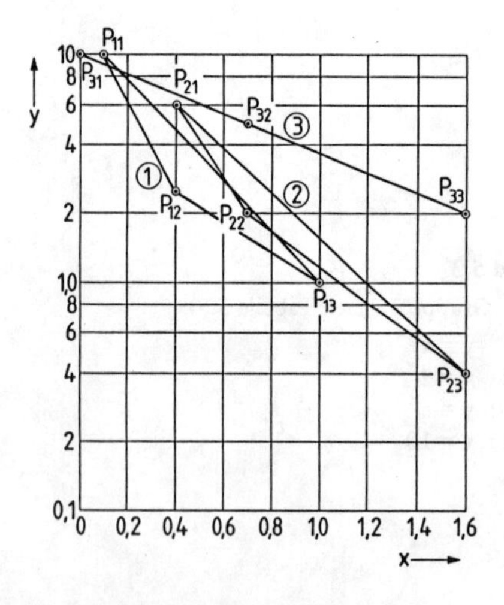


**Bild 5.4**

1. Versuch, die Kurven der Gruppe 1 aus Bild 5.1 in einfach logarithmisch geteiltem Netz zu Geraden zu strecken. Das gelingt nur für die Gerade (3): $y = 10/e^x$

tragen (Bild 5.4). Ergebnis: Nur die Punkte der Kurve (3) ergeben eine Gerade (3), die ausgewählten Punkte der beiden anderen Kurven (1) und (2) lassen sich dagegen nicht durch Geraden verbinden – es entstehen Dreiecke – wie eingezeichnet.

Wir bleiben zunächst bei der Geraden (3) in Bild 5.4: Zur Bestimmung ihres Richtungsfaktors m nach Gleichung 1.2 sind die Koordinatenwerte zweier Punkte erforderlich. Wir wählen

$$P_{31}: \; y_1 = \lg 10; \quad x_1 = 0$$
$$P_{33}: \; y_2 = \lg \; 2; \quad x_2 = 1{,}6$$

Zu beachten ist hier und auch bei späteren Ablesungen, daß eine Achse oder beide Achsen logarithmisch geteilt sein können – hier ist es die Ordinatenachse. In diesem Falle ist also nicht $y_1 = 10$ sondern $y_1 = \lg 10$ abzulesen und bei der weiteren Rechnung zu verwenden. Ebenso ist es mit $y_2$, das nicht als 2 sondern als lg 2 in die Rechnung eingeht. Dann wird nach Gleichung 1.2 für die Gerade (3):

$$m = \frac{\lg 10 - \lg 2}{0 - 1{,}6} = \frac{1 - 0{,}3010}{-1{,}6} = -0{,}436$$

Zur Ausfüllung der allgemeinen Geradengleichung 1.1: $y = m \cdot x + n$ muß noch der Ordinatenabschnitt n abgelesen werden. Er ist im Punkt $P_{31}$ über $x = 0$ mit $n = \lg 10$ zu finden – nicht $n = 10$, weil die Ordinatenachse ja logarithmisch geteilt ist, was schon bei der Bestimmung von m zu beachten war. Ebenso ist zusätzlich bei der nun aufzustellenden Gleichung entsprechend der Grundgleichung 1.1 für eine Gerade: $y = m \cdot x + n$ für die Gerade (3) nicht y sondern lg y zu schreiben, also

$$\lg y = m \cdot x + \lg 10$$

Eine solche Gleichung läßt sich nur weiterverarbeiten, wenn auch das mittlere Glied $(m \cdot x)$ in eine logarithmische Form umgewandelt wird. Dazu benutzen wir hier und mitunter auch bei weiteren Auswertungen dieser Art den Logarithmus von e, weil mit e-Funktionen, die im folgenden Kapitel 6 näher beleuchtet werden, meist der richtige Weg zur Funktionsfindung beschritten wird.

Die vorstehende Gleichung wird mit $\lg e = 0{,}4343$ erweitert und auch der schon bestimmte Richtungsfaktor m dann im Zähler eingesetzt:

$$\lg y = \frac{m}{\lg e} \cdot \lg e \cdot x + \lg 10$$

$$\lg y = \frac{-0{,}436}{0{,}4343} \cdot \lg e \cdot x + \lg 10$$
$$= -1{,}004 \cdot \lg e \cdot x + \lg 10$$
$$= 1{,}004 \cdot \lg e \cdot (-x) + \lg 10$$

Nach den logarithmischen Rechenregeln wird aus dem additiven Glied (+ lg 10) der Faktor „mal 10“. Dann gerundet:

$$y = 1 \cdot e^{-x} \cdot 10$$
$$y = \frac{10}{e^x}$$

Das also ist die Gleichung der Kurve (3) in Bild 5.1 und der Geraden (3) in Bild 5.4.

Bei Computer-Berechnungen, die Gegenstand des Kapitels 12 bilden, ist zu beachten, daß diese von vornherein nur mit den natürlichen Logarithmen mit der Basis e und nicht mit den dekadischen Logarithmen mit der Basis 10 ablaufen. Ein Computer erspart sich also die Beachtung der Konstanten c = 0,4343 (= lg e) und schreibt als Ergebnis seiner Gleichungssuche: $y = n \cdot e^{m \cdot x}$. Beim Beispiel der Geraden (3) in Bild 5.4 wurden durch Computer-Berechnung die Faktoren n und m sowie der Korrelationskoeffizient K erhalten:

n = 10,0591
m = – 1,0900
K = – 0,9998 (K ist negativ, weil es sich um eine fallende Gerade handelt)

so daß also – gerundet – ebenfalls geschrieben werden kann:

$$y = 10 \cdot e^{-1 \cdot x} = \frac{10}{e^x}$$

Die Zahl e = 2,718282 wird uns, wie gesagt, noch sehr viel mehr beschäftigen. Die sogenannten e-Funktionen oder Exponential-Funktionen spielen in der Mathematik und damit auch in der mathematischen Auswertung elektronischer Zusammenhänge eine so bedeutende Rolle, daß ihnen eigens das nächste Kapitel 6 gewidmet wird. Auch später in den Kapiteln 7.1 und 7.2.1 kommen e-Funktionen zur Besprechung.

Zunächst jedoch geht es weiter mit den Kurven (1) und (2) aus Bild 5.1, die in Bild 5.4 nicht zu Geraden umgeformt werden konnten. Wenn das mit einfach logarithmisch geteiltem Netz nicht gelang, dann ist es naheliegend, ein doppelt logarithmisch geteiltes zu probieren. Mit den durch Tabelle 5.2 ausgewählten Punkten ist so Bild 5.5 zu zeichnen – aus den Kurven (1) und (2) in Bild 5.1 sind nun auch Geraden entstanden, deren Gleichungen nach dem gleichen Schema ermittelt werden können.

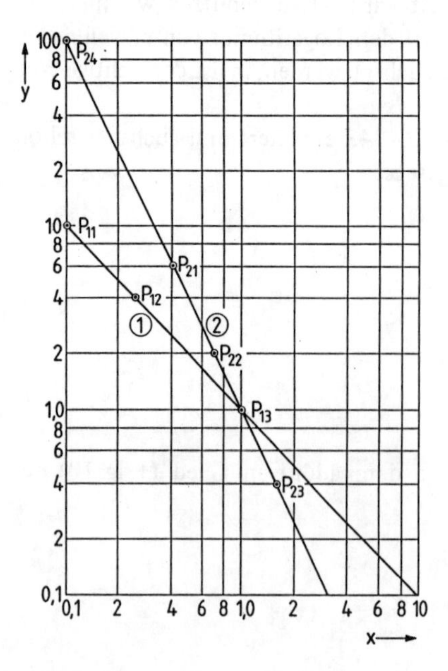


**Bild 5.5**

2. Versuch, zur Streckung der Kurven aus Bild 5.1 mit Hilfe eines doppelt logarithmisch geteilten Netzes

– Gerade (1) $y = 1/x$
– Gerade (2): $y = 1/x^2$

Gerade (1) in Bild 5.5:

Zur Bestimmung des Richtungsfaktors werden folgende Punkte benutzt:

$P_{13}$: $y_1 = \lg\ 1$; $x_1 = \lg 1$
$P_{11}$: $y_2 = \lg 10$; $x_2 = \lg 0{,}1$

Beide Achsen sind logarithmisch geteilt, beide Ablesungen gehen also als lg-Zahlen in die Rechnungen ein!

Dann folgt nach Gleichung 1.2:

$$m = \frac{\lg 1 - \lg 10}{\lg 1 - \lg 0{,}1} = \frac{0-1}{0-(-1)} = -1$$

Aber nicht nur die für die Berechnung von m erforderlichen Ablesungen werden zu lg-Werten umbenannt, sondern auch die allgemeine Geradengleichung 1.1: $y = mx + n$ muß nun wieder im gleichen Sinne umformuliert werden zu $\lg y = m \cdot \lg x + \lg n$. Während die Größe n sonst als Ordinatenabschnitt über der Abszisse $x = 0$ gesucht wurde, ist hier in Bild 5.5 festzustellen, daß es ein $x = 0$ gar nicht gibt, was ja für alle logarithmischen Teilungen gilt. Aber bei der hier mit 0,1, 1 und 10 beschrifteten Abszisse ist zu bedenken, daß $\lg 1 = 0$ ist, so daß also die darüber liegende Senkrechte als Ordinate über $x = 0$ anzusetzen ist. Da beide Geraden (1) und (2) dort den Ordinatenwert bei $y = \lg 1$ ergeben, könnte in solchen einfachen Fällen das additive Glied n der allgemeinen Geradengleichung 1.1: $y = m \cdot x + n$ weggelassen werden, weil $y = \lg 1$ (= 0) auch $n = 0$ bedeutet.

Mathematisch richtiger ist es jedoch, den Wert für n bei y über $x = \lg 1$ (= 0) abzulesen und ihn auch in der Gleichung stehen zu lassen. Dann wird klar, daß aus $+ \lg 1$ bei der weiteren Verarbeitung der Gleichung (siehe weiter unten) der Faktor ($\cdot$ 1) wird, daß also somit in der gesuchten Funktion gar kein additives Glied n enthalten ist, sondern daß darin ein Faktor 1 steht, der ebenfalls weggelassen werden kann. Im Endeffekt kommt dasselbe heraus.

Wenn aus technischen Gründen bei später zu diskutierenden Kurven bzw. Geraden in entsprechender logarithmischer Darstellung ein $x = \lg 1$ nicht gezeichnet ist, so kann doch, wie noch gezeigt wird, dieser Ordinaten-Fußpunkt durch eine Art Extrapolation gefunden oder auch berechnet werden. Ein Berechnungsbeispiel findet sich beim Praxisbeispiel 9 (S. 79) und ein Hinweis auf die Extrapolation ist bei den Geraden vom Typ E in Kapitel 7.5 (S. 96) und beim Typ F in Kapitel 7.6 (S. 99) zu finden.

Mit dem vorher ermittelten Richtungsfaktor $m = -1$ ist nun zu schreiben

$$\lg y = -1 \cdot \lg x + \lg 1$$

und nach den logarithmischen Rechenregeln folgt

$$y = x^{-1} (\cdot 1) \qquad \text{bzw.} \qquad y = 1/x$$

als gesuchte Gleichung für die Kurve (1) in Bild 5.1 und die Gerade (1) in Bild 5.5.

Gerade (2) in Bild 5.5:

Diese Gerade konnte in der doppelt logarithmischen Darstellung so weit verlängert werden, daß auch der Punkt $P_{24}$ erscheint, der in Tabelle 5.1 nicht enthalten war, weil er in der normalen Darstellung in Bild 5.1 nicht mitgezeichnet werden konnte. Zur Berechnung von m werden folgende Koordinatenwerte abgelesen:

$P_{13}$: $y_1 = \lg 1$ ; $x_1 = \lg 1$
$P_{24}$: $y_2 = \lg 100$; $x_2 = \lg 0{,}1$

Nach Gleichung 1.2 ist dann

$$m = \frac{\lg 1 - \lg 100}{\lg 1 - \lg 0{,}1} = \frac{0-2}{0-(-1)} = -2$$

Wie eben geschildert ist nun die Gleichung für die Gerade (2) in Bild 5.5 und die Kurve (2) in Bild 5.1 leicht zu entwickeln:

$$\lg y = -2 \cdot \lg x + \lg 1$$
$$y = x^{-2} \ (\cdot 1) \qquad \text{bzw.} \qquad y = 1/x^2$$

## 5.2 Auswertung von Kurven der Gruppe 2 (Bild 5.2)

Für die Kurven in Bild 5.2 liegen die fiktiven Meßwerte der folgenden Tabelle 5.3 zugrunde. Leicht streuende Punkte wurden wieder durch die gezeichneten Kurven (4) bis (7) geglättet.

**Tabelle 5.3**

| x | y zu (4) | y zu (5) | y zu (6) | y zu (7) |
|---|---|---|---|---|
| 1 | 1 | 1 | 0 | 0 |
| 2 | 1,5 | 1,4 | 0,7 | 0,3 |
| 3 | 1,9 | 1,7 | 1,1 | 0,5 |
| 4 | 2,3 | 2,0 | 1,4 | 0,6 |
| 5 | 2,6 | 2,25 | 1,6 | 0,7 |
| 6 | 2,9 | 2,45 | 1,8 | 0,8 |
| 7 | 3,2 | 2,65 | 1,95 | 0,85 |
| 8 | 3,5 | 2,8 | 2,1 | 0,9 |
| 9 | 3,7 | 3,0 | 2,2 | 0,95 |
| 10 | 4,0 | 3,2 | 2,3 | 1,0 |
| 11 | 4,2 | 3,3 | 2,4 | 1,05 |
| 12 | 4,4 | 3,5 | 2,5 | 1,1 |
| 13 | 4,7 | 3,6 | 2,6 | 1,1 |
| 14 | 4,9 | 3,7 | 2,7 | 1,15 |
| 15 | 5,1 | 3,9 | 2,7 | 1,2 |
| 16 | | 4,0 | 2,8 | 1,2 |
| 17 | | 4,1 | 2,8 | 1,2 |
| 18 | | 4,2 | 2,9 | 1,25 |

Dann wählt man erneut auf jeder Kurve in Bild 5.2 drei Punkte mit möglichst einfachen Koordinatenwerten, die sich zur Übertragung in die logarithmischen Darstellungen eignen. Es sind dies laut Tabelle 5.4:

**Tabelle 5.4**

| | x | y |
|---|---|---|
| Kurve (4): $P_{11}$ | 3,0 | 1,9 |
| $P_{12}$ | 6,0 | 2,9 |
| $P_{13}$ | 14,0 | 4,9 |
| Kurve (5): $P_{21}$ | 1,0 | 1,0 |
| $P_{22}$ | 3,0 | 1,7 |
| $P_{23}$ | 9,0 | 3,0 |
| Kurve (6): $P_{31}$ | 2,0 | 0,7 |
| $P_{32}$ | 8,0 | 2,1 |
| $P_{33}$ | 16,0 | 2,8 |
| Kurve (7): $P_{41}$ | 1,0 | 0 |
| $P_{42}$ | 8,0 | 0,9 |
| $P_{43}$ | 16,0 | 1,2 |

Die ausgewählten Punkte der Kurven (4) und (5) lassen sich im doppelt logarithmischen Netz (Bild 5.6) gut durch die Geraden (4) und (5) verbinden, während die Kurven (6) und (7) aus demselben Bild 5.2 auf nur einfach logarithmisch geteiltem Netz (Bild 5.7) zu Geraden gestreckt werden können. Das zeigen die Bilder 5.6 und 5.7.

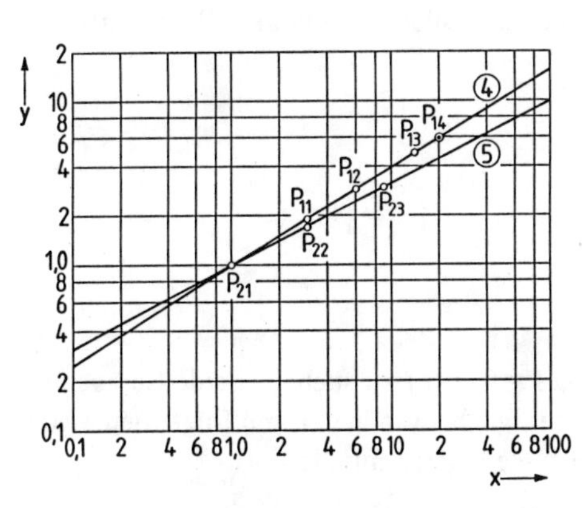


**Bild 5.6** Aus den Kurven (4) und (5) in Bild 5.2 entstehen Geraden in doppelt logarithmisches Netz
- Gerade (4): $y = x^{0,6}$
- Gerade (5): $y = \sqrt{x}$

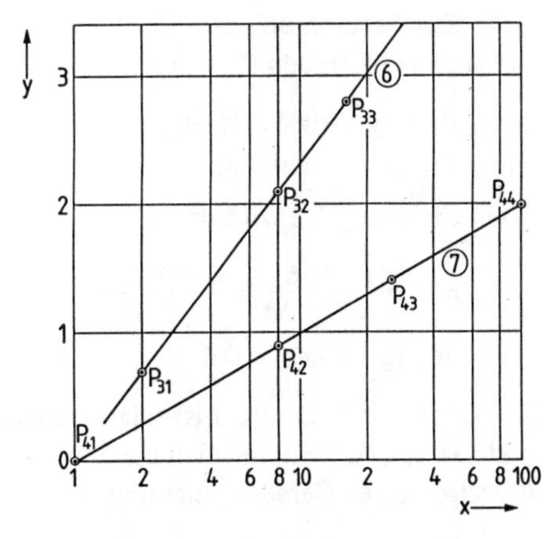


**Bild 5.7** Aus den Kurven (6) und (7) in Bild 5.2 entstehen Geraden in einfach logarithmisch geteiltem Netz
- Gerade (6): $y = \ln x$
- Gerade (7): $y = \lg x$

Bevor diese beiden Bilder ausgewertet werden, noch ein wichtiger Hinweis: Beim Vergleich der Bilder 5.4 und 5.7, in denen jeweils eine Achse linear und die andere logarithmisch geteilt war, fällt auf, daß es im Bild 5.4 die x-Achse und im Bild 5.7 die y-Achse war, die lineare Teilungen aufwiesen. Man muß sich also offensichtlich, bevor man die aus den Meßwerten erhaltenen Kurven zu Geraden umzeichnet, nicht nur entscheiden, ob ein einfach oder doppelt logarithmisch geteiltes Koordinatensystem zu verwenden ist, sondern man muß auch die Zuordnung der Tabellenspalten zur Ordinaten- oder Abszissenachse vorher festlegen. Bei doppelt logarithmisch geteilten Achsen ist das kein Problem: Beide sind ja gleichwertig. Bei Benutzung einer linear geteilten Achse ordnet man ihr die Tabellenwerte zu, deren Reihe eine Null enthält, denn – wie schon gesagt – nur eine lineare Teilung kann eine Nullstelle haben, auf einer logarithmischen Skala findet man (wie auch auf dem Rechenschieber) nie eine Null. Gibt es in den Tabellenwerten in beiden Spalten keine Null, dann bleibt nichts weiter übrig als die Übertragung auszuprobieren.

Das sei an den hier gegebenen Beispielen noch einmal verdeutlicht: In Tabelle 5.1 begannen eindeutig die Werte der ersten, mit x überschriebenen Spalte mit Null, so daß für die Gerade (1) in Bild 5.4 auch die x-Achse linear zu teilen war. In Tabelle 5.3 tauchen Nullen nur in den beiden letzten Spalten auf, so daß für die Geraden (6) und (7) in Bild 5.7 die y-Achse mit linearer Teilung zu versehen war.

Es kann natürlich auch vorkommen, daß Tabellenspalten keinen Wert Null aufweisen und daß trotzdem die zugehörige Kurve durch den Koordinatenanfangspunkt geht. Das ist in Tabelle 5.3 in der 2. und 3. Spalte der Fall (kein $y = 0$) und dennoch gehen offensichtlich die zugehörigen Kurven (4) und (5) in Bild 5.2 durch den Koordinatenanfangspunkt.

Doch nun zur Auswertung der Geraden in den beiden letzten Bildern 5.6 und 5.7.

Gerade (4) in Bild 5.6:

Zur Bestimmung des Richtungsfaktors m werden die Koordinaten des Punktes $P_{21}$, der auch zur Geraden (5) gehört, und die des neu eingezeichneten Punkte $P_{14}$ benutzt.

$$P_{21}: \; y_1 = \lg 1; \; x_1 = \lg 1$$
$$P_{14}: \; y_2 = \lg 6; \; x_2 = \lg 20$$

Nach Gleichung 1.2 wird dann

$$m = \frac{\lg 1 - \lg 6}{\lg 1 - \lg 20} = \frac{0 - 0{,}778}{0 - 1{,}301} = +\,0{,}598$$
$$m \; (\text{gerundet}) = 0{,}6$$

Der Ordinatenabschnitt n ist wieder über $x = \lg 1 = 0$ ($P_{21}$) zu suchen. Beide Geraden (4) und (5) in Bild 5.6 schneiden die Senkrechte über lg 1 bei $y = \lg 1$. Dann folgt wieder statt der allgemeinen Geradengleichung: $y = m \cdot x + n$ die logarithmische Form:

$$\lg y = m \cdot \lg x + \lg n$$
$$\lg y = 0{,}6 \cdot \lg x + \lg 1$$
$$y = x^{0{,}6}$$

Das ist die gesuchte Gleichung der Kurve (4) in Bild 5.2 und der Geraden (4) in Bild 5.6.

Gerade (5) in Bild 5.6:

Der Richtungsfaktor m wird mit den Punkten $P_{21}$ und $P_{23}$ bestimmt. Deren Koordinaten sind

$P_{21}$: $y_1 = \lg 1$; $x_1 = \lg 1$
$P_{23}$: $y_2 = \lg 3$; $x_2 = \lg 9$

Damit wird

$$m = \frac{\lg 1 - \lg 3}{\lg 1 - \lg 9} = \frac{0 - 0{,}477}{0 - 0{,}954} = 0{,}5$$

Daraus folgt wieder:

$$\lg y = 0{,}5 \cdot \lg x + \lg 1$$
$$y = x^{0,5} = x^{1/2}$$
$$y = \sqrt{x}$$

als Gleichung für die Kurve (5) in Bild 5.2 und für die Gerade (5) in Bild 5.6.

Gerade (6) in Bild 5.7:

Der Richtungsfaktor m soll an den Punkten $P_{31}$ und $P_{32}$ abgelesen werden.

$P_{31}$: $y_1 = 0{,}7$; $x_1 = \lg 2$
$P_{32}$: $y_2 = 2{,}1$; $x_2 = \lg 8$

Damit wird

$$m = \frac{0{,}7 - 2{,}1}{\lg 2 - \lg 8} = \frac{-1{,}4}{-0{,}6021} = +2{,}3$$

Mit der daraus abzuleitenden Geradengleichung ist zunächst noch nicht viel anzufangen.

$$y = 2{,}3 \lg x + \lg 1$$

Darum erinnere man sich an das im 3. Kapitel (S. 27) erwähnte Verhältnis der dekadischen zu den natürlichen Logarithmen:

$$\frac{\ln x}{\lg x} = 2{,}3026$$

Wenn in einer Rechnung, die auf eine normale, logarithmische Skalenteilung zurückgeht, die üblicherweise auf den Werten der dekadischen Logarithmen (lg) basiert, der Faktor 2,3 – oder bei eventuellen Streuungen ein sehr nahe liegender Wert – auftritt, dann kann man umformulieren und statt

$$y = 2{,}3 \cdot \lg x + \lg 1$$
$$y = \ln x$$

schreiben.

Diese Gleichung gilt also für Kurve (6) in Bild 5.2 und für Gerade (6) in Bild 5.7.

Gerade (7) in Bild 5.7:

Der Richtungsfaktor m wird mit $P_{41}$ und dem neu eingezeichneten Punkt $P_{44}$ bestimmt.

Die Koordinatenwerte:

$P_{41}$: $y_1 = 0$; $x_1 = \lg 1$
$P_{44}$: $y_2 = 2$; $x_2 = \lg 100$

Damit wird

$$m = \frac{0-2}{\lg 1 - \lg 100} = \frac{-2}{0-2} = +1$$

Also ist die Gleichung für Kurve (7) in Bild 5.2 und für Gerade (7) in Bild 5.7 ganz einfach nach vorgegebenem Schema zu finden:

$$y = \lg x$$

Dieses Ergebnis ist an der Geraden (7) nun natürlich auch ohne Rechnung zu erkennen, wenn man folgende Punkte betrachtet:

Auf der x-Achse $\lg 1 \mathrel{\hat{=}} 0$ auf der y-Achse ($P_{41}$)
Auf der x-Achse $\lg 10 \mathrel{\hat{=}} 1$ auf der y-Achse
Auf der x-Achse $\lg 100 \mathrel{\hat{=}} 2$ auf der y-Achse ($P_{44}$)

## 5.3 Auswertung von Kurven der Gruppe 3 (Bild 5.3)

Für die Kurven der Gruppe 3 in Bild 5.3 gilt die nachstehende Wertetabelle 5.5.

Man wählt wiederum auf jeder Kurve drei Punkte mit möglichst einfachen Koordinatenwerten, die zur Übertragung in die logarithmischen Darstellungen geeignet erscheinen. (Tabelle 5.6)

**Tabelle 5.5**

| x | y zu (8) | y zu (9) | y zu (10) | y zu (11) |
|---|---|---|---|---|
| 0 | 0 | 1,0 | 1,0 | 1,0 |
| 0,1 | | | | 1,3 |
| 0,2 | 0,1 | 1,1 | 1,2 | 1,6 |
| 0,3 | 0,1 | | | 2,0 |
| 0,4 | 0,2 | 1,3 | 1,5 | 2,5 |
| 0,5 | 0,2 | | | 3,2 |
| 0,6 | 0,4 | 1,5 | 1,8 | 4,0 |
| 0,7 | 0,5 | | | 5,0 |
| 0,8 | 0,6 | 1,7 | 2,2 | 6,3 |
| 0,9 | 0,8 | | | 8,0 |
| 1,0 | 1,0 | 2,0 | 2,7 | 10,0 |
| 1,1 | 1,2 | | | 12,5 |
| 1,2 | 1,4 | 2,3 | 3,3 | |
| 1,3 | 1,7 | | | |
| 1,4 | 2,0 | 2,6 | 4,0 | |
| 1,5 | 2,3 | | | |
| 1,6 | 2,5 | 3,0 | 5,0 | |
| 1,7 | 2,9 | | | |
| 1,8 | 3,2 | 3,5 | 6,0 | |

**Tabelle 5.6**

| | x | y |
|---|---|---|
| Kurve (8): $P_{11}$ | 0,7 | 0,5 |
| $P_{12}$ | 1,0 | 1,0 |
| $P_{13}$ | 1,8 | 3,2 |
| Kurve (9): $P_{21}$ | 0 | 1,0 |
| $P_{22}$ | 1,0 | 2,0 |
| $P_{23}$ | 1,6 | 3,0 |
| Kurve (10): $P_{21}$ | 0 | 1,0 |
| $P_{32}$ | 1,1 | 3,0 |
| $P_{33}$ | 1,7 | 5,5 |
| Kurve (11): $P_{21}$ | 0 | 1,0 |
| $P_{42}$ | 0,6 | 4,0 |
| $P_{43}$ | 1,0 | 10,0 |

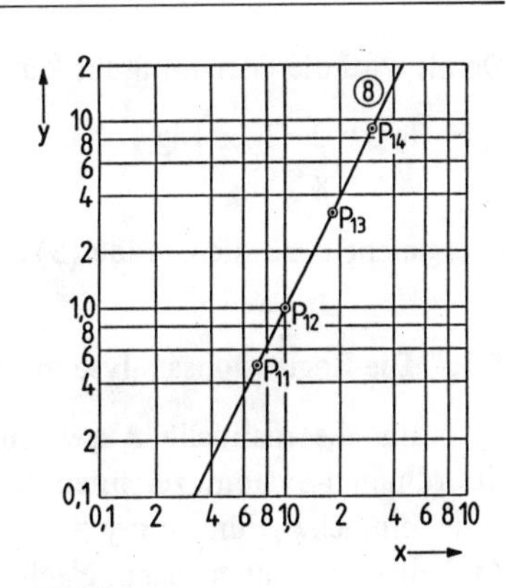


**Bild 5.8**
Aus Kurve (8) in Bild 5.3 entsteht eine Gerade in doppelt logarithmisch geteiltem Netz
– Gerade (8): $y = x^2$

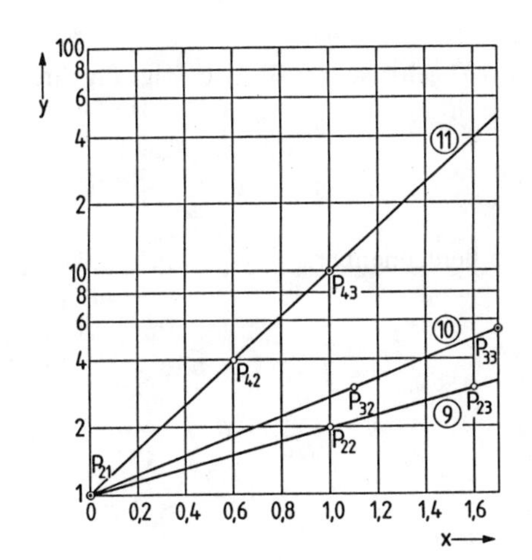


**Bild 5.9** Aus den Kurven (9) bis (11) in Bild 5.3 entstehen Geraden in einfach logarithmisch geteiltem Netz
– Gerade (9): $y = 2^x$
– Gerade (10): $y = e^x$
– Gerade (11): $y = 10^x$

Nur die Kurve (8) ergibt, auf ein doppelt logartihmisches Netz übertragen, eine Gerade (Bild 5.8). Die Kurven (9) bis (11) können dagegen nur auf einfach logarithmischem Netz zu Geraden gestreckt werden, weil in diesen drei Fällen ein $x = 0$ im doppelt logarithmischen Netz nicht zu zeichnen wäre (Bild 5.9). Die Auswertung dieser beiden Bilder kann nun schon nur in Stichworten mit kurzen Angaben dargestellt werden.

Gerade (8) in Bild 5.8:
Koordinaten zur Bestimmung von m:

$P_{12}$ mit $y_1 = \lg 1$; $x_1 = \lg 1$
$P_{14}$ mit $y_2 = \lg 9$; $x_2 = \lg 3$ ($P_{14}$ neu gewählt)

$$m = \frac{\lg 1 - \lg 9}{\lg 1 - \lg 3} = \frac{0 - 0{,}954}{0 - 0{,}477} = 2$$

Damit wird die Gleichung für Kurve (8) in Bild 5.3 und für Gerade (8) in Bild 5.8

$$\lg y = 2 \cdot \lg x + \lg 1$$
$$y = x^2$$

(Vergleiche dazu die Gerade (5) in Bild 5.6 mit $m = \frac{1}{2}$ statt hier $m = 2$)

### 5.3.1 Die Regressionsanalyse mit Logarithmen-Werten

Für die manuelle Auswertung einer Geraden, die sich im doppelt logarithmischen Koordinaten-System zeichnen läßt, sei hier unter Anwendung der Regressionsanalyse diese einfache Funktion $y = x^2$ (Gerade (8) in Bild 5.8) bei Benutzung der genauen Zahlenwerte herangezogen. Nach der folgenden Tabelle 5.7 dürfen also nicht die ursprünglichen x- und y-Werte zur Berechnung benutzt werden, sondern ihre Logarithmen. Da diese Tabelle keine Zweifel aufkommen läßt, sind weitere Erläuterungen entbehrlich.

Zur Auswertung wird dann nach Gleichung 1.3 der Richtungsfaktor m ermittelt:

$$m = \frac{\Sigma (x - \overline{x}) \cdot (y - \overline{y})}{\Sigma (x - \overline{x})^2} = \frac{1{,}825}{0{,}912} = 2$$

Weil die Gerade über $x = \lg 1 = 0$ durch $y = \lg 1 = 0$ geht ist $n = 0$. Also folgt für ihre Gleichung:

$$\lg y = 2 \cdot \lg x + \lg 1$$
$$y = x^2$$

Der Korrelationseffizient K wird nach Gleichung 1.5 berechnenbar:

$$K = \frac{\Sigma (x - \overline{x}) \cdot (y - \overline{y})}{\sqrt{\Sigma (x - \overline{x})^2 \cdot \Sigma (y - \overline{y})^2}}$$
$$= \frac{1{,}825}{\sqrt{0{,}912 - 3{,}647}} = \frac{1{,}825}{\sqrt{3{,}326}}$$
$$= \frac{1{,}825}{1{,}824} = 1$$

Dieser Korrelationskoeffizient K = 1 ist zu erwarten, weil laut Tabelle 5.7 die echten Quadratzahlen von x für y eingesetzt wurden.

**Tabelle 5.7**

| Spalte | 1<br>x | 2<br>y | 3<br>lg x | 4<br>lg y | 5<br>$\lg x - \lg \overline{x}$ | 6<br>$\lg y - \lg \overline{y}$ | 7<br>$(\lg x - \lg \overline{x}) \cdot (\lg y - \lg \overline{y})$ | 8<br>$(\lg x - \lg \overline{x})^2$ | 9<br>$(\lg y - \lg \overline{y})^2$ |
|---|---|---|---|---|---|---|---|---|---|
| | 1 | 1 | 0,000 | 0,000 | −0,656 | −1,312 | 0,861 | 0,430 | 1,721 |
| | 2 | 4 | 0,301 | 0,602 | −0,355 | −0,710 | 0,252 | 0,126 | 0,504 |
| | 3 | 9 | 0,477 | 0,954 | −0,179 | −0,358 | 0,064 | 0,032 | 0,128 |
| | 4 | 16 | 0,602 | 1,204 | −0,054 | −0,108 | 0,006 | 0,003 | 0,012 |
| | 5 | 25 | 0,699 | 1,398 | +0,043 | −0,086 | 0,004 | 0,002 | 0,007 |
| | 6 | 36 | 0,778 | 1,556 | +0,122 | +0,244 | 0,030 | 0,015 | 0,060 |
| | 7 | 49 | 0,845 | 1,690 | +0,189 | +0,378 | 0,071 | 0,036 | 0,143 |
| | 8 | 64 | 0,903 | 1,806 | +0,247 | +0,494 | 0,122 | 0,061 | 0,244 |
| | 9 | 81 | 0,954 | 1,908 | +0,298 | +0,596 | 0,178 | 0,089 | 0,355 |
| | 10 | 100 | 1,000 | 2,000 | +0,344 | +0,688 | 0,237 | 0,118 | 0,473 |
| | | | Σ = 6,559 | = 13,118 | | | Σ = 1,825 | Σ = 0,912 | Σ = 3,647 |
| | | | $\lg \overline{x}$ = 0,656 | $\lg \overline{y}$ = 1,312 | | | | | |

Gerade (9) in Bild 5.9:
Koordinaten zur Bestimmung von m:

$P_{21}$ mit $y_1 = \lg 1$; $x_1 = 0$
$P_{22}$ mit $y_2 = \lg 2$; $x_2 = 1$

$$m = \frac{\lg 1 - \lg 2}{0 - 1} = \frac{-0,3010}{-1} = 0,3010$$

Daraus folgt:

$$\lg y = 0,3010 \cdot x + \lg 1$$

Diese Gleichung ist so nicht zu lösen, weil nicht alle ihre Glieder den Vorsatz „lg" enthalten. Also gilt es, den „störenden" Faktor 0,3010 in einen lg-Ausdruck zu verwandeln. In diesem Falle wird man im Gedächtnis haben, daß 0,3010 der Logarithmus der Zahl 2 ist. Also kann man statt $0,3010 \cdot x$ auch schreiben: $\lg 2 \cdot x$. Stände anstelle von 0,3010 hier eine andere Zahl, die man nicht zufällig im Gedächtnis hat, so wäre analog vorzugehen, indem man zu dieser aus einer Logarithmentafel oder mit Hilfe eines Taschenrechners den zugehörigen Numerus N sucht und dann diesen Wert als lg N in der umzuformenden Gleichung verwendet.

Bei der anschließenden Besprechung der Geraden (10) und auch später im Kapitel 7.1 (S. 68 und S. 70) wird z.B. anstelle der Zahl 0,3010 vor dem x der Gleichung der Faktor 0,434 auftauchen. Für diesen ist zu merken, daß er durch lg e zu ersetzen ist. Also so wie hier die Überlegungen gelten:

$$10^{0,3010} = 2 \qquad \text{bzw.} \qquad \lg 2 = 0,3010$$

so gilt später analog:

$$10^{0,434} = e \qquad \text{bzw.} \qquad \lg e = 0,434$$

Kehren wir zurück zur nicht lösbaren Gleichung

$$\lg y = 0,3010 \cdot x + \lg 1$$

so folgt nach den vorstehenden Erläuterungen

$$\lg y = \lg 2 \cdot x + \lg 1$$

und weiter nach den logarithmischen Rechenregeln

$$y = 2^x$$

als Gleichung für die Kurve (9) in Bild 5.3 und die Gerade (9) in Bild 5.9.

Gerade (10) in Bild 5.9:
Koordinaten zur Bestimmung von m:

$P_{21}$ mit $y_1 = \lg 1$; $x_1 = 0$
$P_{32}$ mit $y_2 = \lg 3$; $x_2 = 1,1$

$$m = \frac{\lg 1 - \lg 3}{0 - 1,1} = \frac{-0,477}{-1,1} = 0,434$$

Daraus folgt mit $n = 0$: $\lg y = 0{,}434 \cdot x + \lg 1$.

Der Faktor $0{,}434 = \lg e$ war schon bei der Geraden (3) in Bild 5.4 erwähnt und seine Behandlung soeben abgeleitet. Hier kann also auch wieder umformuliert werden zu

$$\lg y = \lg e \cdot x + \lg 1$$

Daraus folgt dann für die Kurve (10) in Bild 5.3 und für die Gerade (10) in Bild 5.9 die Gleichung

$$y = e^x$$

Gerade (11) in Bild 5.9:
Koordinaten zur Bestimmung von m:

$$P_{21} \text{ mit } y_1 = \lg 1; \quad x_1 = 0$$
$$P_{43} \text{ mit } y_2 = \lg 10; \quad x_2 = 1$$

$$m = \frac{\lg 1 - \lg 10}{0 - 1} = \frac{0 - 1}{0 - 1} = 1$$

Die damit aufzustellende, einfache Gleichung lautet

$$\lg y = 1 \cdot x + \lg 1$$

Sie kann nach den logarithmischen Rechenregeln – wenn man wieder den Faktor 1 im Glied $1 \cdot x$ durch lg 10 ersetzt – umgestellt werden zur Gleichung für die Kurve (11) in Bild 5.3 und für die Gerade (11) in Bild 5.9:

$$\lg y = \lg 10 \cdot x + \lg 1$$
$$y = 10^x$$

## 5.4 Zusammenfassung

Die Auswertung der drei Kurventypen, die in den Bildern 5.1 bis 5.3 dargestellt waren, hat ergeben, daß alle bei der Übertragung in einfach oder doppelt logarithmisch unterteilte Achsensysteme zu Geraden gestreckt werden konnten. Es waren durchweg parabel- oder hyperbelähnliche Kurven mit recht einfachen Grundgleichungen. Die Auswertung hat aber auch gezeigt, daß es nicht auf das ähnliche Aussehen der Kurven ankommt, um zu entscheiden, ob einfach oder doppelt logarithmische Systeme zur Streckung der Kurven zu Geraden herangezogen werden müssen, sondern daß andere Gesichtspunkte zu berücksichtigen sind. Diese gilt es aus den in diesem Kapitel gemachten Erfahrungen zu erarbeiten, denn wir wollen „Fehlübertragungen", wie sie in Bild 5.4 durch die eingezeichneten Dreiecke demonstriert wurden, vermeiden. Deshalb muß man nun die verschiedenen Kurventypen so ordnen und beschreiben, daß von vornherein mit großer Sicherheit entschieden werden kann, ob ihre Übertragung in ein einfach oder in ein doppelt logarithmisch geteiltes Koordinatensystem zu den gewünschten Geraden führt, die ihre Gleichungen bestimmbar machen. Die eben gemachte Einschränkung „mit großer Sicherheit" bedeutet, daß es nicht immer so einfach gelingt, Kurven „gerade zu biegen" – darauf wird im 8. Kapitel eingegangen.

Die in den Bildern 5.1 bis 5.3 gezeichneten 11 Kurven lassen sich auf 6 verschiedene Typen reduzieren, die in Bild 5.10 mit A–F gekennzeichnet sind. Im oberen Teil des Bildes mit den Kurventypen A–C sind die enthalten, deren Umzeichnung auf ein einfach logarithmisch geteiltes Netz Geraden ergibt, im unteren Teil des Bildes mit den Kurventypen D–F folgen die, deren Umzeichnung auf ein doppelt logarithmisch geteiltes Netz Geraden ergibt. Die gestrichelt eingezeichneten 45°-Linien deuten an, daß es sich bei den Kurven B und C im oberen Bildteil nur um Spiegelungen um diese 45°-Linie handelt. Ebenso ist es bei den Kurven E und F im unteren Bildteil. Diese (eigentlich) doppelte Darstellung ist gezeichnet, weil man bei der Zuordnung von Wertepaaren zu den beiden Koordinatenachsen x und y die Wahl hat, welche Spalte einer Tabelle man mit x und welche man mit y überschreibt.

Die in Bild 5.10 gezeichneten Kurven können wie folgt charakterisiert werden:

1. Hyperbelähnliche Kurven, die oft eine 0-Stelle aufweisen: Typ A mit $P_1$. Diese Nullstelle kann auch auf der x-Achse liegen.
2. Parabelähnliche Kurven, die nicht durch den Koordinaten-Anfangspunkt gehen, die aber dennoch eine Nullstelle auf einer der Achsen haben: Typ B mit $P_2$ und Typ C mit $P_3$.
3. Hyperbelähnliche Kurven, die sich erst im Unendlichen den Achsen zu nähern scheinen: Typ D.
4. Parabelähnliche Kurven, die das Wertepaar x = 0 und y = 0 enthalten: Typ E und Typ F mit $P_4$.

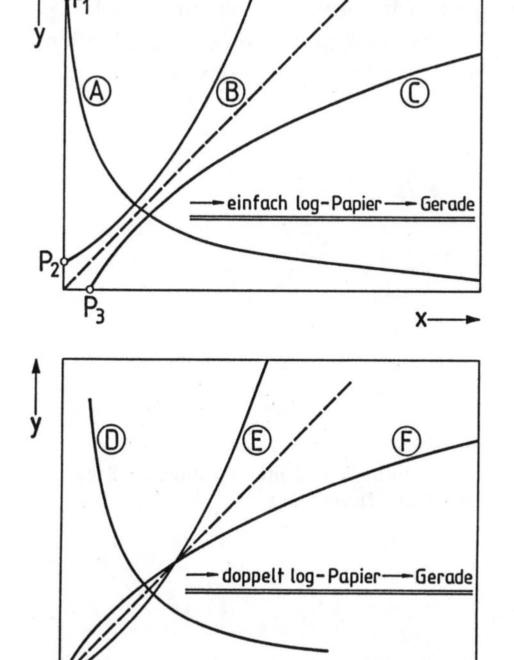


**Bild 5.10**

Sechs Kurvenformen zur Ermittlung der Netzpapiere, die eine Streckung zu Geraden ermöglichen.
Beschreibung des Vorgehens dazu:
Kurvenform A: S. 67
Kurvenform B: S. 69 und S. 100
Kurvenform C: S. 82
Kurvenform D: S. 86 und S. 105
Kurvenform E: S. 95
Kurvenform F: S. 98 und S. 107

Dieses Bild 5.10 soll also der Schlüssel sein, mit dem in der praktischen Anwendung der hier entwickelten Richtlinien ein Problem anzugehen ist, das graphisch-mathematisch behandelt werden soll.

Das Prinzip, die mathematische, durch eine Gleichung zu beschreibende Abhängigkeit zweier Variablen (x und y) voneinander zu finden, sei noch einmal kurz zusammengefaßt:

1. Aus den Meß- oder Tabellenwerten wird eine Kurve gezeichnet – im einfachsten Falle eine Gerade.

2a. Eine Gerade kann nach der Regressionsanalyse gemäß Kapitel 1 eventuell berichtigt und dann berechnet werden. Ihre „Qualität" ist durch die Bestimmung des Korrelationskoeffizienten nach Kapitel 1.2 zu ermitteln.

2b. Eine Kurve, die eventuell nach Kapitel 2.1 optimiert wurde, wird den Kurven des Bildes 5.10 zugeordnet, auf entsprechendem Logarithmenpapier zu einer Geraden umgeformt, aus der dann die – eventuell nach Kapitel 5.3.1 verbesserte – Funktionsgleichung zu berechnen ist.

3. Die Meß- oder Tabellenwerte werden durch Computer-Berechnung nach Kapitel 12 ausgewertet.

Bei Betrachtung des Bildes 5.10 fällt auf, daß die Kurven des Typs A von denen des Typs D nur schwer zu unterscheiden sind, was in der Praxis noch drastischer sein kann, wenn nämlich der Koordinatenanfangspunkt nicht mitgezeichnet wird, wie im folgenden Bild 5.11 beispielhaft gezeichnet. Hier sind zwei Funktionen graphisch dargestellt, die sich im Punkt P schneiden und die sich bei x = 1 und y = 2,5 nochmals schneiden würden. Man erkennt, daß die Kurve vom Typ A sich schneller der x-Achse nähert als die Kurve vom Typ D, sie ist also stärker eingesattelt. Die Kurve A ergäbe im einfach logarithmischen Achsensystem eine Gerade, die vom Typ D dagegen im doppelt logarithmischen Achsensystem.

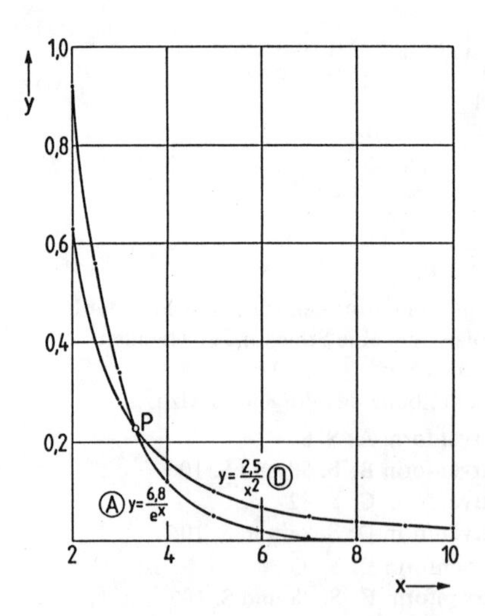


**Bild 5.11**

Hinweis zur besseren Unterscheidung der Kurventypen A und D aus Bild 5.10

Um sich den Versuch, welches Papier zu wählen ist, zu ersparen, sollte man sich merken, daß die schnelle Annäherung einer Kurve zur x- oder y-Achse (A) eine Exponentialfunktion erwarten läßt, während eine nur langsam auf $y = 0$ fallende oder gegen $x = \infty$ strebende Kurve (D) eine Potenzfunktion (= Hyperbel) wahrscheinlich macht. Für die erste ist es also naheliegender, mit einfach logarithmisch geteiltem Papier zu beginnen, für die zweite mit doppelt logarithmisch geteiltem Papier, um die gewünschte Gerade zeichnen zu können.

Bei der Auswertung von Kurven werden nicht immer so einfache Funktionen zu finden sein, wie sie bisher beschrieben wurden. Es wird noch zu zeigen sein, wie Lösungen für kompliziertere Funktionen zu ermitteln sind. Zunächst soll aber – wegen der Häufigkeit des Vorkommens in der Elektronik – auf die sogenannten e-Funktionen eingegangen werden, von denen uns zwei schon begegnet sind: Die Kurve (3) in Bild 5.1 mit der Gleichung $y = 10/e^x$ und die Kurve (10) in Bild 5.3 mit der Gleichung $y = e^x$. Wie bei allen bisher gebrachten Beispielen sind auch das ganz einfache Funktionen, aber selbst kompliziertere – wie im folgenden Kapitel bearbeitet – lassen sich durchschauen.

# 6 Umgang mit Exponentialkurven (e-Funktionen)

In vielen Bereichen der Technik spielen sogenannte Ausgleichsvorgänge eine Rolle – Vorgänge, bei denen es eine gewisse Zeit dauert, bis sich zwei Partner aufeinander eingestellt haben. Dafür einige Beispiele, die nicht unbedingt etwas mit Elektronik zu tun haben müssen:

a) Wird zum Beispiel ein Ofen aufgeheizt oder zur Abkühlung abgeschaltet, so braucht er seine, von Konstruktion, Isolierung und umgebender Luft abhängige Zeit, um warm oder kalt zu werden.
b) Wird ein kaltes Thermometer in eine heiße Flüssigkeit getaucht, so klettert der Quecksilberfaden erst schnell, dann immer langsamer werdend auf den Endstand, der mit der Temperatur der Flüssigkeit übereinstimmt.
c) Oder wird eine Vakuumapparatur mit einer Pumpe „luftleer" gesaugt, so braucht auch das seine Zeit, abhängig von dem Volumen der Apparatur, der Saugleistung der Pumpe und den Undichtigkeiten der Leitungen usw.
d) Für den Elektroniker geläufig ist die Aufladung eines Kondensators über einen Widerstand aus einer Quelle konstanter Spannung oder umgekehrt seine Entladung über einen Widerstand – es dauert eine berechenbare Zeit, bis er „voll" oder „leer" ist.

Alle diese genannten Beispiele gehorchen mehr oder weniger genau einem gleichen Gesetz, das mit einer sogenannten e-Funktion beschrieben wird, vor der ein mathematisch nicht versierter Elektroniker Respekt oder oft sogar Angst hat – aber nicht haben muß.

Dieses „e" ist eine irrationale Zahl, über deren Herkunft hier nicht nachgedacht werden muß. Sie ist die Basis der sogenannten natürlichen Logarithmen (ln), wie es sonst die Zahl 10 für die Basis der gebräuchlichen, dekadischen Logarithmen (log oder lg) ist. Darauf wurde im 3. Kapitel schon kurz eingegangen.

e hat den Wert 2,7182718... – wir können den Zahlenwert aber gleich wieder vergessen, obwohl der Buchstabe e bei den folgenden Betrachtungen immer wieder gebraucht wird.

Erinnern wir uns zunächst an die Lade- und Entladekurven für Strom und Spannung eines Kondensators (Bild 6.1). Die Spannung (ausgezogene Kurven) steigt anfänglich schnell, dann immer langsamer werdend bei der Ladung und fällt in gleicher Weise bei der Entladung. Andererseits fließt bei der Ladung zunächst ein hoher Strom (gestrichelte Kurven), der „exponentiell" abnimmt, bis der Kondensator „voll" ist. Bei der Entladung fließt er in umgekehrter Richtung, zunächst stark, dann auf Null abklingend. Derartige Kurven nennt man Exponentialkurven, wie weiter unten aus ihren Gleichungen noch deutlich wird.

An den Spannungskurven in Bild 6.1 sind die sogenannten Halbwertszeiten $\tau$ eingezeichnet, die erreicht sind, wenn bei der Ladung 63 % der Kapazität gefüllt, bzw. wenn

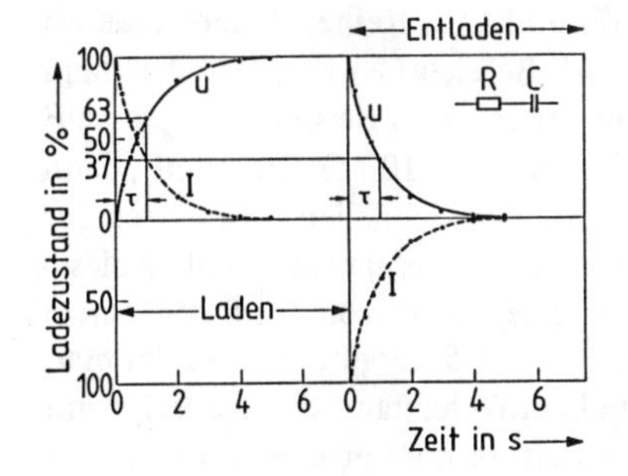


**Bild 6.1**
Verlauf von Strom und Spannung bei der Ladung oder Entladung eines Kondensators

bei der Entladung nur noch 37 % der maximalen Füllung vorhanden sind. Beides sind gerundete Werte; die genaueren Zahlen lauten: 63,2121 % bzw. 36,7879 %.*)

In dem später zu besprechenden Bild 6.3 ist angedeutet, wie man auch auf zeichnerischem Wege zu den angegebenen, abgerundeten %-Werten kommen kann: Man legt im Nullpunkt die Tangente an die aufsteigende Ladekurve, die die Horizontale durch $y = 1$ (Volladung) im Punkt $\tau = 1$ schneidet. Das Lot von dort auf die x-Achse schneidet die Ladekurve bei $y_1 = 0{,}63$ und die Entladekurve bei $y_2 = 0{,}37$. Bezogen auf 100 % (= Volladung) sind das 63 bzw. 37 %.

Da der Buchstabe $\tau$ nicht nur – wie hier – zur Bezeichnung der Halbwertszeiten sondern auch für die sogenannte Zeitkonstante benutzt wird, und da diese bei den weiteren Betrachtungen eine Rolle spielt, müssen wir zunächst bei dem Begriff „Zeitkonstante" kurz verweilen.

Die Füllungs- und Entleerungszeiten eines Kondensators sind bekanntlich abhängig von seiner Kapazität und von der Größe des vorgeschalteten Widerstandes: Je größer die Kapazität des Kondensators und je größer auch der Wert des vorgeschalteten Widerstandes, desto mehr Zeit beansprucht die Aufladung bzw. Entladung.

Das Produkt aus Widerstand und Kapazität ($R \cdot C$) bezeichnet man als die Zeitkonstante dieses Systems. Sie wird mit dem griechischen Buchstaben Tau ($\tau$) gekennzeichnet. Also: $\tau = R \cdot C$. Dabei muß R in Ohm ($\Omega$) und C in Farad (F) eingesetzt werden, deren Produkt die Zeitkonstante $\tau$ in Sekunden (s) angibt.**) Die Dimensionsgleichung lautet also: $s = \Omega \cdot F$.

Mit Kondensatoren im Farad-Bereich hat die Elektronik nie zu tun, die üblichen Kondensatorbeschriftungen lauten bekanntlich:

pF = Picofarad = $10^{-12}$ F
nF = Nanofarad = $10^{-9}$ F
μF = Mikrofarad = $10^{-6}$ F

---

*) Da in der Fachliteratur oft darüber hinweggegangen wird, wie es zu diesen „krummen" Zahlen kommt, sei kurz gesagt, daß der Wert $0{,}367879 = e^{-1}$ ist und damit $1 - e^{-1} = 0{,}632121$ wird. Da die Volladung mit „1" bezeichnet wird, kann man diese Zahlen auch mit 100 multiplizieren und kommt dann zu den oben angegebenen Prozentzahlen. Noch verständlicher wird die Herkunft der Werte, wenn man $e^{-1}$ in Worten ausdrückt: Ein e-tel (1/e). Mit den später erscheinenden Gleichungen 6.1 und 6.2 wird dann die Bedeutung dieser Zahlen noch klarer.

**) Literatur: [8] S. 65; [13] S. 3; [19] S. 89

Verwendet man bei der hier diskutierten Schaltung (R und C in Reihe) Widerstände im MΩ-Bereich ($1\ M\Omega = 10^6\ \Omega$) und Kondensatoren im μF-Bereich ($1\ \mu F = 10^{-6}\ F$), dann wird das Produkt einer Kopfrechnung mit Sicherheit fehlerfrei, zum Beispiel $1\ M\Omega \cdot 1\ \mu F = 1 \cdot 10^6 \cdot 1 \cdot 10^{-6} = 1\ s$. Operiert man aber mit zum Beispiel 100 Ω und 10 nF, dann vertut man sich leicht mit den Potenzen und den Nullen. Zum schnellen Abschätzen der Größenordnung der Zeitkonstanten ist darum Bild 6.2 hier eingefügt, in das als Ablesebeispiel eingetragen ist, daß die Kombination eines Kondensators von 5 μF mit einem Widerstand von 1 kΩ eine Zeitkonstante $\tau$ von $5 \cdot 10^{-3} = 0{,}005$ s ergibt. Verwendet man nun zum Beispiel einen Kondensator von 4,7 μF und einen Widerstand von 1,5 kΩ, dann bleiben die Ziffern 0,00 ... bei der eben ermittelten Zeitkonstanten schon stehen und man muß die letzte Ziffer 5 nur durch das Produkt $4{,}7 \cdot 1{,}5 = 7{,}05$ ersetzen. Also wird $\tau = 7{,}05 \cdot 10^{-3} = 0{,}00705$ s.

Alle gebräuchlichen Kombinationen aus Widerständen im Bereich 0,1 Ω–10 MΩ und Kondensatoren im Bereich 1 pF–10 000 μF sind in diesem Diagramm erfaßt – ein weiterer Hinweis auf die Nützlichkeit einer graphischen Darstellung mit logarithmisch geteilter Achsenbeschriftung.

**Praxisbeispiel 7: Lade- und Entladevorgang bei Kondensatoren**

Nach diesen Vorbemerkungen wenden wir uns intensiv den e-Funktionen zu, die Lade- und Entladevorgang eines Kondensators beschreiben.*) Die Formeln dafür lauten:

Ladevorgang

$$\frac{u}{U} = 1 - e^{-\frac{t}{\tau}} \tag{6.1}$$

Entladevorgang

$$\frac{u}{U} = e^{-\frac{t}{\tau}} \tag{6.2}$$

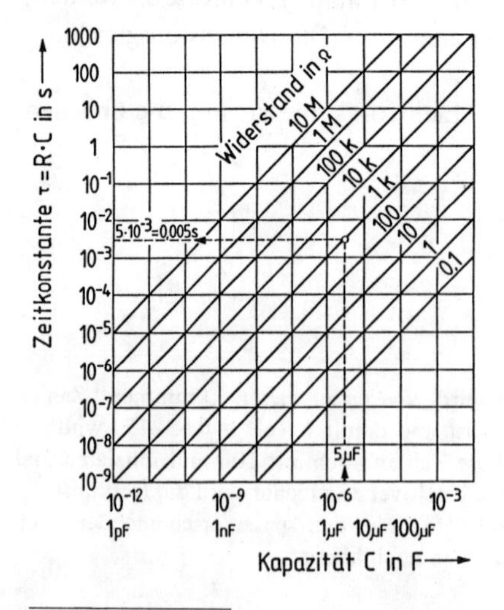


**Bild 6.2**

Arbeitshilfe für die Bestimmung der Zeitkonstanten $\tau$ in Sekunden

*) Literatur: [13] S. 14; [16] S. 92; [17] S. 127; [18] S. 306; [19] S. 88

Diese Formeln sehen zunächst kompliziert aus, sie werden aber bei näherer Betrachtung überschaubar.

u ist die jeweils vorhandene Kondensatorspannung
U ist entweder die zur Ladung angelegte Spannung (Gleichung 6.1) oder die Spannung des gefüllten Kondensators vor der Entladung (Gleichung 6.2)
t ist die Zeit in Sekunden, die bei diesem Vorgang von Interesse ist (Auf- bzw. Entladezeit)
$\tau$ ist die Zeitkonstante = R · C; sie hat die Dimension s nur dann, wenn R in $\Omega$ und C in F zur Berechnung eingesetzt werden. Zur Bestimmung von $\tau$ in Sekunden wird auf Bild 6.2 verwiesen!
e hat den schon erwähnten Wert 2,7182818...

Das links in den Gleichungen 6.1 und 6.2 stehende Verhältnis u:U ist der Ladezustand des Kondensators bei beiden Vorgängen. Es wird bei der Ladung = 1, wenn u = U geworden ist; es wird bei der Entladung = 0, wenn u bis auf Null abgesunken ist. Ein u:U = 0,5 bedeutet zum Beispiel, daß der Kondensator zur Hälfte seiner Kapazität geladen bzw. entladen ist.

Dieses u:U wollen wir fortan y nennen, weil die Auftragung der zugehörigen Kurven gewöhnlich derart erfolgt, daß u:U auf der Ordinatenachse erscheint.

Die Gleichungen 6.1 und 6.2 sollen aber noch etwas umgeformt werden, weil nicht alle Taschenrechner die Möglichkeit bieten, mit negativen, gebrochenen Exponenten (hier $-\frac{t}{\tau}$) zu rechnen. Außerdem brauchen wir nur die Kurve für $\tau = 1$ zu ermitteln, weil – wie noch gezeigt wird – andere Werte für $\tau$ sich später leicht einrechnen lassen.

Mit $\tau = 1$ wird hier der Ausdruck $e^{-\frac{t}{\tau}}$ zu $e^{-t}$ – das sieht schon etwas weniger kompliziert aus. Und schließlich nennen wir t fortan x, weil die Zeit üblicherweise auf der Abszissenachse aufgetragen wird (vgl. Bild 6.1).

Unsere beiden Gleichungen 6.1 und 6.2 lauten dann vereinfacht:

Ladung

$$y = 1 - e^{-x} \tag{6.3}$$

Entladung

$$y = e^{-x} \tag{6.4}$$

Man kann sie nach den Regeln der Potenzrechnung noch einmal ändern, so daß die Exponenten mit negativen Vorzeichen verschwinden, und sie somit in ihre „Gebrauchsform" bringen:

Ladung

$$\boxed{y = 1 - \frac{1}{e^x}} \tag{6.5}$$

Entladung

$$\boxed{y = \frac{1}{e^x}} \tag{6.6}$$

Nun wird nach diesen beiden Gleichungen eine Wertetabelle berechnet.

**Tabelle 6.1**

| x | y Ladung | y Entladung |
|---|---|---|
| 0 | 0 | 1,0 |
| 0.25 | 0,22 | 0,78 |
| 0,5 | 0,39 | 0,61 |
| 0,75 | 0,53 | 0,47 |
| 1,0 | 0,63 | 0,37 |
| 2 | 0,86 | 0,14 |
| 3 | 0,95 | 0,95 |
| 4 | 0,98 | 0,002 |
| 5 | 0,99 | 0,007 |
| 6 | 1 | 0 |

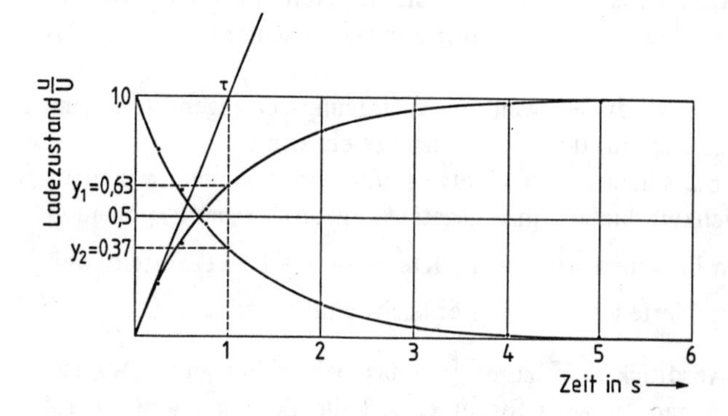


**Bild 6.3**
Zeichnerische Ermittlung des Ladezustandes eines Kondensators bei $\tau = 1$

Aus dieser Tabelle lassen sich die beiden Kurven in Bild 6.3 zeichnen. Die Entladekurve (fallend) erinnert an die Kurve (A) in Bild 5.10, so daß nach den schon vorliegenden Erfahrungen zu erwarten ist, daß eine Übertragung in ein einfach logarithmisch geteiltes Netz eine Gerade entstehen lassen wird.*)

Dieser Hinweis auf Bild 5.10 soll noch ergänzt werden: Im vorhergehenden 5. Kapitel wurden Kurven analysiert, mit anderen Worten, es wurden ihre Gleichungen gesucht und gefunden, nachdem die Ursprungskurven durch Umzeichnung in zwei Arten von Logarithmenpapier „gerade gebogen" werden konnten. Bei diesem Beispiel dagegen kennen wir die Gleichungen der Kurven schon (Gleichungen 6.5 und 6.6) und wollen durch einfache Überlegungen zum gleichen Ergebnis kommen: Die Umzeichnung soll eine Gerade ergeben. Dazu ist es sinnvoll, zunächst nur den – formelmäßig einfacheren – Entladevorgang zu behandeln.

Nach den Regeln der Logarithmenrechnung kann man Gleichung 6.6 umschreiben:

$$y = \frac{1}{e^x} \rightarrow \lg y = \lg 1 - (x \cdot \lg e)$$

$$\lg y = 0 - (x \cdot \lg e)$$

*) Aus den Kurven in Bild 6.3 kann entnommen werden, daß Lade- und Entladevorgang eines Kondensators dann als abgeschlossen angesehen werden können, wenn t gleich 5 $\tau$ geworden ist. Dieser Wert wird auch in der Praxis zugrunde gelegt.

und da lg e eine Konstante ist

$$e = 2{,}7182\ldots$$
$$\lg e = 0{,}4343\ldots = K$$
$$\lg y = -(x \cdot K)$$
$$-\lg y = x \cdot K \qquad \text{folgt:}$$

$$\boxed{x = -\frac{\lg y}{K}} \tag{6.7}$$

(Auf die Bedeutung des Faktors K = 0,4343 ... wurde schon bei der Geraden (3) in Bild 5.4 (S. 42) und ebenso bei der Geraden (10) in Bild 5.9 (S. 51) hingewiesen. Er tritt immer dann auf, wenn irgendwie eine e-Funktion im Spiele ist.)

Mit dieser Gleichung 6.7 läßt sich nun auf Logarithmenpapier mit einfach logarithmischer Teilung eine Gerade zeichnen (Bild 6.4), für die nur ein einziger Punkt berechnet werden muß – bei dieser Darstellung zum Beispiel mit y = lg 0,001 (ganz unten).
Nach Gleichung 6.7 mit y = lg 0,001 = – 3 folgt

$$x = -\left(\frac{-3}{0{,}4343}\right) = +6{,}91\ (\text{s})$$

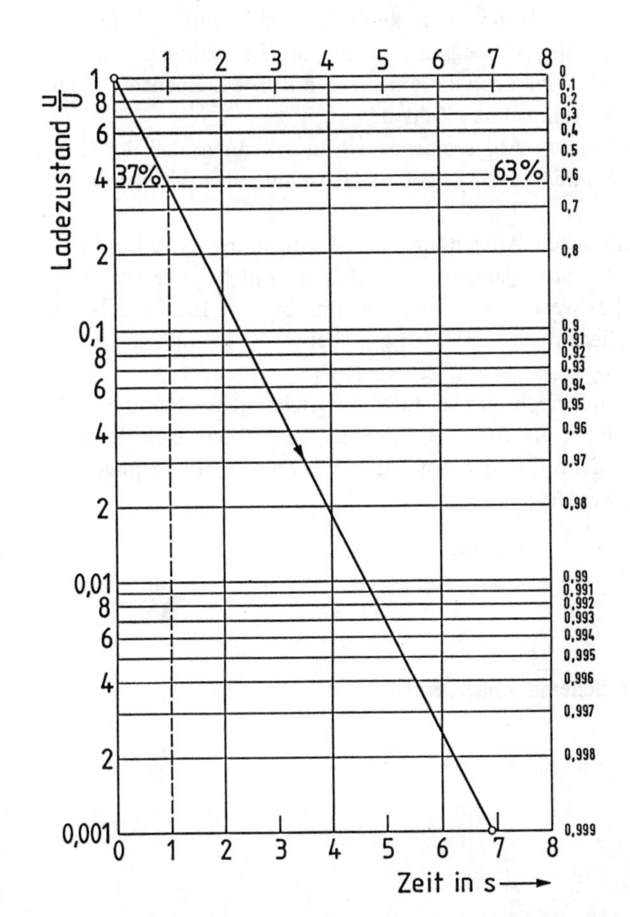


**Bild 6.4**
Gerade für die Gleichung 6.7 bzw. Abhängigkeit des Ladezustandes eines Kondensators von der Zeit der Auf- oder Entladung

Der zweite Punkt, der zur Zeichnung einer Geraden erforderlich ist, muß hier nicht berechnet werden, es ist der Eckpunkt links oben: Zum Zeitpunkt Null ist der zu entladende Kondensator voll geladen, es ist also $u:U = y = 1$ (bei $x = 0$ s).

Zunächst wird nur die linke Ordinatenteilung beachtet. Man kann an den gestrichelt eingezeichneten Linien zum Beispiel wieder ablesen, daß nach 1 Sekunde ein Ladezustand von 0,37 besteht, daß also ein Ladungsrest von 37 % der Volladung vorhanden ist. Dieser Wert ist ja schon bekannt.

Um umgekehrt den Ladevorgang eines Kondensators graphisch darzustellen, muß keine neue Gerade berechnet oder gezeichnet werden, sondern es genügt, eine Ordinatenachse neu zu beschriften, wie auf der rechten Seite des Diagramms geschehen: Das Entladungs-y in Gleichung 6.6 wird ja zu „(1 – Ladungs-y)" in Gleichung 6.5 – so ist dann die rechte Ordinatenachse zu beschriften. Auf diese Weise kann man mit nur einer Geraden sowohl den Entladevorgang (linke Beschriftung) als auch den Ladevorgang (rechte Beschriftung) beurteilen. Dabei ist in beiden Fällen – wie durch den Pfeil angedeutet – die Gerade von oben nach unten zu verfolgen.

In dieser graphischen Darstellung kommt man zu dem bemerkenswerten Sonderfall, daß eine logarithmisch geteilte Skala mit Null beginnt (rechts oben). In keinem Logarithmenpapier und auf keinem Rechenschieber, der ja ebenfalls mit Logarithmenskalen ausgestattet ist, kommt sonst eine Nullstelle vor. Man muß dazu noch einmal auf die Gleichungen 6.5 und 6.6 zurückschauen. Wenn die linke Ordinaten-Beschriftung für den Entladevorgang gilt und ganz oben mit „1" beginnt, dann muß die rechte Ordinaten-Beschriftung mit 1 – „1" = 0 an der oberen Ecke eingetragen werden. Ebenso werden dann alle rechts stehenden Zahlen = 1 minus linke Zahlen.

An dem gestrichelt eingezeichneten Ablesebeispiel ist zu erkennen, daß der Kondensator bei Aufladung nach 1 Sekunde zu 63 % gefüllt ist – eine ebenfalls schon bekanntgemachte Zahl.

Im Sinne einer möglichst einfachen Anwendung und Umformung der e-Funktion waren wir bisher von dem Wert $\tau = 1$ ausgegangen – damit ist aber nicht immer zu rechnen. Aus Bild 6.2 ist abzuleiten, daß Werte für $\tau$ mindestens im Bereich 1000 s (z. B. bei $C = 100\ \mu F$ und $R = 10\ M\Omega$) bis herunter zu $10^{-9}$ s (z. B. bei $C = 1$ pF und $R = 1\ k\Omega$) auftreten können. Das Bild 6.2 ist sogar „begrenzt" entworfen!

Zur Berücksichtigung von $\tau$ muß noch einmal auf die Gleichungen 6.1 und 6.2 zurückgegriffen werden, in denen $\tau$ noch als Größe enthalten war. Wir benutzen der Einfachheit halber die Gleichung 6.2, denn die hier diskutierten Fragen können sinngemäß auch auf Gleichung 6.1 übertragen werden.

Gleichung 6.2

$$\frac{u}{U} = y = e^{-\frac{t}{\tau}}$$

wird nach dem vorher angewandten Schema umgeformt zu

$$\frac{u}{U} = y = \frac{1}{e^{\frac{t}{\tau}}}$$

In logarithmischer Schreibweise ist dann

$$\lg y = \lg 1 - \left(\frac{t}{\tau} \cdot \lg e\right)$$

$$\lg y = 0 - \left(\frac{t}{\tau} \cdot \lg e\right)$$

oder mit lg e als Konstante K (= 0,4343)

$$\lg y = -\frac{t}{\tau} \cdot K$$

$$\boxed{t = \tau \left(-\frac{\lg y}{K}\right)} \tag{6.8}$$

Man erkennt: Die rechte Seite der Gleichung 6.7 erscheint wieder im Klammerausdruck der Gleichung 6.8, aber die Zeit t, die an der x-Achse in Bild 6.4 abzulesen ist, verändert sich um den vor der Klammer in Gleichung 6.8 stehenden Faktor $\tau$, der hier eingeführt und ungleich 1 sein kann. Die Entladungszeit t zum Beispiel wird doppelt so lang bei $\tau = 2$ und halb so lang bei $\tau = 0{,}5$ gegenüber $\tau = 1$. Das ist auch ohne Rechnung verständlich: Ein größerer Kondensator und/oder ein größerer Widerstand ergeben längere Zeiten bei der Entladung als wertemäßig kleinere Bauteile. Das gleiche gilt auch für den Ladevorgang.

Man muß also – wenn $\tau$ ungleich 1 ist – zur Auswertung des Bildes 6.4 die abgelesenen Werte für t nur mit dem geltenden Wert von $\tau$ multiplizieren, um die Lade- oder Entladezeit der Schaltung – Kondensator in Reihe mit einem Widerstand – zu erhalten – so einfach ist das.

Die in diesem Kapitel gesondert behandelten e-Funktionen, spezialisiert auf Lade- und Entladevorgang bei Kondensatoren, werden im 7. Kapitel noch einmal aufgegriffen, um den Einfluß anderer Faktoren zu untersuchen, die zum Beispiel n und m genannt werden können. Dann werden die e-Funktionen verallgemeinert zu:

$$y = \frac{n}{e^x} \quad \text{oder} \quad y = n \cdot e^{(m \cdot x)}$$

# 7 Erweiterung der Grundfunktionen durch Faktoren

Im 5. Kapitel wurden vorwiegend einfache Funktionen behandelt, deren Kurvendarstellungen durch Verwendung logarithmisch geteilter Koordinatennetze zu Geraden umgeformt werden können. So einfache Abhängigkeiten der Variablen x und y voneinander werden aber in der Praxis kaum oder gar nicht vorkommen, so daß es notwendig ist, den Einfluß von Faktoren auf die Grundgleichungen zu untersuchen und zu beschreiben, d. h. wie dennoch aus den umgezeichneten Geraden die entsprechenden Kurvengleichungen ermittelt werden können. Im 5. Kapitel handelte es sich um „Idealkurven" mit unwesentlichen Streuungen, und auch in diesem Kapitel werden solche Idealkurven behandelt, weil das Prinzip der Auswertung so klarer dargestellt werden kann. Die benutzten – meist geradzahligen – Faktoren sind nur als Beispiele anzusehen, denn in der Praxis kommen eher „krumme" Zahlen vor. Aber prinzipiell ändert sich dadurch nichts am analytischen Umgang mit den Kurven oder Geraden.

Ganz allgemein kann eine einfache Gleichung, zum Beispiel $y = x$ erweitert werden zu $y = n \cdot x$ oder auch $y = \frac{x}{m}$, so daß also nun Faktoren n und/oder m zusätzlich erscheinen. Bei den eben geschriebenen Gleichungen handelt es sich nur scheinbar um verschiedene Erweiterungen, wie mit $m = 2$ beispielsweise leicht zu erläutern ist: Dann lautete die zweite Gleichung $y = \frac{x}{2}$ oder anders geschrieben $y = 0{,}5 \cdot x$. Damit sind wir bei der ersten Gleichung, in der $n = 0{,}5$ ist. Je nach dem vorkommenden Faktor hat man also die Möglichkeit, ihn entweder in den Zähler oder in den Nenner zu setzen. Vergleichbar mit einer solchen Umwandlung zweier Gleichungen war auch die im Kapitel 2 erwähnte Potenzgleichung $y = x^{0,5}$, die ebenso als $y = \sqrt[2]{x}$ zu lesen war.

An den in Bild 5.10 (S. 55) gezeichneten Standard-Kurven A–F sollen nun die Auswirkungen von Faktoren, die immer m und n usw. genannt werden, auf die zugehörigen Geraden in den logarithmischen Darstellungen untersucht werden, wobei jeweils die Grundfunktionen noch einmal aufgeführt werden.

In der praktischen Arbeit sieht es ja meist so aus, daß man – zum Beispiel aus Meß- oder Tabellenwerten – eine Kurve zeichnen kann, die, läßt sie sich mit einer der Standard-Kurven in Bild 5.10 vergleichen, durch Benutzung des richtigen Netzpapiers (einfach oder doppelt logarithmisch geteilt) in eine Gerade umgezeichnet wird. An ihr ermittelt man den Richtungsfaktor m und den Ordinatenabschnitt n, wonach sich ihre Gleichung und damit auch die der ursprünglichen Kurve aufstellen läßt. Dazu dient immer die Grundgleichung 1.1 der Geraden: $y = m \cdot x + n$.

In diesem Kapitel wird so vorgegangen, daß aus den gewählten Gleichungen jeweils eine 3-Punkte-Wertetabelle aufgestellt wird, womit sich die Geraden in einfach oder doppelt logarithmisch geteiltem Netz zeichnen lassen. An diesen Geraden werden dann die zur Bestimmung von m und n notwendigen Koordinatenwerte abgelesen, wonach die Gleichungen zu berechnen sind. Anschließend wird der Einfluß der Faktoren m, n, ... diskutiert.

## 7.1 Kurven vom Typ A (Bild 5.10) $y = n \cdot e^{(-m \cdot x)}$

Voraussetzungen:

1. Die Kurve ergab im einfach logarithmisch geteilten Netz eine Gerade (x-Achse linear geteilt)
2. Für die Gerade wurde m = – 0,434... (= – log e) ermittelt oder eine sehr nahe liegende Zahl oder ein Vielfaches davon – immer aber mit negativem Vorzeichen. (Ist m positiv, so gilt Abschnitt 7.2)

Die Darstellung von drei fallenden Geraden, deren Gleichungen in Tabelle 7.1 benannt sind, in Bild 7.1 (unten) läßt erkennen, daß sie den gleichen Richtungsfaktor m aufwei-

**Tabelle 7.1** 3-Punkte-Werte für

| | n = 1, $y = \frac{1}{e^x}$ | | n = 1/3, $y = \frac{1}{3\,e^x}$ | | n = 2, $y = \frac{2}{e^x}$ | |
|---|---|---|---|---|---|---|
| | x | y | x | y | x | y |
| $P_1$ : | 0 | 1 | 0 | 0,33 | 0 | 2 |
| $P_{12}$: | 1 | 0,368 | 1 | 0,12 | 1 | 0,74 |
| $P_3$ : | 1,5 | 0,22 | 1,2 | 0,10 | 1,5 | 0,45 |
| ergibt Geraden in Bild 7.1 | (A 1) | | (A 2) | | (A 3) | |

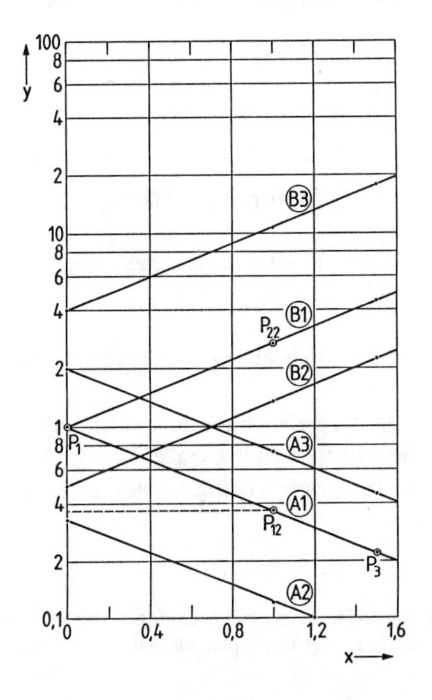


**Bild 7.1** Beispiele für Exponentialfunktionen in halblogarithmischer Darstellung. Funktionsgleichungen der Geraden:

| (Tabelle 7.1) | (Tabelle 7.2) |
|---|---|
| (A 1): $y = 1/e^x$ | (B 1): $y = e^x$ |
| (A 2): $y = 1/3\,e^x$ | (B 2): $y = 0,5\,e^x$ |
| (A 3): $y = 2/e^x$ | (B 3): $y = 4\,e^x$ |

sen, weil sie parallel verlaufen. Er ist aus den gekennzeichneten Punkten $P_1$ und $P_{12}$ der Geraden (A 1) abzuleiten, und hier am genauesten gleich aus Tabelle 7.1 abzulesen:

Für $P_1$ : $y_1 = \lg 1; \quad x_1 = 0$
Für $P_{12}$: $y_2 = \lg 0{,}368; \quad x_2 = 1$

Bei Benutzung der Tabellenwerte muß natürlich darauf geachtet werden, daß aus den drei Wertepaaren nur dadurch eine (berechenbare) Gerade wurde, daß die Ordinatenachse logarithmisch geteilt wurde. Also ist jetzt nicht zum Beispiel 0,368 für $y_2$ einzusetzen sondern lg 0,368. Man sieht das, wenn man von dem an der Geraden (A 1) eingezeichneten Punkt $P_{12}$ zur Ordinatenachse hinübergeht: Man gerät in die logarithmische Teilung, also lg 0,368 statt nur 0.368. Dann ist nach Gleichung 1.2 zu rechnen:

$$m = \frac{\lg 1 - \lg 0{,}368}{0 - 1} = \frac{0 - (-0{,}434)}{-1} = -0{,}434$$

$-0{,}434 = -\lg e$ war als 2. Voraussetzungen für diese Kurvengruppe genannt.
Das n dieser Geraden (A 1) ist im Bild 7.1 bei x = 0 zu suchen und als lg 1 (= 0) zu finden (Punkt $P_1$). Also ist nach der allgemeinen Geradengleichung 1.1: $y = m \cdot x + n$ mit Ergänzung durch „lg"-Vorsätze nun zu schreiben:

$$\lg y = -0{,}434 \cdot x + \lg 1$$
$$\lg y = \lg e \cdot (-x) + \lg 1$$
$$y = e^{-x} \; (.1)$$
$$y = \frac{1}{e^x} \qquad \text{(Gleichung der Geraden A 1)}$$

Für die Geraden (A 2) und (A 3) gilt der gleiche Richtungsfaktor $m = -0{,}434$, so daß nur noch ihre Ordinatenabschnitte n abgelesen bzw. ebenfalls (genauer) aus der 3-Punkte-Wertetabelle für x = 0 entnommen werden müssen:
Für (A 2) ist n = lg 0,33. Dann folgt ihre Gleichung

$$\lg y = \lg e \cdot (-x) + \lg 0{,}33$$
$$y = e^{-x} \cdot 0{,}33$$
$$y = \frac{1}{3\,e^x} \qquad \text{(Gleichung der Geraden A2 )}$$

Für die Gerade (A 3) ist für x = 0 n = lg 2 abzulesen und als Gleichung dann sofort zu schreiben:

$$y = \frac{2}{e^x} \qquad \text{(Gleichung der Geraden A 3)}$$

Bei dem Verfahren, über graphische Darstellungen zu den Funktionsgleichungen von Kurven zu gelangen, führt der „Umweg" über die entsprechende Gerade – entweder im einfach oder im doppelt logarithmisch geteilten Netz – zwangsläufig zur allgemeinen Geradengleichung 1.1:

$$y = m \cdot x + n.$$

Die im 12. Kapitel besprochene Computer-Ermittlung einer Funktionsgleichung verläuft im Falle von e-Funktionen, die gerade diskutiert wurden, anders, weil der Computer die Zahl e und die zugehörigen natürlichen Logarithmen als Rechenhilfe gespeichert enthält. Er bringt hier nach Eingeben der Koordinatenwerte aus Tabelle 7.1 folgende Ergebnisse zur Anzeige:

| | (A1) | (A 2) | (A3) |
|---|---|---|---|
| | | $y = n \cdot e^{(m \cdot x)}$ | |
| n = | 1,0021 | 0,3295 | 2,0000 |
| m = | – 1,0080 | – 1,0003 | – 0,9944 |
| K = | – 0,9999 | – 0,9999 | – 0,9999 |

Daraus folgen die Gleichungen für die Geraden:

$y = 1 \cdot e^{-1 \cdot x}$ $\quad y = 0{,}33 \cdot e^{-1 \circ x}$ $\quad y = 2 \cdot e^{-1 \cdot x}$

$y = \frac{1}{e^x}$ $\quad y = \frac{1}{3\,e^x}$ $\quad y = \frac{2}{e^x}$

## 7.2 Kurven vom Typ B (Bild 5.10)

(S. dazu aber auch Kapitel 8.1, S. 100)

### 7.2.1 $y = n \cdot e^{(m \cdot x)}$

Voraussetzungen:

1. Die Kurve ergab in einfach logarithmisch geteiltem Netz eine Gerade (x-Achse linear geteilt)
2. Für die Gerade wurde m = + 0,434... (= lg e) ermittelt oder eine sehr nahe liegende Zahl oder ein Vielfaches davon – immer aber mit positivem Vorzeichen (im Abschnitt 7.1 wurden Geraden mit negativem m behandelt).

Wir beginnen hier mit Geraden, in denen $m \approx 0{,}4343$ ... ist, also mit der vereinfachten Kurvengleichung $y = n \cdot e^x$. (Tabelle 7.2) Der Einfluß eines anderen Faktors m wird dann anschließend behandelt. (Tabelle 7.3 und Bild 7.2)

Die Darstellung dieser drei Geraden in Bild 7.1 (oben) läßt erkennen, daß die Faktoren n ebenfalls in einer Parallelverschiebung der Geraden zum Ausdruck kommen, so daß sie im Falle ihrer Ermittlung wieder aus der gedachten (oder gezeichneten) Grundgeraden berechnet werden können. Ihre Parallelität bedingt den gleichen Richtungsfaktor m. Er

**Tabelle 7.2** 3-Punkte-Werte für

| | n = 1 | | n = 0,5 | | n = 4 | |
|---|---|---|---|---|---|---|
| | $y = e^x$ | | $y = 0{,}5\,e^x = \frac{e^x}{2}$ | | $y = 4\,e^x$ | |
| | x | y | x | y | x | y |
| $P_1$ : | 0 | 1 | 0 | 0,5 | 0 | 4 |
| $P_{22}$: | 1 | 2,72 | 1 | 1,36 | 1 | 10,87 |
| $P_3$ : | 1,5 | 4,48 | 1,5 | 2,24 | 1,5 | 17,93 |

ergibt Geraden in
Bild 7.1 (B 1) (B 2) (B 3)

wird aus $P_1$ und $P_{22}$ für die Grundgerade (B 1) aus Tabelle 7.2 ermittelt, wobei wegen der logarithmisch geteilten y-Achse wieder „lg“ vor die Zahlenwerte für y zu setzen ist:

$$m = \frac{\lg 1 - \lg 2{,}72}{0 - 1} = \frac{0 - 0{,}4346}{-1} = 0{,}4346 \quad (\approx \lg e) \quad (= 2.\ \text{Voraussetzung})$$

Die drei Werte für den Ordinatenabschnitt sind über x = 0 abzulesen und für die Geraden wieder mit den Zusatz „lg“ zu versehen

$$(B\ 1): n = \lg 1$$
$$(B\ 2): n = \lg 0{,}5$$
$$(B\ 3): n = \lg 4$$

Die Berechnung der drei Geradengleichungen erfolgt nach dem gleichen Schema: Einsetzen von m und n in die allgemeine Geradengleichung 1.1: $y = m \cdot x + n$. Für m soll nun gleich statt des ermittelten Wertes 0,4346 „lg e“ geschrieben werden. Dann folgt für

Gerade (B 1): $\lg y = \lg e \cdot x + \lg 1$
$$y = e^x$$

Gerade (B 2): $\lg y = \lg e \cdot x + \lg 0{,}5$
$$y = 0{,}5 \cdot e^x = \frac{e^x}{2}$$

Gerade (B 3): $\lg y = \lg e \cdot x + \lg 4$
$$y = 4 \cdot e^x$$

Werden die Zahlen der Tabelle 7.2 in die Computer-Berechnung gemäß Kapitel 12 eingegeben, so erhält man für

$$y = n \cdot e^{(m \cdot x)}$$

| | (B 1) | (B 2) | (B 3) |
|---|---|---|---|
| n | = 1,001 | 0,5000 | 3,9997 |
| m | = 0,9999 | 1,0000 | 1,0000 |
| K | = 0,9999 | 0,9999 | 0,9999 |

Daraus folgen die Gleichungen für die Geraden

$$y = e^x \qquad y = \frac{e^x}{2} \qquad y = 4 \cdot e^x$$

Die Gleichungen der in Bild 7.1 dargestellten Geraden machen nun deutlich, daß sie steigend sind (B 1–B 3), wenn e im Zähler steht, und daß sie fallen sind (A 1–A 3), wenn e im Nenner steht.

Bisher war der Faktor m in der allgemeinen Gleichung $y = m \cdot x + n$ gleich 0,4343 ... gesetzt, er kann aber ja auch andere Werte annehmen. Aus Gründen der Vereinfachung soll hier nur mit dem Faktor $m = 2 \cdot 0{,}4343...$ operiert werden. Sein Einfluß wird anhand des Bildes 7.2 erläutert. Hier sind, durch Umrahmung gekennzeichnet, noch einmal die Geraden (A 1), (A 3), (B 1) und (B 2) mit eingezeichnet und neu hinzugefügt die Gerade (A 4), (A 5) und (B 4) mit folgenden Koordinaten (Tabelle 7.3):

Man sieht, daß diese drei neuen Geraden sowohl fallend als auch steigend steiler verlaufen als die aus Bild 7.1 übertragenen, weil ja ihr Richtungsfaktor von m = 0,4343 auf $m = 2 \cdot 0{,}4343$ vergrößert wurde. Aus je zwei, den Geraden entnommenen Punkten

**Tabelle 7.3** 3-Punkte-Werte für

| | $y = 1/e^{2x}$ | | $y = 1/2e^{2x}$ | | $y = e^{2x}$ | |
|---|---|---|---|---|---|---|
| | x | y | x | y | x | y |
| $P_1$ : | 0 | 1 | 0 | 0,5 | 0 | 1 |
| $P_2$ : | 0,8 | 0,2 | 0,8 | 0,1 | 0,7 | 4,05 |
| $P_3$ : | 1,5 | 0,05 | 1,5 | 0,024 | 1,1 | 9,0 |
| ergibt Geraden in Bild 7.2 | (A 4) | | (A 5) | | (B 4) | |

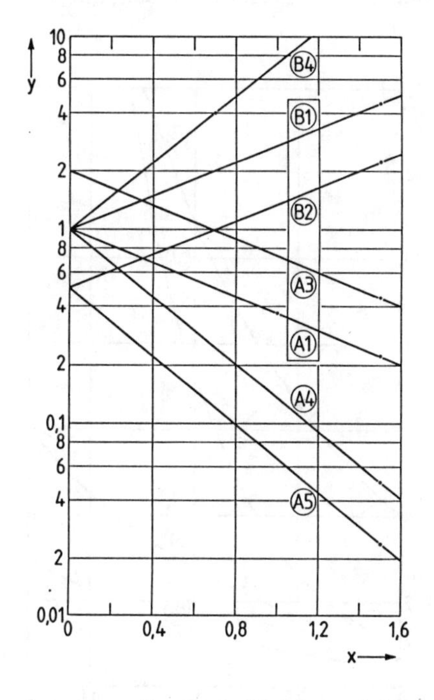


**Bild 7.2**

Einfluß von Multiplikationsfaktoren vor x bei Exponentialfunktionen. Funktionsgleichungen der Geraden:

(Tabelle 7.3)
(A 4): $y = 1/e^{2x}$
(A 5): $y = 1/2\ e^{2x}$
(B 4): $y = e^{2x}$
(A 1): $y = 1/e^{x}$
(A 3): $y = 2/e^{x}$
(B 1): $y = e^{x}$
(B 2): $y = 0,5\ e^{x}$
} zum Vergleich

kann man ihn nach Gleichung 1.2 wieder ermitteln und findet für (A 4) und die parallel laufende Gerade (A 5): m = – 0.868, das ist = – 2 · 0,434 = (– 2 · log e). Ebenso kann man aus zwei Punkten der Geraden (B 4) den Richtungsfaktor m = + 0,868 = 2 · 0,434 = (2 · lg e) ableiten. In der hier diskutierten allgemeinen Funktion $y = n \cdot e^{(mx)}$ ist also – wenn die ursprünglichen Kurven im halblogarithmischen Netz als Geraden dargestellt werden – der Gleichungsfaktor n als Ordinatenabschnitt und der Gleichungsfaktor m als Richtungsfaktor wiederzufinden.

Entsprechend dem Hinweis über Computer-Ergebnisse für die Geraden (A 1) bis (A 3) sollen hier vorab die gleichen Angaben gemacht werden.

$$y = n \cdot e^{(m \cdot x)}$$

| | (A 4) | (A 5) | (B 4) |
|---|---|---|---|
| n = | 0,9964 | 0,5016 | 1,0001 |
| m = | – 1,9995 | – 2,0241 | 1,9976 |
| K = | 0,9999 | 0,9999 | 1,0000 |

Daraus folgen die Gleichungen für die Geraden

$y = e^{-2x}$ $\quad y = 0,5 \cdot e^{-2x}$ $\quad y = e^{2x}$

Wie sehen nun die Kurven zu den jetzt diskutierten Geraden bei linearen Achsenteilungen aus? Diese graphischen Darstellungen wurden zunächst unterlassen, weil nicht aus ihnen sondern nur aus den umgezeichneten Geraden die Gleichungen abgeleitet werden konnten. Die Kurven der Gruppe A zeigt Bild 7.3 und die der Gruppe B Bild 7.4. Man erkennt, daß die Kurven (A 4) und (A 5) sowie (B 4) stärker „eingesattelt“ sind als die übrigen, bei denen m = 0,4343 ist. Diese Beobachtung kann man verständlicherweise nur dann machen, wenn alle Vergleichskurven im gleichen Koordinatennetz (im gleichen Maßstab) abgebildet sind. Auch in dieser linearen Darstellung, die zu Kurven führt, stimmen die Ordinatenabschnitte, die von den Kurven bei x = 0 erzeugt werden, mit den Faktoren n der allgemeinen Geradengleichung 1.1 überein.

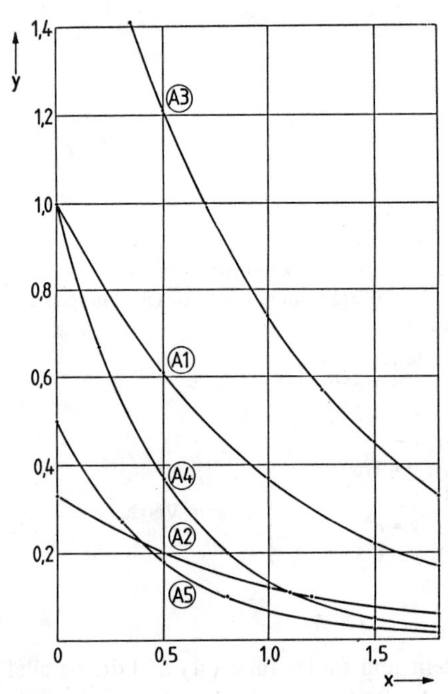


**Bild 7.3** Kurven vom Typ A nach Bild 5.10 (e im Nenner der Exponentialfunktion)
Funktionsgleichungen der Kurven:
(A 1). $y = 1/e^x$
(A 2): $y = 1/3\ e^x$
(A 3): $y = 2/e^x$
(A 4): $y = 1/e^{2x}$
(A 5): $y = 1/2e^{2x}$

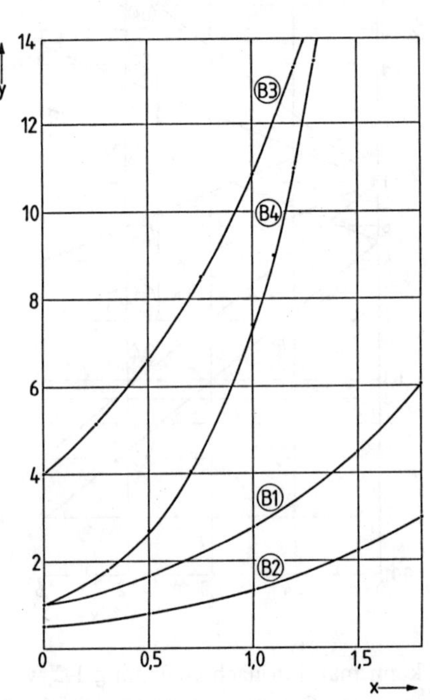


**Bild 7.4** Kurven vom Typ B nach Bild 5.10 (e im Zähler der Exponentialfunktion)
Funktionsgleichungen der Kurven:
(B 1): $y = e^x$
(B 2): $y = 0{,}5\ e^x$
(B 3): $y = 4\ e^x$
(B 4): $y = e^{2x}$

### 7.2.2 $y = m^x$

Voraussetzungen:

1. Die Kurve ergab auf einfach logarithmisch geteiltem Netz eine Gerade (x-Achse linear geteilt)
2. Die Kurve beginnt im Punkt x = 0 und y = ≠ 0, hier bei y = 1 (Punkt $P_2$ in Bild 5.10, S. 55, und auch hier im Bild 7.6).

Mit vier ausgewählten Werten für die Basiszahl m ergibt sich Tabelle 7.4.

**Tabelle 7.4** 3-Punkte-Werte für

| | m = 2<br>$y = 2^x$<br>x | <br><br>y | m = 0,2<br>$y = 0{,}2^x$<br>x | <br><br>y | m = 5<br>$y = 5^x$<br>x | <br><br>y | m = 10<br>$y = 10^x$<br>x | <br><br>y |
|---|---|---|---|---|---|---|---|---|
| $P_1$: | 0 | 1 | 0 | 1 | 0 | 1 | 0 | 1 |
| $P_2$: | 1 | 2 | 1 | 0,2 | 1 | 5 | 1 | 10 |
| $P_3$: | 1,5 | 2,8 | 1,4 | 0,105 | 1,5 | 11,2 | 1,5 | 31,6 |
| ergibt Geraden in Bild 7.5 | (B 5) | | (B 6) | | (B 7) | | (B 8) | |

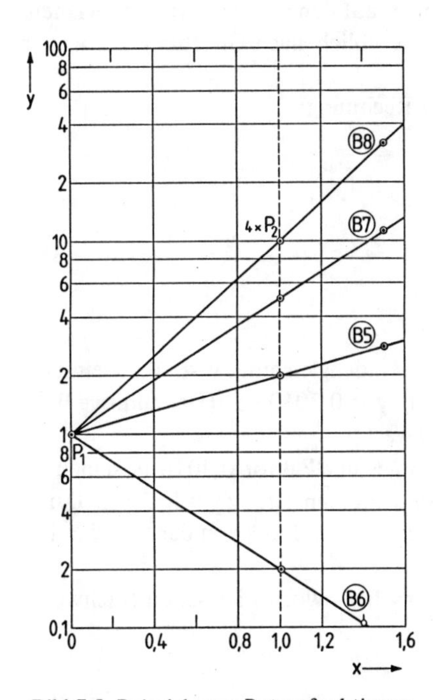


**Bild 7.5** Beispiele von Potenzfunktionen in halblogarithmischer Darstellung.
Funktionsgleichungen der Geraden:
(Tabelle 7.4)
(B 5): $y = 2^x$ bzw. $y = e^{0,687\,x}$
(B 6): $y = 0{,}2^x$ bzw. $y = e^{-1,61\,x}$
(B 7): $y = 5^x$ bzw. $y = e^{+\,1,61\,x}$
(B 8): $y = 10^x$ bzw. $y = e^{2,302x}$

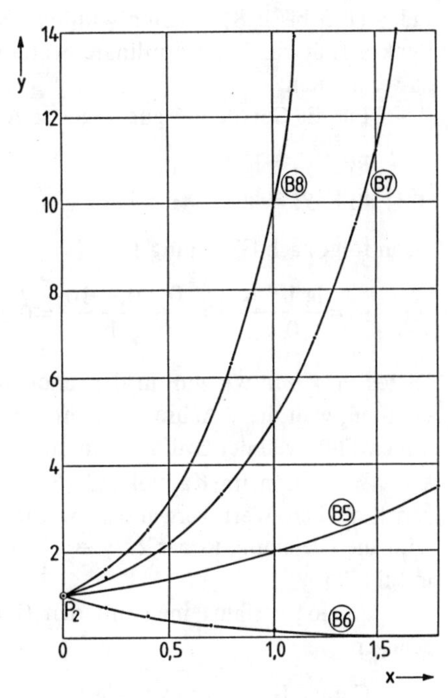


**Bild 7.6** Kurven vom Typ B nach Bild 5.10 aus Potenzfunktionen bei linearer Teilung der Koordinatenachsen.
Funktionsgleichungen der Kurven:
(B 5): $y = 2^x$ bzw. $y = e^{0,687\,x}$
(B 6): $y = 0{,}2^x$ bzw. $y = e^{-1,61\,x}$
(B 7): $y = 5^x$ bzw. $y = e^{+\,1,61\,x}$
(B 8): $y = 10^x$ bzw. $y = e^{2,302\,x}$

Aus dem zur Tabelle 7.4 gehörigen Bild 7.5 ist erkennbar, daß nur eine Gerade (B 6), nämlich die mit $m < 1$ fallend verläuft, während die Geraden mit $m > 1$ steigende Tendenz haben. Außerdem ist zu sehen, daß keine Parallelverschiebungen vorkommen, wie es in den vorhergehenden Bildern 7.1 und 7.2 der Fall war.

Allen diesen Geraden ist der Punkt $P_1$ gemeinsam, der auch den Ordinatenabschnitt über $x = 0$ angibt. Sein Wert ist $\lg 1 = 0$, so daß also später statt der allgemeinen Geradengleichung 1.1: $y = m \cdot x + n$ mit $n = 0$ jetzt vereinfacht geschrieben werden kann: $y = m \cdot x$ (vgl. zu diesem Verfahren die Ausführungen auf S. 45 in Kapitel 5.1).

Die Basiszahlen m für die allgemeine Gleichung dieser Gruppe: $y = m^x$ sind zwar in Tabelle 7.4 schon genannt, handelt es sich aber um unbekannte Funktionen, die für Kurven der Gruppe B erst ermittelt werden sollen, so ist wie folgt vorzugehen:

Zunächst erfolgt die Umzeichnung der z. B. aus Messungen erhaltenen Kurven, wie es nach Bild 5.10 (S. 55) geraten wird, in ein einfach logarithmisch geteiltes Koordinatensystem. Das ist hier in Bild 7.5 bereits geschehen, wobei – wie zu erwarten – Geraden (B 5 bis B 8) erhalten wurden. Dann sucht man auf den Geraden wieder geeignete Punkte (mit runden Koordinatenwerten), um sie wie üblich nach Gleichung 1.2 weiter zu verarbeiten.

Für die Gerade B 5 gilt folgende Ablesung und Rechnung:

$P_1$: $y_1 = \lg 1$; $x_1 = 0$
$P_2$: $y_2 = \lg 2$; $x_2 = 1{,}0$

Dann folgt nach Gleichung 1.2:

$$m = \frac{\lg 1 - \lg 2}{0 - 1} = \frac{0 - 0{,}3010}{-1} = 0{,}3010$$

Dieses m setzen wir nun in die schon vereinfachte Geradengleichung $y = m \cdot x$ ein und erhalten, weil die y-Achse logarithmisch geteilt ist: $\lg y = 0{,}3010 \cdot x$. (Der additive Wert $+ n$ entfällt, weil der Ordinatenabschnitt $n = \lg 1 = 0$ war!)

Wie schon im Kapitel 5.3 (S. 53) erläutert, muß der Faktor 0,3010 in seinen logarithmischen Wert verwandelt werden, so daß zu schreiben ist: $\lg y = \lg 2 \cdot x$. Damit wird die Gleichung lösbar zu $y = 2^x$, und das ist die gesuchte Funktion der Geraden B 5 in Bild 7.5

Analog verfährt man mit den Geraden B 6 bis B 8, wozu hier schon Stichworte genügen.

Gerade B 6: $P_1$: $y_1 = \lg 1$; $x_1 = 0$
$P_2$: $y_2 = \lg 0{,}2$; $x_2 = 0$

Damit folgt, schon vereinfacht:

$$m = \frac{0 - (-0{,}699)}{-1} = -0{,}699$$

Der Numerus von $-0{,}699$ ist 0,199, gerundet = 0,2.
Also wird für die Gerade B 6:

$$\lg y = \lg 0{,}2 \cdot x$$
$$y = 0{,}2^x$$

Für die Gerade B 7 erhält man mit $P_1$ und $P_2$ analog:

$$m = \frac{0 - \lg 5}{-1} = +0{,}699$$

und daraus den Numerus 5.
Also gilt für die Gerade B 7: $y = 5^x$

Und schließlich folgt für die Gerade B 8:

$$m = \frac{0 - \lg 10}{-1} = +1$$

mit dem Numerus 10.
Damit ist auch die Gleichung für die Gerade B 8 gefunden: $y = 10^x$.

Bei diesen sehr einfachen Funktionen mit dem Potenzwert x ist im Bild 7.5 abzulesen, daß die zugehörigen Basiszahlen jeweils über x = 1,0 liegen, wie an der gestrichelten Senkrechten erkennbar ist, wenn man von den vier Punkten $P_2$ zur Ablesung auf die Ordinatenachse übergeht.

Ebenso wie bei den Funktionen (A 1) bis (A 3) und (B 1) bis (B 3) soll hier wieder auf die Berechnung durch den Computer hingewiesen werden. Er zeigt nach Eingabe der Werte aus Tabelle 7.4 für alle vier Fälle (B 5) bis (B 8) wieder die Gleichung $y = n \cdot e^{(m \cdot x)}$ mit n = 1 an. Als Rechenergebnisse für m werden folgende Werte ausgegeben:

B 5: $m = 0{,}687 \longrightarrow y = e^{0{,}687 \cdot x}$
B 6: $m = -1{,}61 \longrightarrow y = e^{-1{,}61 \cdot x}$
B 7: $m = +1{,}61 \longrightarrow y = e^{1{,}61 \cdot x}$
B 8: $m = 2{,}302 \longrightarrow y = e^{2{,}302 \cdot x}$

Die Beziehung zu den auf zeichnerischem Weg gefundenen Funktionsgleichungen ist leicht herzustellen, wenn man mit e = 2,7183 die potenzierten Werte ausrechnet, was auf dem Taschenrechner mit der ln bzw. $y^x$-Taste spielend gelingt.
Es wird:

$e^{0{,}687} = 1{,}999 \longrightarrow$ (B 5): $y = 2^x$
$e^{-1{,}61} = 0{,}1999 \longrightarrow$ (B 6): $y = 0{,}2^x$
$e^{+1{,}61} = 5{,}003 \longrightarrow$ (B 7): $y = 5^x$
$e^{2{,}302} = 9{,}994 \longrightarrow$ (B 8): $y = 10^x$

Ganz nüchtern betrachtet sind ja die vom Computer gefundenen e-Funktionen für technische Vorgänge viel naheliegender. Darum hier der allgemein gültige Hinweis, daß man unsere, ursprünglich auf zeichnerischem Wege gefundenen Gleichungen auch in e-Funktionen umwandeln kann, indem man von den Basiszahlen 2, 0,2, 5 und 10 den natürlichen Logarithmus (ln) sucht – mit dem Taschenrechner wieder schnell zu finden – und ihn als Exponent für e einsetzt, zum Beispiel für die Gerade (B 7)

$5 \longrightarrow \ln 5 = 1{,}61 \longrightarrow$ (B 7): $y = e^{1{,}61 \cdot x}$ usw.

Wenn jetzt wieder zu den Geraden des Typs B in Bild 7.5 die zugehörigen Kurven gezeichnet werden (Bild 7.6), dann zeigt sich, daß die Kurven (B 6) eigentlich gar nicht in diese Gruppe gehört, sondern daß sie vom Verlauf her zur Kurvengruppe A (nach Bild 5.10, S. 55) paßt, für die die allgemeine Gleichung $y = n \cdot e^{(mx)}$ galt. Man vergleiche dazu auch die Kurve (3) in Bild 5.1 bzw. die Gerade (3) in Bild 5.4. Für diese wurde die Funktion $y = \frac{10}{e^x}$ geschrieben: e stand also im Nenner wie bei (B 6). Denn $e^{(-1{,}61 \cdot x)}$ ist gleich $\frac{1}{e^{(1,61 \cdot x)}}$. Auch für diese Gruppe war die Auswertung im einfach-logarithmisch geteilten Netz (mit linear geteilter x-Achse) vorgesehen.

Bei der Kurvengruppe A schrieben wir im Zuge der Auswertung der Geraden „– lg e“ statt – 0,434 und bei Auswertung der Geraden (B 6) hieß es analog „lg 0,2“ statt 0,7. Das Auswertungsverfahren ist also dasselbe (so daß wir sie wegen der Ähnlichkeit der Funktion von (B 6) mit den anderen Geraden bzw. Kurven erst an dieser Stelle behandelt haben.

### 7.2.3 Messungen an Dioden

Kurven vom Typ B begegnen uns in der Praxis bei Messungen an Dioden,*) wozu hier einige Aussagen gemacht werden sollen.

Si- und Ge-Dioden lassen, in Sperrichtung geschaltet, einen geringen Sperrstrom fließen, der abhängig ist

a) von der angelegten Spannung und
b) von der Umgebungstemperatur.

Da die Sperrströme von Si-Dioden nur sehr klein sind (Bereich 1–100 nA), soll zunächst eine Ge-Diode betrachtet werden, bei der Sperrströme im $\mu$A-Bereich fließen, die mit guten Meßinstrumenten erfaßt werden können. Hier ist insbesondere die Temperaturabhängigkeit des Sperrstromes von Interesse.

**Praxisbeispiel 8: Die Ge-Diode AA 119 als Temperaturfühler**

Für diese Untersuchung wurde die Diode zusammen mit einem genauen Thermometer-Adapter (LM 35 c von National Semiconductor, angeschlossen an ein Digital-Multimeter: Meßbereich 200 $\mu$A) in ein Reagenzglas gesteckt, das in ein Wasserbad gestellt wurde. Dann wurde nach Aufheizung auf ca. 75 °C bei langsamer Abkühlung dieser Anordnung ab 70° der Sperrstrom alle 5° abwärts gemessen und registriert. Die Ergebnisse sind in der folgenden Tabelle 7.5 zusammengestellt.

**Tabelle 7.5**

| Temperatur °C | Sperrstrom $\mu$A bei 24 V |
|---|---|
| 70 | 63,0 |
| 65 | 54,3 |
| 60 | 47,1 |
| 55 | 41,0 |
| 50 | 36,1 |
| 45 | 31,8 |
| 40 | 28,2 |
| 35 | 25,1 |
| 30 | 22,5 |

*) Literatur: [4] S. 11; [11] S. 58; [12] S. 114; [14] S. 20; [19] S. 153

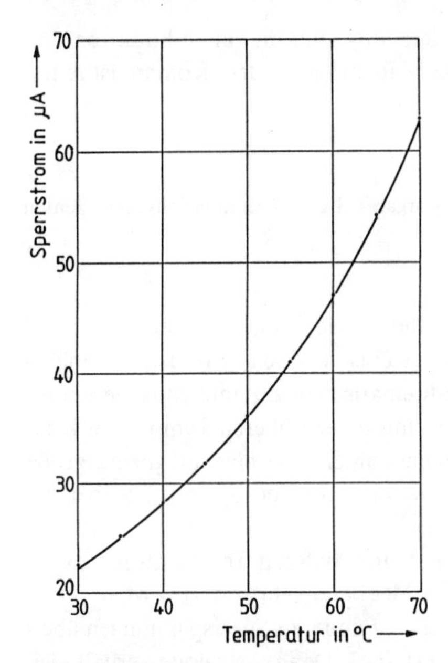


**Bild 7.7** Abhängigkeit des Sperrstromes einer Ge-Diode von der Temperatur: $y = 10 \cdot e^{(0{,}026 \cdot x)}$ (Tabelle 7.5)

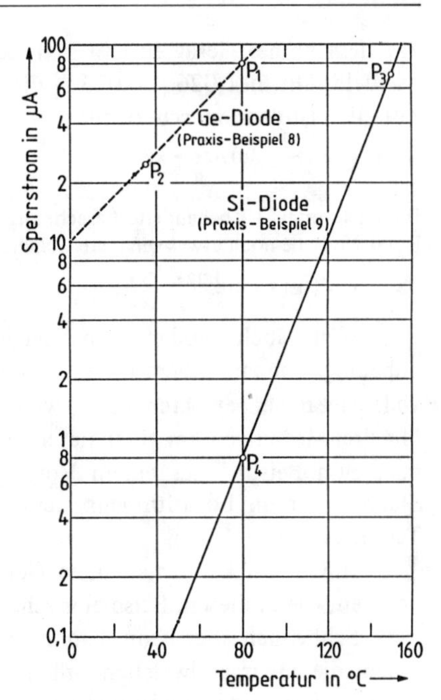


**Bild 7.8** Sperrstrommessungen an Dioden nach den Praxis-Beispielen 8 und 9 ergeben Geraden bei halblogarithmischer Darstellung

Die graphische Darstellung auf normalem mm-Papier erfolgt in Bild 7.7, das eine Kurve vom Typ B erkennen läßt, auch wenn der Ordinatenabschnitt über x = 0 °C zunächst noch nicht abgelesen werden kann. Die Umzeichnung in einfach logarithmisch geteiltes Papier führt zu Bild 7.8. Aus diesem sind wieder für die Punkte $P_1$ und $P_2$ der gestrichelten Geraden, die beidseitig über den Meßbereich hinaus verlängert wurde, die Koordinatenwerte zu entnehmen und zur Berechnung des Richtungsfaktors m nach Gleichung 1.2 heranzuziehen. (Die im Bild 7.8 durchgezogen gezeichnete Gerade wird erst im folgenden Praxisbeispiel 9 diskutiert)

$$m = \frac{\lg 80 - \lg 25}{80 - 35} = \frac{1{,}903 - 1{,}398}{45} = \frac{0{,}505}{45} = 0{,}011$$

Der Ordinatenabschnitt n über x = 0 ist auf der gestrichelten Geraden als lg 10 abzulesen. Die Gleichung dieser Geraden lautet dann:

$$\lg y = 0{,}011 \cdot x + \lg 10$$

Diese Gleichung muß noch umgewandelt werden, um sie in eine lösbare Form zu bringen. Mit dem Numerus von 0,011 = 1,026 folgt dann nach den im Kapitel 5.3 (S. 53) erläuterten logarithmischen Rechenregeln:

$$\lg y = \lg 1{,}026 \cdot x + \lg 10$$
$$y = 10 \cdot (1{,}026^x)$$

Mit dem vorher Gesagten läßt sich diese Geradengleichung auch in eine e-Funktion umwandeln. Mit ln 1,026 = 0,026 – die Gleichheit der Zahlen hinter dem Komma ist reiner Zufall! – ist dann zu schreiben:

$$y = 10 \cdot e^{(0{,}026 \cdot x)}$$

Die im Kapitel 12 behandelte Berechnung des Computers ergab bei einem Korrelationskoeffizienten K = 0,9989 die noch etwas genauere Gleichung

$$y = 10{,}15 \cdot e^{(0{,}026 \cdot x)}$$

Wenn auch Dioden – in Sperrichtung geschaltet – als Temperatursensoren nicht unbedingt von zu großem Interesse sind, so lehrt dieses Beispiel doch, daß man sich mühevolle Meßreihen ersparen kann, wenn man die mathematischen Zusammenhänge kennt. Mit drei Messungen bei einer tiefen, einer mittleren und einer höheren Temperatur kann man zum Beispiel aus einem Vorrat eine Diode auswählen, die eine möglichst große Steilheit der im Logarithmensystem abgebildeten Geraden für den Sperrstrom über der Temperatur hat.

Außerdem kann man diese Gerade zu höheren und tieferen Temperaturen extrapolieren, wie in diesem Beispiel geschehen, so daß der Meßbereich erweitert wird.

Schließlich aber kann man auch rein rechnerisch zu anderen Sperrspannungen übergehen, die aus irgendwelchen Gründen wünschenswert sind. Denn die Diode verhält sich in einem begrenzten Spannungsbereich wie ein Ohmscher Widerstand, so daß in unserem Fall zum Beispiel beim Übergang von 24 V auf 15 V mit dem ermittelten Strom $I_{24}$ der Strom $I_{15}$ berechnet werden kann:

$$I_{15} = \frac{I_{24} \cdot 15}{24}$$

Eingangs wurde erwähnt, daß die Sperrströme bei Si-Dioden sehr viel kleiner sind, so daß ihr Einsatz als Temperatursensor erst bei höheren Temperaturen sinnvoll ist, weil man dann zu leichter meßbar werdenden Sperrströmen kommt. Si-Dioden haben aber einen Vorteil gegenüber Ge-Dioden: Die Gerade für den Sperrstrom über der Temperatur verläuft in der halblogarithmischen Darstellung wesentlich steiler. Das soll die folgende Meßreihe zeigen.

**Praxisbeispiel 9: Die Si-Diode 1 N 4148 als Temperaturfühler**

Mit der gleichen Meßanordnung wie im Beispiel 8 beschrieben wurden drei Punkte der Geraden ermittelt und zwar bei 50 °C, 60 °C und bei 70 °C. Dann wurde in einem Ölbad (statt des vorher benutzten Wasserbades) eine vierte Kontrollmessung bei 150 °C ($P_3$) vorgenommen. Die Meßwerte ergeben wieder eine Gerade, wie Bild 7.8 zeigt. (Zum Vergleich der unterschiedlichen Steilheiten kann die vorher für die Diode AA 119 gefundene Gerade herangezogen werden).

Die Ermittlung der Funktionsgleichung der ausgezogenen Geraden in Bild 7.8 ist für diesen Versuch nicht unbedingt erforderlich. Sie beinhaltet jedoch einige lehrreiche Rechnungsgänge, die darum hier durchgeführt werden sollen.

Zur Bestimmung des Richtungsfaktors m benutzen wir die Koordinaten der eingezeichneten Punkte $P_3$ und $P_4$, um sie in Gleichung 1.2 einzusetzen. Die y-Werte werden als Logarithmen verwendet, die x-Werte jedoch wie abgelesen:

$$m = \frac{\lg 70 - \lg 0{,}8}{150 - 80} = \frac{1{,}845 - (-0{,}097)}{70} = \frac{1{,}942}{70} = 0{,}028$$

Die Ermittlung des Ordinatenabschnittes n erfolgt diesmal rechnerisch unter Benutzung der allgemeinen Geradengleichung 1.1 und unter Berücksichtigung der logarithmischen Teilung der Ordinatenachse:

$$\lg y = m \cdot x + \lg n$$

umgestellt zu:

$$\lg n = \lg y - m \cdot x$$

Mit den Koordinatenwerten von $P_3$: $y = \lg 70$; $x = 150$ und $m = 0{,}028$ folgt:

$$\begin{aligned} \lg n &= \lg 70 - 0{,}028 \cdot 150 \\ &= 1{,}845 - 4{,}2 \\ &= -2{,}355 \\ n &= 0{,}0044 \end{aligned}$$

Zur Bestimmung der Gleichung der Geraden muß die allgemeine Geradengleichung 1.1: $y = m \cdot x + n$ wegen der logarithmisch geteilten Ordinatenachse wie oben umformuliert werden in $\lg y = m \cdot x + \lg n$, und diese ist dann, um auch das mittlere Glied $(m \cdot x)$ logarithmisch zu machen, durch $\lg e = 0{,}4343$ zu erweitern. Mit eingesetztem Richtungsfaktor m heißt sie dann:

$$\begin{aligned} \lg y &= \frac{0{,}028}{0{,}4343} \cdot \lg e \cdot x + \lg n \\ &= 0{,}0645 \cdot \lg e \cdot x + \lg n \\ y &= 0{,}0044 \cdot e^{(0{,}645 \cdot x)} \end{aligned}$$

Das ist die Gleichung der ausgezogenen Geraden in Bild 7.8.

Der Einsatz von Dioden als Temperatursensoren wird auf die Fälle beschränkt bleiben, wo nicht eine durchgehende Temperaturmessung erforderlich ist, sondern wo eine obere und/oder untere Temperaturgrenze zu ermitteln ist. Mit einer Operationsverstärker-Vergleicherschaltung läßt sich das gut bewerkstelligen.*)

### 7.2.4 Erfassung zusätzlicher Konstanten $y = c \cdot (m^x)$

Kurven vom Typ B nach Bild 5.10, die bisher einfach mit der allgemeien Gleichung $y = m^x$ beschrieben waren, können auch ein „gesplittetes" m aufweisen und zu einer Funktion $y = c \cdot (m^x)$ gehören, so daß auch dieser Sonderfall zu erläutern ist. Sie bleiben – trotz der zusätzlich eingeführten Konstanten c – zum Typ B gehörig, das

*) Literatur: [23] H 1, S. 78; H 3, S. 72; H 6, S. 63; [26] H 9, S. 82

heißt, es sind nach oben geöffnete Parabeln. Ihre Abweichung von der Normalform $y = m^x$ besteht darin, daß sie über $x = 0$ nicht bei $y = 1$ beginnen, was zunächst eine der Voraussetzungen für Abschnitt 7.2.2 war (S. 72), sondern bei $y = c$.

Für vier Funktionen, derart gewählt, daß sich ihre graphische Darstellung in einem Bild vereinigen läßt, gilt Tabelle 7.6, wobei die Spalten 1 und 3 die neuen Gleichungen $y = c \cdot (m^x)$ erfassen, während die Spalten 2 und 4 für $y = (c \cdot m)^x$ zu betrachten sind.

**Tabelle 7.6**

| Spalte<br>Kurve<br>Gerade<br>x | ①<br>$y = 1{,}8\ (2{,}5^x)$ | ②<br>$y = 4{,}5^x$ | ③<br>$y = 1{,}2\ (3^x)$ | ④<br>$y = 3{,}6^x$ |
|---|---|---|---|---|
| 0 | 1,8 | 1,0 | 1,2 | 1,0 |
| 1 | 4,5 | 4,5 | 3,6 | 3,6 |
| 2 | 11,3 | 20,3 | 10,8 | 13,0 |
| 2,5 | 17,8 | 43,0 | 18,7 | 24,6 |
| 3 | 28,1 | 91,1 | 32,1 | 46,6 |
| 3,5 | 44,5 | 193,3 | 56,1 | 88,5 |
| 4 | 70,3 | (410) | 97,2 | 168 |
| 4,5 | 111,2 | (870) | 168,4 | (319) |
| 5 | 175,8 | (1845) | (291,6) | (605) |

Mit den nicht eingeklammerten Zahlen der Tabelle 7.6 läßt sich Bild 7.9 zeichnen und – durch Übertragung auf einfach logarithmisches Netzpapier – auch Bild 7.10 mit den für den Kurventyp B zu erwartenden Geraden. Im unteren Bereich der Kurven in Bild 7.9 sind infolge des gewählten Maßstabes kaum Unterschiede erkennbar, während die halblogarithmische Darstellung in Bild 7.10 diese deutlich macht: Die Geraden (1) und (3) beginnen nicht bei $x = 0$ und $y = \log 1 = 0$.

Bei diesen Geraden mit theoretisch richtigen Werten ließen sich die Ordinatenabschnitte direkt über $x = 0$ ablesen; handelt es sich aber um Meßergebnisse mit natürlich vorkommenden Streuungen, die durch Zeichnung der Geraden ja weitgehend ausgeglichen werden, so ist es besser, sowohl c als auch m rechnerisch zu ermitteln. Denn – kennt man zwei Funktionswerte einer Exponentialfunktion $y = c \cdot (m^x)$ mit $c > 0$ und $m \neq 0$ – so kann man die Konstanten c und m nach folgendem Schema berechnen. (Z. B. für die Gerade (1) mit den in Tabelle 7.6 unterstrichenen Zahlen)

1. $c \cdot m^4 = 70{,}3; \quad c \cdot m^2 = 11{,}3$

$$m^2 = \frac{70{,}3}{11{,}3} = 6{,}22$$

$$m = 2{,}49 \text{ (gerundet} = 2{,}5)$$

2. $c \cdot 2{,}5^2 = 11{,}3$

$$c = \frac{11{,}3}{6{,}25} = 1{,}808$$

$$c \text{ (gerundet)} = 1{,}8$$

Daraus ergibt sich wieder für die Gerade (1) in Bild 7.10

$$y = 1{,}8 \cdot (2{,}5^x).$$

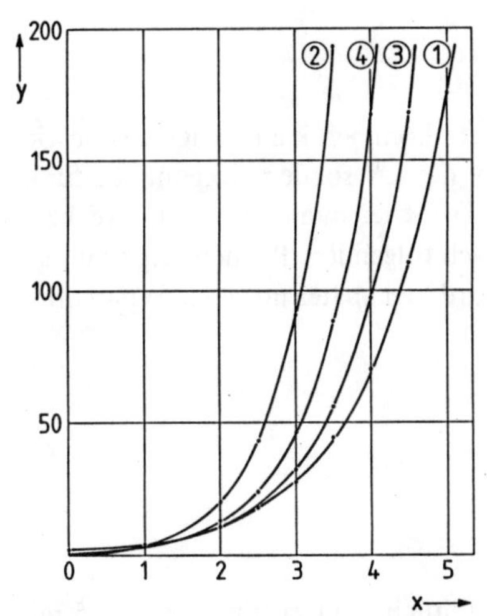


**Bild 7.9** Kurven von Potenzfunktionen des Typs B nach Bild 5.10 mit Zusatzfaktoren. Funktionsgleichungen der Kurven: (Tabelle 7.6)
(1): $y = 1{,}8 \cdot (2{,}5^x)$
(2): $y = 4{,}5^x$
(3): $y = 1{,}2 \cdot (3^x)$
(4): $y = 3{,}6^x$

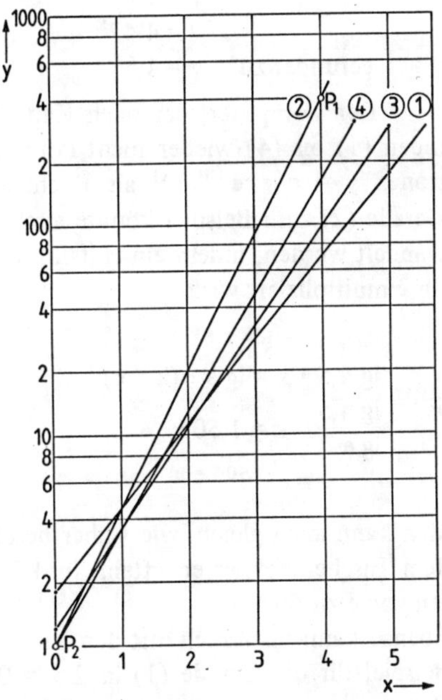


**Bild 7.10** Aus den Kurven von Bild 7.9 abgeleitete Geraden bei halblogarithmischer Darstellung. Funktionsgleichungen der Geraden: (Tabelle 7.6)
(1): $y = 1{,}8 \cdot (2{,}5^x)$
(2): $y = 4{,}5^x$
(3): $y = 1{,}2 \cdot (3^x)$
(4): $y = 3{,}6^x$

Nach dem gleichen Schema wäre auch die Gleichung für die Gerade (3) in Bild 7.10 zu finden.

Bei den Geraden (2) und (4), die durch den Nullpunkt gehen, die aber infolge von Meßwertstreuungen auch leicht daneben liegen könnten, ist wieder das zuvor öfter beschriebene Verfahren der Ermittlung von m nach Gleichung 1.2 aus zwei Punkten der Geraden zuverlässiger. Zum Beispiel für die Gerade (2):

$$P_1: \; y_1 = \lg 400; \quad x_1 = 4$$
$$P_2: \; y_2 = \lg 1; \quad x_2 = 0$$

$$m = \frac{\lg 400 - \lg 1}{4 - 0} = \frac{2{,}6 - 0}{4} = 0{,}65$$

Dann weiter nach Gleichung 1.1 in Logarithmenform:

$$\lg y = 0{,}65 \cdot x + \lg 1$$

Zur Lösung dieser Gleichung muß nach den logarithmischen Rechenregeln wie folgt bzw. nach Kapitel 5.3 (S. 53) weiter verfahren werden:

$$\lg y = 10^{(0{,}65 \cdot x)} + \lg 1$$
$$y = 4{,}47^x$$
gerundet zu $y = 4{,}5^x$

Der Computer, der nach Kapitel 12 zum Einsatz kommen kann, zeigt für die Geraden (1) bis (4) wieder nicht Potenzfunktionen $y = n \cdot x^m$ sondern Exponentialfunktionen $y = n \cdot e^{(m \cdot x)}$ als Rechenergebnisse an. Die Gleichung für die Kurve bzw. Gerade (2) zum Beispiel könnte auch „von Hand" nach folgendem Rechengang so umgewandelt werden, indem ein Hilfsfaktor k eingeführt wird, der später mit dem Exponenten für e multipliziert wird.

$$4{,}5^x = e^{(k \cdot x)}$$
$$\lg 4{,}5 \cdot x = \lg e \cdot (k \cdot x)$$
$$\frac{\lg 4{,}5}{\lg e} = k = 1{,}504$$
$$y = e^{(1{,}504 \cdot x)}$$

Man kann auch gleich, wie früher beschrieben, den natürlichen Logarithmus von 4,5 mit dem Taschenrechner ermitteln: ln 4,5 = 1,504, um den Multiplikator für x im Exponenten von e zu finden.
Ebenso kann man auch mit den Kurven bzw. Geraden (1) und (3) verfahren, indem zum Beispiel für die Gerade (1) ln 2,5 = 0,916 zum Exponentenfaktor für e gemacht wird, also

$$y = 1{,}8 \cdot e^{(0{,}916 \cdot x)}.$$

Der Computer findet in diesen Fällen folgende Gleichungen, die nach dem angegebenen Schema (S. 75) auch in die „von Hand" gefundenen umgerechnet werden können:

Gerade (1): $y = 1{,}8 \cdot e^{(0{,}916\ x)}$ K = 0,99999
Gerade (2): $y = e^{(1{,}5\ x)}$ K = 0,99999
Gerade (3): $y = 1{,}2 \cdot e^{(1{,}1\ x)}$ K = 0,99999
Gerade (4): $y = e^{(1{,}28\ x)}$ K = 0,99999

Die Rechnung „rückwärts" ergibt dann für die Geraden:

(1) $e^{0{,}916} = 2{,}5 \longrightarrow y = 1{,}8\ (2{,}5^x)$
(2) $e^{1{,}5} = 4{,}5 \longrightarrow y = 4{,}5^x$
(3) $e^{1{,}1} = 3 \longrightarrow y = 1{,}2\ (3^x)$
(4) $e^{1{,}28} = 3{,}6 \longrightarrow y = 3{,}6^x$

## 7.3 Kurven vom Typ C (Bild 5.10)

### 7.3.1 y = m · lg + n (hier vereinfacht mit n = 0)

Voraussetzungen:

1. Die Kurve ergab, auf ein einfach logarithmisch geteiltes Netz übertragen, eine Gerade (y-Achse linear geteilt)
2. Die Gerade beginnt im Punkt y = 0 und x = 1.

Kurven müssen bei dieser allgemeinen Gleichung gar nicht erst gezeichnet werden, weil sie etwa den Verlauf der Kurve C in Bild 5.10 (S. 55) haben und keine Abweichungen, wie vorher geschildert, zu erwarten sind.

Wir tun also wieder so, als ob wir Kurven vorliegen hätten, aus denen je drei ausgewählte Punkte zu einer Wertetabelle zusammengestellt wurden. Dann kann das Auswertungsverfahren analog den vorhergehenden Beispielen durchgeführt werden.

**Tabelle 7.7** 3-Punkte-Werte für

| | m = 1<br>y = lg x | | m = 0,5<br>y = 0,5 · lg x | | m = 1,5<br>y = 1,5 · lg x | |
|---|---|---|---|---|---|---|
| | x | y | x | y | x | y |
| $P_1$: | 1 | 0 | 1 | 0 | 1 | 0 |
| $P_2$: | 10 | 1 | 10 | 0,5 | 10 | 1,5 |
| $P_3$: | 100 | 2 | 100 | 1 | 100 | 3 |
| ergibt Geraden in Bild 7.11 | (C 1) | | (C 2) | | (C 3) | |

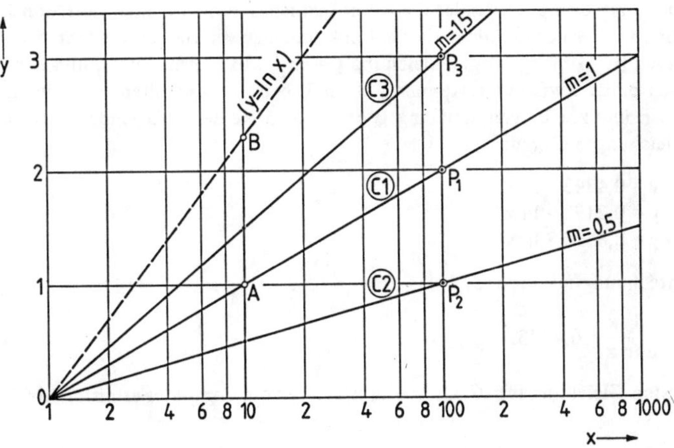


**Bild 7.11** Beispiele für logarithmische Funktionen des Kurventyps C nach Bild 5.10 in halblogarithmischer Darstellung. Funktionsgleichungen der Geraden:
(Tabelle 7.7)
(C 1): $y = \lg x$
(C 2): $y = 0{,}5 \lg x$
(C 3): $y = 1{,}5 \lg x$
gestrichelt: $y = \ln x$ (zum Vergleich)

Die Darstellung dieser drei Geraden in Bild 7.11 läßt erkennen, daß der Faktor m in ihrer Gleichung auch mit dem Richtungsfaktor m in der allgemeinen Geradengleichung 1.1:

$$y = m \cdot x + n$$

in Zusammenhang steht. Ist der Faktor m allerdings durch 2,3 (genau 2,3026) oder ein Vielfaches davon teilbar, so kann es sich um eine ln-Funktion handeln, die im nächsten

Abschnitt diskutiert wird. Eine eindeutige Entscheidung, ob es sich um eine lg- oder eine ln-Funktion handelt, ist jedoch selten möglich. Nur wenn m = 1 ist, kann man das erkennen:

Die Gerade (C 1) für y = lg x geht durch den Punkt A mit x = lg 10; y = 1, die gestrichelt gezeichnete Gerade für y = ln x dagegen durch den Punkt B mit x = lg 10; y = 2,3. Geraden, die einer vergleichbaren ln-Funktion gehorchen, verlaufen also steiler als ihre lg-Partner.

Für die drei in Bild 7.11 gezeichneten Geraden (C 1) bis (C 3) lassen sich nach dem vorher beschriebenen Schema unter Verwendung der Punkte $P_1$, $P_2$ und $P_3$ folgende Ableitungen finden:

| (C 1) | (C 2) | (C 3) |
|---|---|---|
| $m = \frac{2-0}{\lg 100 - \lg 1} = 1$ | $m = 0{,}5$ | $m = 1{,}5$ |

n ist bei allen drei Geraden gleich Null, so daß folgende Gleichungen gültig sind:

$$y = 1 \cdot \lg x \qquad y = 0{,}5 \cdot \lg x \qquad y = 1{,}5 \cdot \lg x$$

Der im Kapitel 12 benutzte Computer findet diese Funktionen natürlich nicht, wie schon im Kapitel 5.1 (S. 44) ausgeführt, weil er nur ln-, nicht aber lg-Funktionen zu verarbeiten versteht. Somit schreibt er für die drei Geraden (C 1) bis (C 3) die Gleichung $y = m \cdot \ln x + n$ mit n = 0 und K = 1, vorausgesetzt es werden noch einige Zwischenwerte mehr, als in Tabelle 7.7 enthalten sind, aus den Geraden in Bild 7.11 abgelesen und zur Berechnung eingegeben. Für m meldet er folgende Werte, die zu den danebenstehenden Gleichungen führen:

Gerade C 1: $m = 0{,}4343 \longrightarrow y = 0{,}4343 \cdot \ln x$
C 2: $m = 0{,}2172 \longrightarrow y = 0{,}2172 \cdot \ln x$
C 3: $m = 0{,}6514 \longrightarrow y = 0{,}6514 \cdot \ln x$

Erinnert man sich an die Umrechnungsfaktoren (S. 27)

$$\frac{\ln x}{\lg x} = 2{,}3026 \quad \text{bzw.} \quad \frac{\lg x}{\ln x} = 0{,}4343,$$

so kann man anstelle der ersten Gleichung für (C 1) y = lg x zu der vom Computer ermittelten Gleichung kommen:

$$y = \frac{\lg x}{\ln x} \cdot \ln x$$

$$y = 0{,}4343 \cdot \ln x$$

Teilt man umgekehrt die Faktoren der zweiten und dritten Computer-Gleichung mit ln x durch 0,4343, so folgen für

(C 2): $y = 0{,}5 \lg x$
und (C 3): $y = 1{,}5 \lg x$,

das sind die zeichnerisch ermittelten Funktionen.

### 7.3.2 $y = m \cdot \ln x + n$ (hier vereinfacht mit n = 0)

Zu den ausgezogenen Geraden (Vergleichskurve y = lg x ist gestrichelt gezeichnet) in Bild 7.12 gehört folgende Tabelle:

**Tabelle 7.8** 3-Punkte-Werte für

| | m = 1<br>y = ln x | | m = 0,3<br>y = 0,3 · ln x | | m = 1,2<br>y = 1,2 · ln x | |
|---|---|---|---|---|---|---|
| | x | y | x | y | x | y |
| $P_1$: | 1 | 0 | 1 | 0 | 1 | 0 |
| $P_2$: | 10 | 2,3 | 10 | 0,69 | 10 | 2,76 |
| $P_3$: | 100 | 4,6 | 100 | 1,38 | 100 | 5,53 |
| ergibt Geraden in Bild 7.12 | (C 4) | | (C 5) | | (C 6) | |

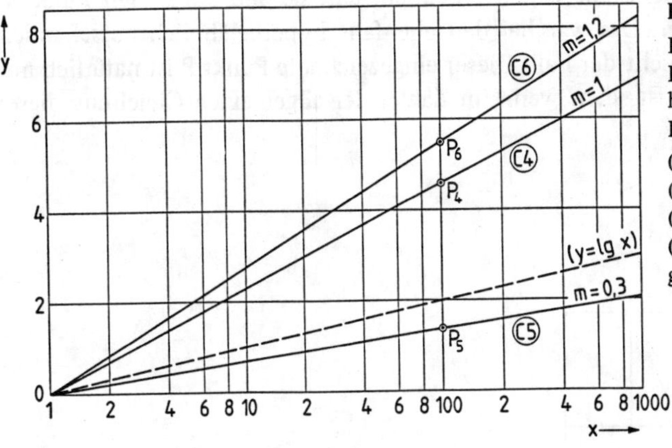


**Bild 7.12**
Beispiele für ln-Funktionen des Kurventyps C nach Bild 5.10 in halblogarithmischer Darstellung.
Funktionsgleichungen der Geraden: (Tabelle 7.8)
(C 4): y = ln x
(C 5): y = 0,3 ln x
(C 6): y = 1,2 ln x
gestrichelt: y = lg x (zum Vergleich)

Die Geraden in Bild 7.12 haben Ähnlichkeit mit denen in Bild 7.11, was verständlich ist, da sie sich nur um den erwähnten Faktor 2,3026 (Quotient aus ln x : lg x) unterscheiden. Wie schon gesagt: Oft wird es zur „Gewissensfrage", ob man eine Kurvengleichung mit „lg" oder mit „ln" zu Papier bringt.

An den Geraden des Bildes 7.12 kann mit den Punkten $P_4$, $P_5$ und $P_6$, wie vorher beschrieben, der Richtungsfaktor m ermittelt werden. Ein mit $P_4$ auf der Geraden (C 4) ausgeführtes Beispiel mag genügen.

| Gerade: (C 4) | (C 5) | (C 6) |
|---|---|---|
| $m = \frac{4{,}6 - 0}{\lg 100 - \lg 1} = \frac{4{,}6}{2}$ | | |
| m = 2,3 | m = 0,69 | m = 2,75 |
| Hier ist klar: | Hier liegt nahe: | Hier ist „gesucht": |
| | 0,69 : 2,3 = 0,3 | 2,75 : 2,3 = 1,2 |
| $y = 2{,}3 \cdot \lg x$ | $y = 0{,}69 \cdot \lg x$ | $y = 2{,}75 \cdot \lg x$ |
| $y = \ln x$ | $y = 0{,}3 \cdot \ln x$ | $y = 1{,}2 \cdot \ln x$ |

Es ist zu beachten, daß wir nun zur Betrachtung des unteren Teils des Bildes 5.10 (S. 55) übergehen, bei dem nicht einfach, sondern doppelt logarithmisch geteilte Koordinatennetze erforderlich sind, um Kurven aus linearer Teilung beider Achsen in Geraden zu verwandeln.

## 7.4 Kurven vom Typ D (Bild 5.10) $y = \frac{n}{x^m}$

(s. dazu aber auch Kapitel 8.2, S. 105)

Voraussetzungen:

1. Die Kurve ergab in doppelt logarithmisch geteiltem Netz eine Gerade
2. Der Richtungsfaktor der Geraden ist negativ und im allgemeinen ganzzahlig, vorwiegend − 1, − 2, −3. (Auch die Faktoren − 1/2 und − 1/3 sollen zusätzlich erwähnt werden.)

Von den Kurven der nun zu behandelnden Gruppe D sind einige in Bild 7.13 bei gleichem Achsenmaßstab dargestellt. Sie lassen erkennen, daß sie alle durch den Punkt P mit x = 1 und y = 1 gehen. Das war bei den ebenfalls hyperbelähnlich aussehenden Kurven im Bild 7.3 (S. 72) nicht der Fall. Dieser eingezeichnete Punkt P ist natürlich nur zu beobachten, wenn n = 1 ist, d.h. wenn im Zähler der allgemeinen Gleichung dieser Gruppe (D) $y = \frac{n}{x^m}$ eine 1 steht!

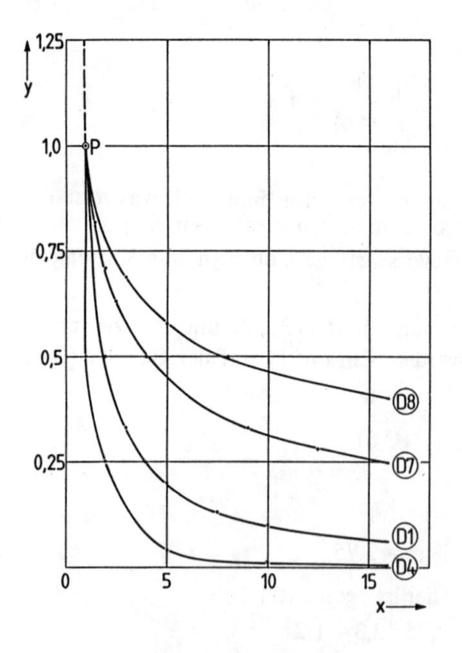


**Bild 7.13**

Beispiele für Kurven vom Typ D nach Bild 5.10 in linearer Darstellung. Funktionsgleichungen der Kurven:

(D 1): $y = 1/x$

(D 4): $y = 1/x^2$

(D 7): $y = 1/\sqrt{x}$ (Tabelle 7.11)

(D 8): $y = 1/\sqrt[3]{x}$ (Tabelle 7.11)

Da auch bei den jetzt behandelten Funktionen zwei Faktoren n und m vorkommen können, wobei m zunächst ganzzahlig ist (Voraussetzung 2), sollen für die beiden am häufigsten vorkommenden Fälle Beispiele gebracht werden:

$m = -1$, das ergibt $y = n/x$
$m = -2$, das ergibt $y = n/x^2$

Zunächst seien die Geraden mit $m = -1$ besprochen, also die allgemeine Form $y = \frac{n}{x}$. Dazu folgende Tabelle 7.9.

**Tabelle 7.9** 3-Punkte-Werte für

| | n = 1<br>y = 1/x | | n = 0,25<br>y = 0,25/x | | n = 5<br>y = 5/x | |
|---|---|---|---|---|---|---|
| | x | y | x | y | x | y |
| $P_1$: | 0,1 | 10 | 0,1 | 2,5 | 0,2 | 25 |
| $P_2$: | 1 | 1 | 1 | 0,25 | 1 | 5 |
| $P_3$: | 10 | 0,1 | 2 | 0,125 | 10 | 0,5 |
| ergibt Geraden in Bild 7.14 (links) | (D 1) | | (D 2) | | (D 3) | |

Die drei jetzt zu betrachtenden Geraden in Bild 7.14 links haben den gleichen Richtungsfaktor – sie liegen parallel. Auf die gestrichelt eingezeichnete Gerade (D 7) werden wir später zurückkommen. Es genügt, den Richtungsfaktor m an der mittleren Geraden (D 1) mit den eingezeichneten Punkten $P_1$ und $P_2$ zu ermitteln. Ihre Koordinaten sind

$P_1$: $y_1 = \lg 0{,}1$; $x_1 = \lg 10$
$P_2$: $y_2 = \lg 10$; $x_2 = \lg 0{,}1$

Daraus folgt nach Gleichung 1.2

$$m = \frac{\lg 0{,}1 - \lg 10}{\lg 10 - \lg 0{,}1} = \frac{(-1) - 1}{1 - (-1)} = \frac{-2}{2} = -1$$

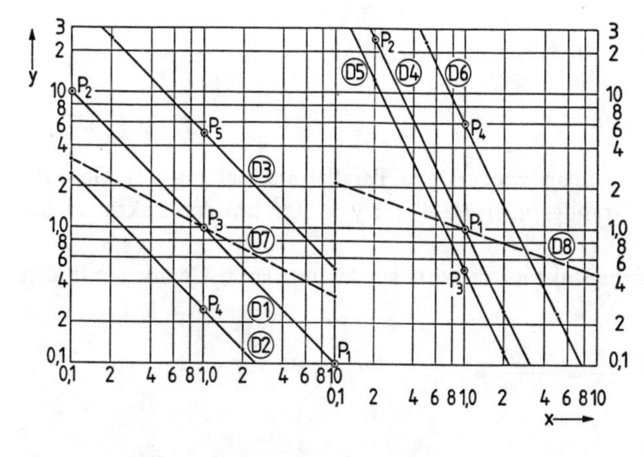


**Bild 7.14**
Kurven vom Typ D nach Bild 5.10 ergeben im doppelt logarithmischen Netz Geraden. Funktionsgleichungen der Geraden:

| (Tabelle 7.9) links | (Tabelle 7.10) rechts |
|---|---|
| (D 1): $y = 1/x$ | (D 4): $y = 1/x^2$ |
| (D 2): $y = 1/4x$ | (D 5): $y = 1/2x^2$ |
| (D 3): $y = 5/x$ | (D 6): $y = 6/x^2$ |
| gestrichelt: (D 7) $y = 1/\sqrt{x}$ | gestrichelt: (D 8) $y = 1/\sqrt[3]{x}$ |

Die Ordinatenabschnitte n der drei Geraden sind bei lg x = 1 (= 0) abzulesen (Punkte $P_3$, $P_4$, $P_5$). Dann lassen sich ihre Gleichungen nach der allgemeinen Geradengleichung 1.1: $y = m \cdot x + n$ aufstellen, wegen der doppelt logarithmischen Teilung aber neu formuliert zu: $\lg y = m \cdot \lg x + \lg n$.

Gerade (D 1): $n = \lg 1$ (Punkt $P_3$)

$$\lg y = -1 \cdot \lg x + \lg 1$$
$$y = x^{-1} (.1)$$
$$y = 1/x$$

Gerade (D 2): $n = \lg 0{,}25$ (Punkt $P_4$)

$$\lg y = -1 \cdot \lg x + \lg 0{,}25$$
$$y = x^{-1} \cdot 0{,}25$$
$$y = 1/4x$$

Gerade (D 3): $n = \lg 5$ (Punkt $P_5$)

$$\lg y = -1 \cdot \lg x + \lg 5$$
$$y = x^{-1} \cdot 5$$
$$y = 5/x$$

Der Faktor der Parallelverschiebung der Geraden gegenüber der Grundgeraden (D 1) ($y = 1/x$) ist also in dem Faktor n ihrer allgemeinen Gleichung $y = n/x^m$ zu finden, während der Exponent m dieser Gleichung als ihr Richtungsfaktor m wiedererscheint – in diesem Falle einheitlich mit $m = -1$.

Nun folgt die Besprechung der Geraden mit $m = -2$ also der Geraden, die der Gleichung $y = n/x^2$ gehorchen. Dazu die Tabelle 7.10.

**Tabelle 7.10** 3-Punkte-Werte für

| | n = 1<br>$y = 1/x^2$<br>x | <br><br>y | n = 0,5<br>$y = 1/2x^2$<br>x | <br><br>y | n = 6<br>$y = 6/x^2$<br>x | <br><br>y |
|---|---|---|---|---|---|---|
| $P_1$: | 0,2 | 25 | 0,2 | 12,5 | 0,5 | 24 |
| $P_2$: | 1 | 1 | 1 | 0,5 | 1 | 6 |
| $P_3$: | 2 | 0,25 | 2 | 0,125 | 5 | 0,24 |
| ergibt Geraden in Bild 7.14 (rechts) | (D 4) | | (D 5) | | (D 6) | |

Im Bild 7.14 rechts findet man wieder eine Parallelverschiebung der Geraden (D 5) und (D 6) gegenüber der Grundgeraden (D 4) für $y = 1/x^2$ um den Faktor n. Bei allen Geraden ist $m = -2$.

Die Ermittlung des Richtungsfaktors m wird an der mittleren Geraden mit den Punkten $P_1$ und $P_2$ möglich:

$$m = \frac{\lg 1 - \lg 25}{\lg 1 - \lg 0{,}2} = \frac{0 - 1{,}4}{0 - (-0{,}7)} = \frac{-1{,}4}{0{,}7} = -2$$

Die Ablesung für n erfolgt wieder bei lg x = 1 (x = 0). Dann sind für alle drei Geraden mit m = – 2 Gleichungen nach der allgemeinen Geradengleichung 1.1 in logarithmischer Form aufzustellen:

Gerade (D 4): $n = \lg 1$ (Punkt $P_1$)
$\lg y = -2 \cdot \lg x + \lg 1$
$y = x^{-2}$ (.1)
$y = 1/x^2$

Gerade (D 5): $n = \lg 0{,}5$ (Punkt $P_3$)
$\lg y = -2 \cdot \lg x + \lg 0{,}5$
$y = 0{,}5 \cdot x^{-2}$
$y = 1/2\, x^2$

Gerade (D 6): $n = \lg 6$ (Punkt $P_4$)
$\lg y = -2 \cdot \lg x + \lg 6$
$y = 6 \cdot x^{-2}$
$y = 6/x^2$

Zum Typ D nach Bild 5.10 gehören auch Kurven, die bisher nicht erwähnt wurden, weil sie selten oder gar nicht in der Praxis vorkommen. Dennoch sollen sie hier der Vollständigkeit halber betrachtet werden. (Kurven (D 7) und (D 8) im Bild 7.13)

Der Faktor m in der allgemeinen Gleichung für diese Gruppe kann nämlich auch kleiner als 1 sein, so daß zum Beispiel folgende Funktionen entstehen:

$$y = n \cdot x^{-1/2} = \frac{n}{x^{1/2}} = \frac{n}{\sqrt{x}}$$

oder

$$y = n \cdot x^{-1/3} = \frac{n}{x^{1/3}} = \frac{n}{\sqrt[3]{x}}$$

Da auch bei diesen Gleichungen m wieder dem Richtungsfaktor entspricht, muß dieser bei der im doppelt logarithmischen Papier zu zeichnenden Geraden kleiner als 1 und negativ sein, so daß sehr flach liegende, fallende Geraden entstehen. Diese Grundgeraden mit n = 1 gehen wieder durch den Punkt lg y = 1 und lg x = 1. Nimmt n jedoch einen anderen Zahlenwert als 1 an, so erfolgt eine Parallelverschiebung um den Faktor lg n gegenüber der Grundgeraden, wie schon beschrieben.

In Bild 7.4 sind gestrichelt Geraden für $y = 1/\sqrt{x}$ (D 7) und $y = 1/\sqrt[3]{x}$ (D 8) eingezeichnet. Die Auswertung der unbekannten Kurven bzw. der umgezeichneten Geraden erfolgt einfach nach dem vorher angegebenen Schema. (Siehe Werte-Tabelle 7.11)
Nachstehend die zugehörigen Rechenwerte (gerundet):

Bei den ausgezogenen Geraden des Bildes 7.14 waren die Richtungsfaktoren – 1 oder – 2. Für die gestrichelt gezeichneten Geraden bleiben die Richtungsfaktoren negativ (= fallende Geraden), sie werden jedoch zu Bruchteilen von 1.

Für die linke, gestrichelt gezechnete Gerade (D 7) läßt sich errechnen:

$$m = \frac{\lg 3{,}2 - \lg 1}{\lg 0{,}1 - \lg 1} = \frac{0{,}5 - 0}{-1 - 0} = -1/2$$

**Tabelle 7.11**

| (D 7) $y = \frac{1}{\sqrt{x}}$ | | (D 8) $y = \frac{1}{\sqrt[3]{x}}$ | |
|---|---|---|---|
| y | y | x | y |
| 0,1 | 3,2 | 0,1 | 2,15 |
| 0,5 | 1,4 | 0,5 | 1,26 |
| 1 | 1 | 1 | 1 |
| 5 | 0,44 | 5 | 0,58 |
| 10 | 0,32 | 10 | 0,46 |

Dann wird

$$\lg y = -1/2 \cdot \lg x + \lg 1$$
$$y = x^{-1/2}$$
$$y = 1/\sqrt{x}$$

Für die rechte, gestrichelt gezeichnete Gerade (D 8) kann abgelesen werden

$$m = \frac{\lg 2{,}15 - \lg 1}{\lg 0{,}1 - \lg 1} = \frac{0{,}33 - 0}{-1 - 0} = -\frac{1}{3}$$

Das führt zur Gleichung

$$\lg y = -1/3 \cdot \lg x + \lg 1$$
$$y = x^{-1/3}$$
$$y = 1/\sqrt[3]{x}$$

Die Computerberechnung nach Kapitel 12 ergab für diese beiden Geraden folgende Anzeigen, so daß die Funktionen abgeleitet werden konnten.

$y = n \cdot x^m$

| (D 7) | (D 8) |
|---|---|
| $n = 1$ | $n = 1$ |
| $m = -0{,}5$ | $m = -0{,}333$ |
| $K = -1$ | $K = -1$ |
| $y = x^{-0{,}5}$ | $y = x^{-0{,}333}$ |
| $y = \frac{1}{\sqrt{x}}$ | $y = \frac{1}{\sqrt[3]{x}}$ |

Im Bild 7.13 war u. a. die Kurve für die Funktion $y = 1/x$ gezeichnet, im Bild 7.14 ihre zugehörige Gerade (D 1). Die Faktoren n und m der allgemeinen Gleichung $y = \frac{n}{x^m}$ waren dabei beide = 1.

Wenn nun ein dritter Faktor c in diese Gleichung mit $n = 1$ und $m = 1$ eingefügt wird, so ergibt sich die Hyperbelgleichung $y = \frac{1}{c \cdot x}$, die mit einigen Beispielen analysiert werden soll. Man erinnere sich hier an die im Kapitel 7.2.4 in gleichem Sinne zugefügte Konstante c: Aus der Gleichung $y = n^x$ für die zum Typ B (Bild 5.10) gehörende Parabel entstand mit dem zugesetzten Faktor c die Gleichung $y = c \cdot (n^x)$. Für die dort gewählten

Gleichungs-Beispiele konnten im Bild 7.9 ebenfalls Parabeln mit geringfügigen Abweichungen von der Normalform gezeichnet werden.

Für den jetzt zugefügten Faktor c gilt folgende Tabelle 7.12, die für eine Darstellung im doppelt logarithmischen Koordinatensystem zu Geraden führt. Eine Abbildung auf normalem mm-Papier wäre wegen des zu großen Bereichs der Werte unbefriedigend und wird somit unterlassen.

Aus dem zugehörigen Bild 7.15 ist abzulesen, daß diese Geraden den gleichen Richtungsfaktor haben und sich nur durch eine Parallelverschiebung unterscheiden. Ihre Ordinatenabschnitte n sind am rechten Bildrand über x = lg 1 (= 0) abzulesen:

(D 9): n = 0,5
(D 10): n = 0,2 ($P_2$)
(D 11): n = 0,125

Das sind die Reziprokwerte der Konstanten c.

**Tabelle 7.12**

| | c = 2<br>y = 1/2x | c = 5<br>y = 1/5x | c = 8<br>y = 1/8x |
|---|---|---|---|
| x = 0,01 | y = 50 | y = 20 | y = 12,5 |
| x = 0,1 | 5 | 2 | 1,25 |
| x = 1 | 0,5 | 0,2 | 0,125 |
| ergibt Geraden in Bild 7.15 | (D 9) | (D 10) | (D 11) |

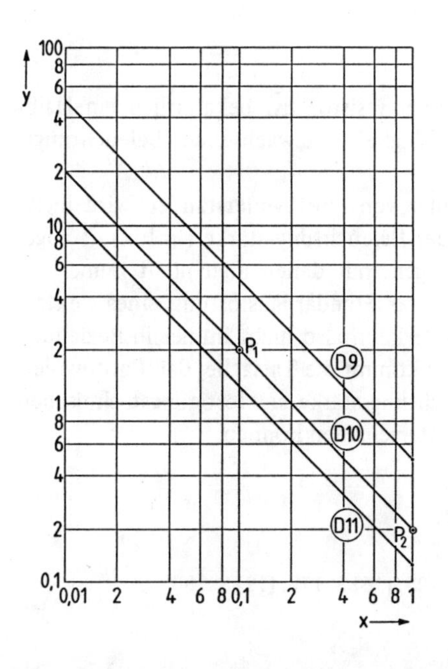


**Bild 7.15**

Beispiele für Geraden der allgemeinen Funktion

$$y = \frac{1}{c \cdot x}$$

Funktionsgleichungen der Geraden:
(Tabelle 7.12)
(D 9): y = 1/2x
(D 10): y = 1/5x
(D 11): y = 1/8x

Der gemeinsame Richtungsfaktor soll mit den eingezeichneten Punkten $P_1$ und $P_2$ der Geraden (D 10) ermittelt werden:

$P_1 : y_1 = \lg 2; \quad x_1 = \lg 0{,}1$
$P_2 : y_2 = \lg 0{,}2; \quad x_2 = \lg 1$

Es folgt:

$$m = \frac{\lg 2 - \lg 0{,}2}{\lg 0{,}1 - \lg 1} = \frac{0{,}3010 - (-0{,}6990)}{-1 - 0} = \frac{1}{-1} = -1$$

Damit sind die Gleichungen aufzustellen:

$$(\text{D } 9)\colon \lg y = \lg x \cdot (-1) + \lg 0{,}5 \qquad y = \frac{0{,}5}{x} = \frac{1}{2x}$$

$$(\text{D } 10)\colon \lg y = \lg x \cdot (-1) + \lg 0{,}2 \qquad y = \frac{0{,}2}{x} = \frac{1}{5x}$$

$$(\text{D } 11)\colon \lg y = \lg x \cdot (-1) + \lg 0{,}125 \qquad y = \frac{0{,}125}{x} = \frac{1}{8x}$$

Für diese Funktionen $y = 1/cx$ wurden hier nur die Geraden gezeichnet, weil der Umfang der Meßwerte für eine Darstellung im linearen Achsensystem zu groß wäre. Die zugehörigen Kurven wurden aber zum Typ D im Bild 5.10 (S. 55) gehören. Vergleichbaren Kurven bzw. Geraden werden wir noch einmal im Kapitel 9 mit dem Praxisbeispiel 13: „Blindwiderstände von Kondensatoren und Spulen" begegnen.

Es sei darauf hingewiesen, daß hyperbelähnliche Kurven vom Typ D nach Bild 5.10 auch anderen, bisher nicht erwähnten Funktionen gehorchen können, die sich nicht wie die hier genannten zu Geraden umformen lassen. Ein dafür geeignetes Verfahren wird im Kapitel 8.2 beschrieben.

**Praxisbeispiel 10: Messungen an Photowiderständen**

Ein Photowiderstand (LDR = **l**ight **d**ependant **r**esistor) ist bekanntlich ein Halbleiter-Bauelement ohne Sperrschicht, dessen Leitfähigkeit mit wachsender Beleuchtungsstärke stark zunimmt.*)

In den technischen Unterlagen der Hersteller von Photowiderständen wird meist die Abhängigkeit des Widerstandes (in Ω) von der Beleuchtungsstärke (in lux)**) angegeben – Zahlenwerte oder graphische Darstellungen, mit denen man nicht immer zurechtkommt, weil ein Luxmeter nicht unbedingt zur Standardausrüstung eines elektronischen Labors gehört. Die vorgesehene Lichtquelle kann also nicht immer in Beziehung zu den verfügbaren Daten gebracht werden. Hinzu kommt die Tatsache, daß Photowiderstände des gleichen Typs sich bei gleicher Beleuchtungsstärke aus fertigungstechnischen Gründen um eine Zehnerpotenz in ihren Werten unterscheiden können.

*) Literatur: [1] S. 65; [11] S. 278; [12] S. 79; [14] S. 125; [16] S. 178; [19] S. 188
**) [16] S. 174

Für einen fernsteuerbaren Spannungsteiler, bestehend aus zwei hintereinander geschalteten Photowiderständen sollen aus einem Vorrat gleichen Typs zwei Exemplare herausgesucht werden, deren Kennlinien (= Abhängigkeit des Widerstandes von der Beleuchtungsstärke) möglichst gleich sind. Als Lichtquelle wird ein Glühlämpchen (18 V; 0,1 A) benutzt, dessen Stromverbrauch bei verschiedenen Spannungen registriert wird. Die daraus berechenbare Wattzahl, das heißt die jeweils hineingesteckte Leistung ist ein Maß für die abgegebene Strahlung, die mit einer Luxmessung korrespondieren würde.

Lämpchen und Photowiderstand (LDR) werden in einem dunklen Kästchen mit einigem Abstand so montiert, daß bei Auswechslung des LDR immer die gleiche Positionierung gegenüber der Lichtquelle gewährleistet ist. Der Abstand zwischen Lämpchen und LDR darf nicht zu klein sein, um den Wärmeeinfluß möglichst gering zu halten. Die Anschlußdrähte werden lichtdicht nach außen geführt. Das Lämpchen wird über Ampere- und Voltmeter an eine regelbare, stabilisierte (!) Spannungsquelle angeschlossen, der LDR an ein Digital-Ohmmeter.

Man beginne bei solchen Messungen mit der niedrigsten Spannung und steigere die Helligkeit des Lämpchens stufenweise, weil bei diesen LDRs die Widerstandsabnahme bei zunehmender Beleuchtung relativ schnell erfolgt, während in umgekehrter Richtung längere Wartezeiten bis zur Einstellung des „Gleichgewichtes" erforderlich wären.

Aus der Versuchsreihe mit sechs LDRs des gleichen Typs werden hier nur die beiden Exemplare ausgewertet, die sich am stärksten unterschieden, während es – wie es Zweck der Versuche war – gelang, zwei Stück mit fast gleichen Kennlinien herauszufinden. Die mit LDR 1 und LDR 2 bezeichneten Grenzfälle ergaben folgende Meßwerte:

**Tabelle 7.13**

| | LDR 1 | | | | LDR 2 | | | |
|---|---|---|---|---|---|---|---|---|
| Spalte | 1 | 2 | 3 | 4 | 1 | 2 | 3 | 4 |
| | V | mA | W | Ω | V | mA | W | Ω |
| | 5 | 43 | 0,22 | 23 k | 5 | 42 | 0,21 | 257 k |
| | 7,5 | 54 | 0,4 | 7 k | 7,5 | 54 | 0,4 | 32 k |
| | 10 | 65 | 0,65 | 3 k | 10 | 64 | 0,64 | 9,1 k |
| | 15 | 83 | 1,25 | 800 | 15 | 82 | 1,23 | 1,7 k |
| | 18 | 93 | 1,67 | 510 | 18 | 92 | 1,56 | 855 |

Spalte 1: angelegte Lampenspannung in V
Spalte 2: Lampenstrom in mA
Spalte 3: Aus 1 und 2 berechnete Leistung in W
Spalte 4: LDR-Widerstand, mit Digitalmultimeter bestimmt, gerundete Werte in Ω

Die graphische Darstellung eines Teils der Meßergebnisse in Bild 7.16 zeigt, daß sich auch mit so wenigen Werten Kurven zeichnen lassen, und daß es sich voraussichtlich um Kurven des Typs D nach Bild 5.10 handelt. Also wurde eine Übertragung auf ein doppelt logarithmisch geteiltes Koordinatensystem vorgenommen, wobei die in Bild 7.17 dargestellten Geraden erhalten wurden.

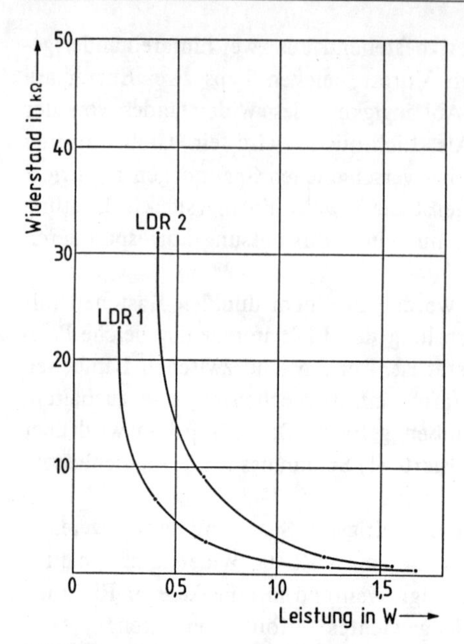


**Bild 7.16** Abhängigkeit des Widerstandes zweier LDR von der Leistung (= abgegebene Strahlung) der Lichtquelle (Tabelle 7.13)

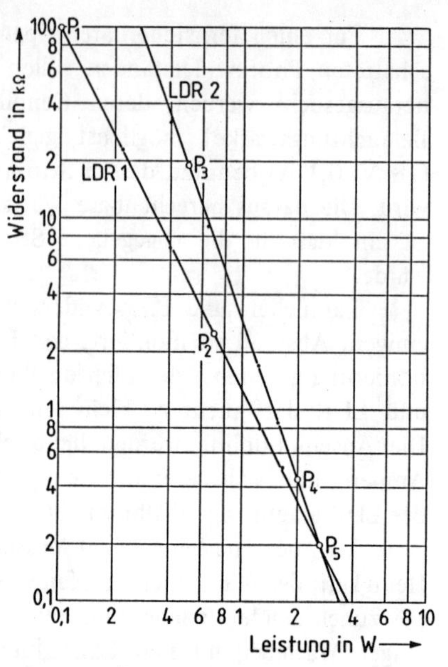


**Bild 7.17** Übertragung der Kurven aus Bild 7.16 in ein doppelt logarithmisches Netz führt zu Geraden

Zur Zeichnung einer Geraden sind bekanntlich nur zwei Punkte erforderlich, so daß nach der Erkenntnis, daß sich Kurven gemäß Bild 7.16 durch Übertragung in ein doppelt logarithmisches System zu Geraden strecken lassen, nur noch zwei Messungen je LDR, zum Beispiel bei 12 V und 5 V – aus stabilisierten (!) Spannungsversorgungen – erforderlich waren. Interessehalber, ohne daß es für die gestellte Aufgabe erforderlich wäre, sollen jetzt nach dem schon bekannten Schema die Gleichungen der beiden Geraden aus Bild 7.17 ermittelt werden. (Die Rechenwerte werden recht genau angegeben, um abschließend den Schnittpunkt der beiden Geraden ($P_5$) ermitteln zu können – als Beispiel für eine mögliche Kontrollrechnung.)

Für die eingezeichneten Punkte $P_1$ bis $P_4$ können folgende lg-Koordinaten abgelesen werden:

| | y | x |
|---|---|---|
| $P_1$: | 100 | 0,1 |
| $P_2$: | 2,5 | 0,7 |
| $P_3$: | 19 | 0,5 |
| $P_4$: | 0,44 | 2 |

Daraus folgt für LDR 1:

$$m_1 = \frac{\lg 100 - \lg 2{,}5}{\lg 0{,}1 - \lg 0{,}7} = \frac{2 - 0{,}3979}{-1 - (-0{,}1549)} = \frac{1{,}6021}{-0{,}8451} = -1{,}8958$$

$n_1$ ist über x = lg 1 (= 0) bei lg 1,28 ablesbar.
Die Gerade für LDR 1 gehorcht dann folgender Funktion:

$$\lg y = -1{,}8958 \cdot \lg x + \lg 1{,}28$$

gerundet:

$$y = \frac{1{,}3}{x^{1{,}9}}$$

Die Rechnung für LDR 2 mit $P_3$ und $P_4$ ergab:

$$m_2 = \frac{\lg 19 - \lg 0{,}44}{\lg 0{,}5 - \lg 2} = \frac{1{,}2788 - (-0{,}3565)}{-0{,}3010 - 0{,}3010} = \frac{1{,}6353}{-0{,}6020} = -2{,}7164$$

$n_2$ ist wieder über x = lg 1 (= 0) bei lg 2,85 ablesbar. Die Geradengleichung für LDR 2 lautet dann:

$$\lg y = -2{,}7164 \cdot \lg x + \lg 2{,}85$$

gerundet:

$$y = \frac{2{,}85}{x^{2{,}7}}$$

Zur Kontrolle der Richtigkeit wird nun einfach der Schnittpunkt der beiden Geraden bestimmt, indem die Funktionen gleichgesetzt werden.

$$\frac{1{,}28}{x^{1{,}8958}} = \frac{2{,}85}{x^{2{,}7164}}$$

$$\frac{x^{2{,}7164}}{x^{1{,}8959}} = \frac{2{,}85}{1{,}28}$$

$$x^{0{,}8206} = 2{,}2266$$

$$x = \sqrt[0{,}8206]{2{,}2266}$$

$$x = 2{,}65$$

Das kann als Abszisse von $P_5$ bestätigt werden.

## 7.5 Kurven vom Typ E (Bild 5.10) $y = n \cdot x^m$

Voraussetzungen:

1. Die Kurve ergab im doppelt logarithmisch geteilten Netz eine Gerade.
2. Der Richtungsfaktor m ist positiv, größer als 1 und meist gradzahlig, vorwiegend 2 oder 3. Ist m kleiner als 1, siehe das folgende Kapitel 7.6 (Typ F).

**Tabelle 7.14** 3-Punkte-Werte für

| | m = 2<br>n = 1<br>$y = x^2$<br>x | <br><br><br>y | m = 2<br>n = 0,5<br>$y = 0{,}5\ x^2$<br>x | <br><br><br>y | m = 3<br>n = 1<br>$y = x^3$<br>x | <br><br><br>y | m = 3<br>n = 0,01<br>$y = 0{,}01\ x^3$<br>x | <br><br><br>y |
|---|---|---|---|---|---|---|---|---|
| $P_1$: | 1 | 1 | 2 | 2 | 1 | 1 | 5 | 1,25 |
| $P_2$: | 10 | 100 | 10 | 50 | 5 | 125 | 16 | 41 |
| $P_3$: | 30 | 900 | 40 | 800 | 10 | 1000 | 30 | 270 |

ergibt Geraden in
Bild 7.18 (E 1) (E 2) (E 3) (E 4)

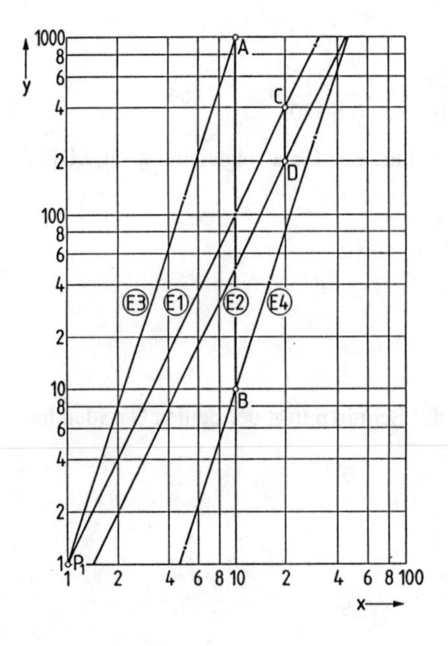


**Bild 7.18**
Beispiele für Geraden der allgemeinen Gleichung $y = n \cdot x^m$ $(m > 1)$ in doppelt logarithmischer Darstellung. Funktionsgleichungen der Geraden: (Tabelle 7.14)
(E 1): $y = x^2$
(E 2): $y = 0{,}5\ x^2$
(E 3): $y = x^3$
(E 4): $y = 0{,}01\ x^3$

Hier sollen vier Fälle beschrieben werden, je zwei mit m = 2 und m = 3. (Tabelle 7.14)

Die zugehörigen Geraden sind in Bild 7.18 gezeichnet. Der Exponent m macht sich, wie schon angedeutet, in der Steigung der Geraden bemerkbar, die wieder durch den Richtungsfaktor m in der allgemeinen Geradengleichung 1.1: $y = m \cdot x + n$ bestimmt wird. Mit anderen Worten: Die $x^2$-Geraden $(E_1)$ und $(E_2)$ und die $x^3$-Geraden (E 3) und (E 4) laufen paarweise parallel zueinander. Der Faktor n kommt wieder in der Parallelverschiebung zum Ausdruck, so daß er gegenüber den Grundgeraden (E 1 und E 3 mit n = 1) ermittelt werden muß.

Die Richtungsfaktoren sollen für die Geraden (E 1) und (E 3) bestimmt werden, wonach sich auch sofort ihre Gleichungen aufstellen lassen.

An der Geraden (E 1) werden folgende Punkte mit ihren Koordinaten benutzt:

$P_1$: $y_1 = \lg 1$; $x_1 = \lg 1$
C : $y_2 = \lg 400$; $x_2 = \lg 20$

Nach Gleichung 1.2 wird dann:

$$m = \frac{\lg 1 - \lg 400}{\lg 1 - \lg 20} = \frac{0 - 2{,}6}{0 - 1{,}3} = +2$$

n bei lg x = 1 ist lg 1 (Punkt $P_1$)
Damit folgt die Gleichung für die Gerade (E 1):

$$\log y = 2 \cdot \lg x + \lg 1$$
$$y = x^2$$

Sinngemäß wird für die Gerade (E 3) verfahren:

$P_1$: $y_1 = \lg 1$; $x_1 = \lg 1$
A : $y_2 = \lg 1000$; $x_2 = \lg 10$

$$m = \frac{\lg 1 - \lg 1000}{\lg 1 - \lg 10} = \frac{0 - 3}{0 - 1} = +3$$

Dann folgt nach der allgemeinen Geradengleichung 1.1:

$$\lg y = 3 \cdot \lg x + \lg 1$$
$$y = x^3$$

als Gleichung für die Gerade (E 3).

Die Richtungsfaktoren der beiden anderen Geraden (E 2) und (E 4) sind mit denen ihrer Parallelen (E 1) bzw. (E 3) identisch. Ihre Ordinatenabschnitte n sind in diesem Bild nicht abzulesen, weil diese Geraden (E 2) und (E 4) die Ordinate nicht bei x = lg 1 schneiden. Man kann sich dann, ohne ein neues Bild zu zeichnen, wie folgt helfen:

Gerade (E 4): Die ihr parallele Gerade (E 3) ist von y = lg 1 bis $y = \lg 10^3$ abgebildet; (E 4) selbst ist nur um die Strecke A–B nach unten verschoben, das heißt der Punkt A ist von $10^3$ nach 10 gerutscht, also um den Faktor $10^2$ nach unten. Dann liegt auch ihr Schnittpunkt mit der Ordinatenachse um den Faktor $10^2$ tiefer als der ihrer Parallelen (E 3), nämlich bei y = lg 0,01 (statt y = lg 1). Das ist das gesuchte n. Die Gleichung für (E 4) wird dann:

$$\lg y = 3 \cdot \lg x + \lg 0{,}01.$$
$$y = 0{,}01 \cdot x^3.$$

Gerade (E 2): Die beiden mittleren Parallelen (E 1) und (E 2) ergeben – an der Strecke C–D abgelesen – den Verschiebungsfaktor 0,5, denn aus $y = \lg 4 \cdot 10^2$ (Punkt C) wird $y = \lg 2 \cdot 10^2$ (Punkt D). Also wird die Gerade (E 2) die Ordinatenachse bei lg 0,5 schneiden statt im Punkt lg 1, durch den die Grundgerade (E 1) für $y = x^2$ geht. Damit ist auch ihre Gleichung aufzustellen:

$$\lg y = 2 \cdot \lg x + \lg 0{,}5 \qquad y = 0{,}5 \cdot x^2.$$

(Ein rechnerisches Verfahren zur Ermittlung eines nicht direkt ablesbaren Ordinatenabschnittes n ist im Praxisbeispiel 9, (S. 79) und im Kapitel 9, (S. 132) beschrieben.

## 7.6 Kurven vom Typ F (Bild 5.10) $y = n \cdot x^m$

(s. dazu aber auch Kapitel 8.3, S. 107)

Voraussetzungen:

1. Die Kurve ergab auf doppelt logarithmisch geteiltem Netz eine Gerade.
2. Ihr Richtungsfaktor m ist positiv und k l e i n e r als 1, vorweigend 1/2 oder 1/3. Als Exponent m, in der Gleichung erscheinend, ergibt er

$$m = 1/2: \quad y = n\sqrt{x}$$
$$m = 1/3; \quad y = n\sqrt[3]{x}$$

Ist m größer als 1, siehe das vorstehende Kapitel 7.5 (Typ E).

Je drei Beispiele sollen wieder die Auswertungsmöglichkeiten solcher Geraden, gezeichnet nach Tabelle 7.15 und 7.16, verdeutlichen.

**Tabelle 7.15** 3-Punkte-Werte für

| | n = 1<br>$y = \sqrt{x}$ | | n = 0,5<br>$y = 0,5 \cdot \sqrt{x}$ | | n = 4<br>$y = 4 \cdot \sqrt{x}$ | |
|---|---|---|---|---|---|---|
| | x | y | x | y | x | y |
| $P_1$: | 0,1 | 0,32 | 0,1 | 0,16 | 0,1 | 0,3 |
| $P_2$: | 1 | 1 | 1 | 0,5 | 1 | 4 |
| $P_3$: | 9 | 3 | 9 | 1,5 | 9 | 12 |

| ergibt Geraden in Bild 7.19 (links) | (F 1) | (F 2) | (F 3) |
|---|---|---|---|

**Tabelle 7.16** 3-Punkte-Werte für

| | n = 1<br>$y = \sqrt[3]{x}$ | | n = 0,5<br>$y = 0,5 \cdot \sqrt[3]{x}$ | | n = 3<br>$y = 3 \cdot \sqrt[3]{x}$ | |
|---|---|---|---|---|---|---|
| | x | y | x | y | x | y |
| $P_1$: | 8 | 2 | 8 | 1 | 8 | 6 |
| $P_2$: | 125 | 5 | 125 | 2,5 | 125 | 15 |
| $P_3$: | 1000 | 10 | 1000 | 5 | 1000 | 30 |

| ergibt Geraden in Bild 7.19 (rechts) | (F 4) | (F 5) | (F 6) |
|---|---|---|---|

Die Darstellung dieser Geraden in Bild 7.19 führt wieder zum gleichen Ergebnis: Der Exponent m der Gleichung $y = n \cdot x^m$ ist der Richtungsfaktor m der allgemeinen Geradengleichung 1.1: $y = m \cdot x + n$. Er ist wiederum mit je zwei Punkten nach Gleichung 1.2 zu berechnen und hier stets kleiner als 1 (Voraussetzung 2).

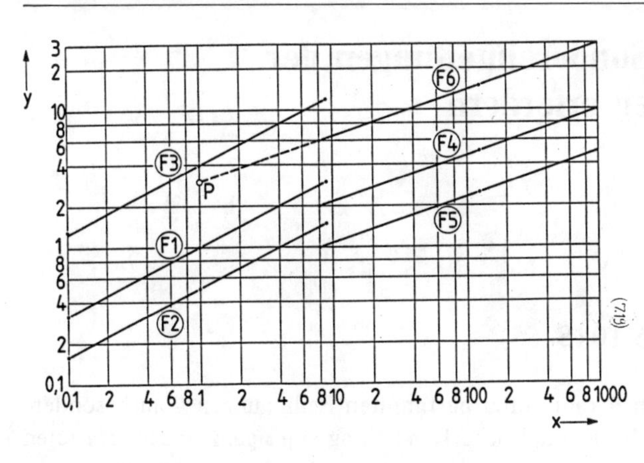


**Bild 7.19**
Beispiele für Geraden der allgemeinen Gleichung $y = n \cdot x^m$ $(m < 1)$ in doppelt logarithmischer Darstellung. Funktionsgleichungen der Geraden:

links
(Tabelle 7.15)
(F 1): $y = \sqrt{x}$
(F 2): $y = 0{,}5\,\sqrt{x}$
(F 3): $y = 4\,\sqrt{x}$

rechts
(Tabelle 7.16)
(F 4): $y = \sqrt[3]{x}$
(F 5): $y = 0{,}5\,\sqrt[3]{x}$
(F 6): $y = 3\,\sqrt[3]{x}$

Den Faktor n ergibt die zuvor in Kapitel 7.5 erläuterte Parallelverschiebung gegenüber der Grundgeraden.

Im linken Teil des Bildes 7.19 sind die Werte für n über x = lg 1 (= 0) abzulesen. Man findet für die Geraden:

(F 1) n = lg 1
(F 2) n = lg 0,5
(F 3) n = lg 4

Für die rechten Geraden in Bild 7.19 bietet sich in diesem Falle eine andere, zeichnerische Lösung an, indem man die Geraden nach links bis zur Senkrechten über x = lg 1 verlängert. Das ist gestrichelt bei der oberen Geraden (F 6) ausgeführt und durch den Punkt P gekennzeichnet. Also wird n mit Hilfe eines Lineals ablesbar für

(F 4) = lg 1
(F 5) = lg 0,5
(F 6) = lg 3 (Punkt P)

Damit sind die in den Tabellen 7.15 und 7.16 schon niedergeschriebenen Gleichungen für die Geraden (F 1) bis (F 6) in Bild 7.19 nach den vorher gegebenen Richtlinien aufzustellen.

Der Kurventyp F nach Bild 5.10 kann darüberhinaus in mehreren Varianten vorkommen, worauf schon hingewiesen werden soll. Nicht immer sind sie nach dem hier dargestellten Schema in Geraden umzuformen. Weitere Verfahren werden im Kapitel 8.3 (S. 107) behandelt.

# 8 Funktionen, die Sondereinteilungen der Koordinatenachsen erfordern

## 8.1 Kurventyp B aus Bild 5.10 (S. 55)

Dem Kurventyp B ($y = m^x$) kann unter bestimmten Bedingungen – insbesondere im Bereich kleiner Werte – auch die graphische Darstellung einer ganz anders gearteten Funktion so ähnlich sein, daß es zunächst nicht auszumachen ist, ob wirklich dieser Kurventyp B oder ob die jetzt zu besprechende Kurvenart vorliegt.

Im Bild 8.1 sind neben die Kurve vom Typ B nach Bild 5.10 mit der Gleichung $y = 2^x$ zwei sehr formähnliche mit den Gleichungen $y = x^2 + 2$ und $y = x^{2,3} + 2,6$ gezeichnet. Diese sind gegenüber der einfachen Form $y = x^2$ nur um einige Einheiten nach oben verschoben, so daß sie deswegen nicht dem Typ E ($y = x^2$; gestrichelt eingezeichnet) zugerechnet werden können. Der Typ B (z.B. $y = 2^x$, s. Bild 5.3) (S. 41) wäre hier besser zum Vergleich heranzuziehen, weil seine Kurven – genau wie die hier in Bild 8.1 gezeichneten – n i c h t durch den Koordinaten-Ursprungspunkt gehen. Dieser Typ B

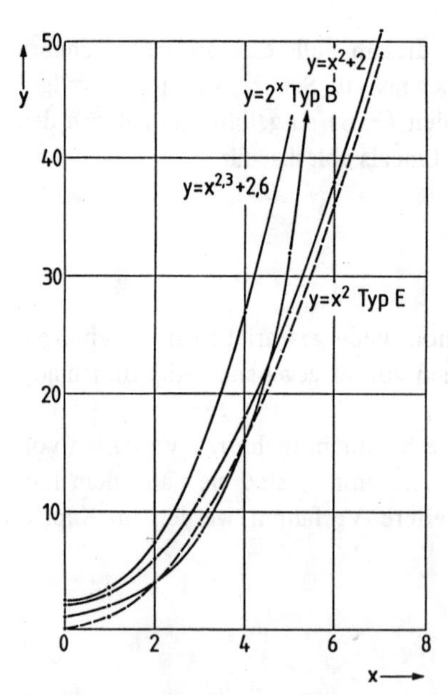


**Bild 8.1** Kurven in linearer Darstellung, die dem Typ B nach Bild 5.10 sehr ähnlich sind (Tabelle 8.1–8.2–8.3)

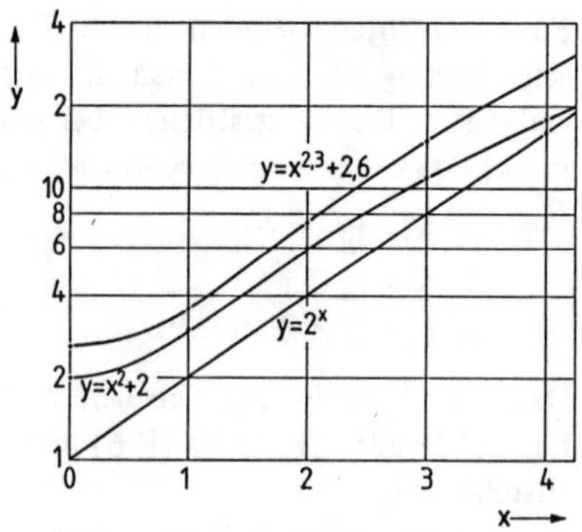


**Bild 8.2** Der Versuch, diese Kurven im einfach logarithmisch geteilten Netz zu Geraden zu strecken, mißlingt – Typ B ($y = 2^x$) dagegen gestattet die Zeichnung einer Geraden

konnte durch Umzeichnung auf das einfach logarithmisch geteilte Netz zur Geraden gestreckt werden (Kurve (9) in Bild 5.9), mit den so ähnlich aussehenden Kurven für $y = x^2 + 2$ und $y = x^{2,3} + 2{,}6$ gelingt das dagegen nicht, wie Bild 8.2 zeigt. Mam hat also, um aus diesen Kurven eine Gerade zu erhalten, eine andere Koordinateneinteilung zu suchen.

Die Gerade als Darstellung einer Funktion kann, wie schon früher betont, zum Ausgleich von Meßwertschwankungen oder Meßfehlern beitragen, und sie ermöglicht die Extrapolation in vertretbare Randbereiche. Bisher war diese Umzeichnung auch immer hilfreich – wenn nicht das einzige Mittel – zur Ermittlung der Gleichung, der die ursprüngliche Kurve gehorcht. Wenn also weder einfach noch doppelt logarithmisch geteilte Achsen zum Erfolg führen, das heißt aus einer Kurve eine Gerade formen, dann sind andere Maßnahmen zu ergreifen.

In dem hier behandelten Fall hilft die Unterteilung der y-Achse in Werte, die aus $\frac{y_1 - y_2}{x_1 - x_2}$ berechnet werden. Das wird durch die folgenden Werte- und Rechentabellen 8.1 und 8.2 demonstriert. Zur Ausfüllung der Spalten 3 und 4 der beiden nachstehenden Tabellen werden als $x_2$ und $y_2$ jeweils die kleinsten Werte der Spalten 1 und 2 herangezogen. Aus den eingetragenen Zahlen dürfte der Rechengang ohne weitere Erläuterungen klar werden.

**Tabelle 8.1** (für $y = x^2 + 2$)

| Spalte 1<br>x | 2<br>y | 3<br>$x_1 - x_2$ | 4<br>$y_1 - y_2$ | 5<br>Ordinaten<br>$\frac{y_1 - y_2}{x_1 - x_2}$ |
|---|---|---|---|---|
| 0 | 2 | 0 | 0 | – |
| 1 | 3 | 1 | 1 | 1 |
| 2 | 6 | 2 | 4 | 2 |
| 3 | 11 | 3 | 9 | 3 |
| 4 | 18 | 4 | 16 | 4 |
| 5 | 27 | 5 | 25 | 5 |

**Tabelle 8.2** (für $y = x^{2.3} + 2{,}6$)

| 1<br>x | 2<br>y | 3<br>$x_1 - x_2$ | 4<br>$y_1 - y_2$ | 5<br>$\frac{y_1 - y_2}{x_1 - x_2}$ |
|---|---|---|---|---|
| 0 | 2,6 | 0 | 0 | – |
| 1 | 3,6 | 1 | 1 | – |
| 2 | 7,5 | 2 | 4,9 | 2,45 |
| 3 | 15,1 | 3 | 12,5 | 4,2 |
| 4 | 26,9 | 4 | 24,3 | 6,1 |
| 5 | 43,1 | 5 | 40,5 | 8,0 |
| 6 | 64,2 | 6 | 61,6 | 10,3 |

Dieser „Trick", die Koordinaten so zu unterteilen wird hier verständlich, weil man durch die Differenz $y_1 - y_2$ in den Spalten 4 der Tabellen 8.1 und 8.2 einfach die additiven Konstanten 2 bzw. 2,6 zum Abzug bringt und damit die Kurven rechnerisch nach unten verschiebt, d.h., sie durch den Koordinaten-Nullpunkt führt. Dabei bleiben, wie die Tabellen 8.1 und 8.2 ebenfalls zeigen, die x-Werte der Spalten 1 in den Spalten 3 „$(x_1 - x_2)$" unverändert.

Um zu sehen, was unter diesen Bedingungen aus der „echten" Kurve vom Typ B ($y = 2^x$) wird, ist die Tabelle 8.3 berechnet, wieder mit den kleinsten Werte $x_2 = 0$ und $y_2 = 1$.

Trägt man nun aus diesen Tabellen 8.1 bis 8.3 die Werte der Spalte 1 auf der x-Achse und die der Spalten 5 auf der geänderten y-Achse in normalem mm-Papier auf, so erhält man Bild 8.3.

Die S-Kurven für die neuen Funktionen $y = x^2 + 2$ und $y = x^{2,3} + 2,6$ in Bild 8.2 sind hier nun Geraden geworden, während umgekehrt für $y = 2^x$ eine Kurve entstanden ist, die nicht auswertbar ist, es ja auch erwartungsgemäß nicht sein kann, weil sie durch die halblogarithmische Koordinatenteilung im Bild 8.2 bereits zur Geraden „gestreckt" werden konnte.

Hat man, wie in diesem Beispiel, durch die Benutzung der Koordinatenteilung nach Bild 8.3 eine Gerade für eine unbekannte Funktion zeichnen können, so ist es leider nicht so einfache wie bisher, die Gleichung zu finden. Man kann aber unterstellen, daß die allgemeine Gleichung $y = x^a + b$ gültig sein kann und muß mit den Spalten 1 und 2 probieren, ob a und b zu finden sind.

Die additive Konstante b ist aber, hat man die Kurve wie in Bild 8.1 gezeichnet vor sich, oft erkennbar, zum Beispiel nach folgender Überlegung: Echte Kurven vom Typ B ($y = 2^x$ ist hier beispielhaft dargestellt) liegen offenbar nicht vor, denn sie beginnen nicht bei $y = 1$ und $x = 0$ sondern bei $y = 2$ bzw. $y = 2,6$. Besieht man daraufhin Bild 5.10 (S. 55), dann könnten sie auch zum Typ E gehören, nur daß sie um 2 bzw. 2,6 y-Einheiten nach oben verschoben sind. Das eben sind die additiven Konstanten b, wie an der in Bild 8.1 gestrichelt eingezeichneten Kurve für die Grundform $y = x^2$ sichtbar wird. Erkennt man diese Möglichkeit – mit $b = 2$ ist es einfach, mit krummen Zahlen, zum Beispiel $b = 2,6$ wird es schwieriger, zumal Meßfehler vorhanden sein können – dann

**Tabelle 8.3** (für $y = 2^x$)

| Spalte 1<br>x | 2<br>y | 3<br>$x_1-x_2$ | 4<br>$y_1-y_2$ | 5<br>Ordinaten<br>$\frac{y_1-y_2}{x_1-x_2}$ |
|---|---|---|---|---|
| 0 | 1 | 0 | 0 | – |
| 0,5 | 1,41 | 0,5 | 0,41 | 0,8 |
| 1 | 2 | 1 | 1 | 1 |
| 2 | 4 | 2 | 3 | 1,5 |
| 3 | 8 | 3 | 7 | 2,3 |
| 4 | 16 | 4 | 15 | 3,75 |
| 5 | 32 | 5 | 31 | 6,2 |

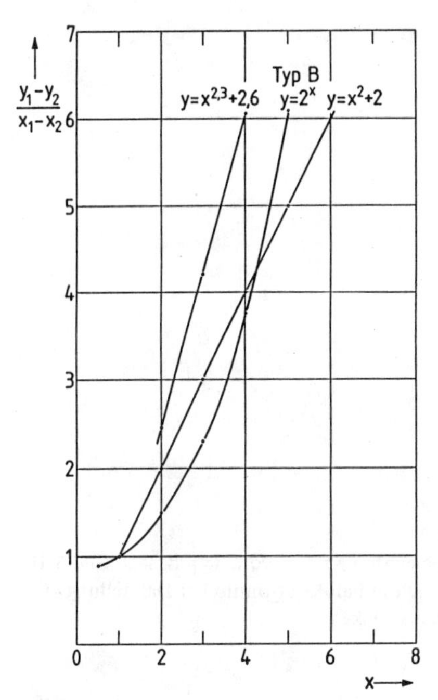


**Bild 8.3** Mit einer Sondereinteilung der Ordinate können die neuen Kurven zu Geraden gestreckt werden, nicht dagegen die Kurven des echten Typs B ($y = 2^x$)

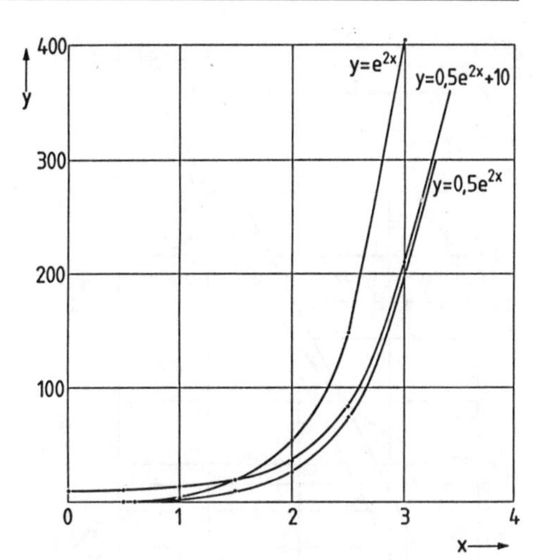


**Bild 8.4** Vergleich zweier Kurven vom Typ B nach Bild 5.10 mit einer ähnlich geformten, deren Gleichung eine additive Konstante (c) enthält: $y = 0{,}5\ e^{2x} + 10$ (Tabelle 8.4)

muß nach Abzug der Konstanten b keine neue Wertetabelle aufgestellt werden, denn die y-Werte, vermindert um die Konstante b, sind in den Spalten 4 der Tabellen 8.1 und 8.2 bereits enthalten. Damit und mit den Spalten 1 wird eine neue Kurve gezeichnet ( $y = x^2$ gestrichelt in Bild 8.1). Verlaufen die ursprüngliche Kurve und die variierte Kurve einigermaßen parallel, dann ist die gültige Funktion schnell gefunden.

Das Verfahren, eine additive Konstante zunächst gedanklich abzuziehen und dann nach Auffinden der Grundgleichung wieder zu addieren, erinnert an das Praxisbeispiel 3 (S. 18), wobei aber der Ordinatenabschnitt n direkt abzulesen war. Ebenso wie dort findet auch bei diesen letztgenannten Beispielen der Computer eine andere Gleichung, die nur näherungsweise gilt.

Das soll an einem neuen Beispiel mit der etwas komplizierteren allgemeinen Gleichung $y = a \cdot e^{bx} + c$ erläutert werden.

In Bild 7.2 (S. 71) war die Gerade für $y = e^{2x}$ gezeichnet (B 4), die einer Kurve des Typs B nach Bild 5.10 zuzuordnen war. Sie ist hier in Bild 8.4 noch einmal gezeichnet und zusätzlich die Kurve für $y = 0{,}5 \cdot e^{2x}$. Beide lassen sich bei dem gewählten Maßstab des Bildes im unteren Bereich nicht unterscheiden. Ist dagegen eine additive Konstante c vorhanden wie bei der für $y = 0{,}5 \cdot e^{2x} + 10$ ebenfalls in Bild 8.4 gezeichneten Kurve, dann wird der Unterschied in diesem Bereich deutlich.

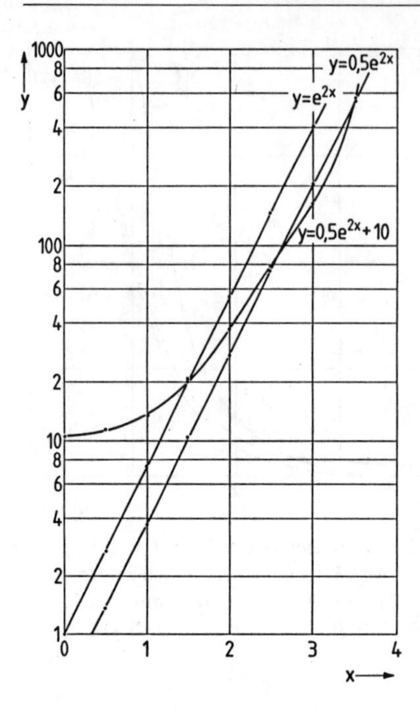


**Bild 8.5**

Nur die echten Kurven vom Typ B nach Bild 5.10 lassen sich in halblogarithmischer Darstellung zu Geraden strecken

**Tabelle 8.4**

| $y = e^{2x}$ | | $y = 0{,}5 \cdot e^{2x}$ | $y = 0{,}5 \cdot e^{2x} + 10$ |
|---|---|---|---|
| x | y | y | y |
| 0 | 1 | 0,5 | 10,5 |
| 0,5 | 2,72 | 1,36 | 11,36 |
| 1,0 | 7,39 | 3,69 | 13,69 |
| 1,5 | 20,08 | 10,04 | 20,04 |
| 2,0 | 54,6 | 27,3 | 37,3 |
| 2,5 | 148,4 | 74,2 | 84,2 |
| 3,0 | 403,4 | 201,7 | 211,7 |
| $y = 1 \cdot e^{2x}$ K = 1 | | $y = 0{,}475 \cdot e^{2{,}03x}$ K = 0,9995 | $y = 3{,}71 \cdot e^{1{,}33x}$ K = 0,9766 |

Die beiden erstgenannten Funktionen lassen sich, wie Bild 8.5 zeigt, auf einfach logarithmischem Netzpapier zu Geraden strecken, während die Funktion mit der additiven Konstanten nicht so umzuformen ist.

Die vorstehende Tabelle 8.4 gibt die Rechenwerte für diese drei Funktionen und die Ergebnisse der Computerrechnung wieder, wobei in allen drei Fällen einheitlich die allgemeine Funktion $y = n \cdot e^{mx}$ ermittelt wurde.

Der erste Korrelationskoeffizient K = 1 weist auf ein genaues Ergebnis der Computer-Rechnung hin, der zweite ist durch Rundungsfehler nicht mehr ganz so gut, der dritte aber zeigt, daß hier die Computer-Rechnung versagt und die zeichnerische Lösung vorzu-

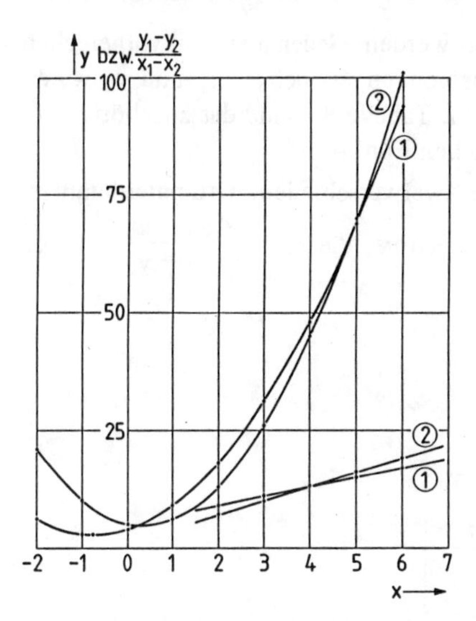


**Bild 8.6**

Kurven für quadratische Gleichungen (Ordinate = y) lassen sich auch in linearer Darstellung zu Geraden strecken, wenn die Ordinatenwerte aus $\frac{y_1 - y_2}{x_1 - x_2}$ errechnet werden. Funktionsgleichungen der Kurven und Geraden:

(1): $y = 2x^2 + 3x + 4$
(2): $y = 3x^2 - 2x + 5$

ziehen ist, um die additive Konstante c zu berücksichtigen. Bei diesem Lösungsweg kann wieder, wie vorher beschrieben, die geänderte Ordinateneinteilung herangezogen werden.

Der Vollständigkeit halber sei hier erwähnt – obwohl in der Elektronik kaum zu erwarten –, daß auch andere Funktionen als die oben diskutierte $y = x^a + b$ bei gleicher Koordinatenteilung wie in Bild 8.3 zu Geraden umgezeichnet werden können, zum Beispiel eine quadratische Gleichung der allgemeinen Form $y = a \cdot x^2 + b \cdot x + c$. Quadratische Gleichungen ergeben jedoch in der Darstellung auf normalem mm-Papier ein Minimum oder Maximum, das heißt eine Kurvenform, die wir hier ausschließen wollten. Zur Demonstration der Umformbarkeit einer Kurve (mit den Ordinatenwerten = y) in eine Gerade (mit den Ordinatenwerten aus der Rechnung $\frac{y_1 - y_2}{x_1 - x_2}$ nach dem soeben geschilderten Schema) sind in Bild 8.6 Kurven und Geraden für folgende Gleichungen gezeichnet:

Kurve und Gerade (1): $y = 2x^2 + 3x + 4$
Kurve und Gerade (2): $y = 3x^2 - 2x + 5$

Hier können die Geraden nur zum Ausgleich von Meßfehlern, nicht jedoch zum Auffinden der Gleichungen herangezogen werden.

## 8.2 Kurventyp D aus Bild 5.10 (S. 55)

Auch Hyperbeln vom Kurventyp (D) $y = \frac{n}{x^m}$, im Kapitel 7.4 behandelt, lassen sich nicht immer durch Auftrag im doppelt logarithmischen Netz zu Geraden umformen. Handelt es sich um Hyperbeln, die der Funktion $y = \frac{x}{a \cdot x - b}$ gehorchen, so können sie zu Geraden gestreckt werden, wenn aus den Meßwerten $\frac{x_1 - x_2}{y_1 - y_2}$ berechnet und als Ordinatenwerte gegen x als Abszissenwerte aufgetragen werden. Gegenüber dem vorhergehenden Beispiel ist also hier der Reziprokwert zu berechnen, wobei als $x_2$ und $y_2$ wieder die kleinsten Werte aus der Tabelle benutzt werden. Tabelle 8.5 und das zugehörige Bild 8.7 geben ein Beispiel für die Auswertung einer solchen Funktion.

Bei Bild 8.7 ist zu beachten, daß links und rechts zwei verschiedene Ordinatenteilungen angebracht sind, die linke Achse (y) gilt für die Kurve, die rechte $\frac{x_1 - x_2}{y_1 - y_2}$ für die Gerade, wie durch Pfeile angedeutet.

**Tabelle 8.5** für $y = \frac{x}{a \cdot x - b}$ mit a = 3 und b = 2

| x | y | $x_1-x_2$ | $y_1-y_2$ | $\frac{x_1-x_2}{y_1-y_2}$ |
|---|---|---|---|---|
| 1 | 1 | 0 | 0 | – |
| 2 | 0,5 | 1 | 0,5 | 2 |
| 3 | 0,43 | 2 | 0,57 | 3,5 |
| 4 | 0,4 | 3 | 0,6 | 5 |
| 5 | 0,38 | 4 | 0,62 | 6,45 |
| 6 | 0,375 | 5 | 0,625 | 8 |
| 7 | 0,37 | 6 | 0,63 | 9,52 |
| 8 | 0,36 | 7 | 0,64 | 10,9 |

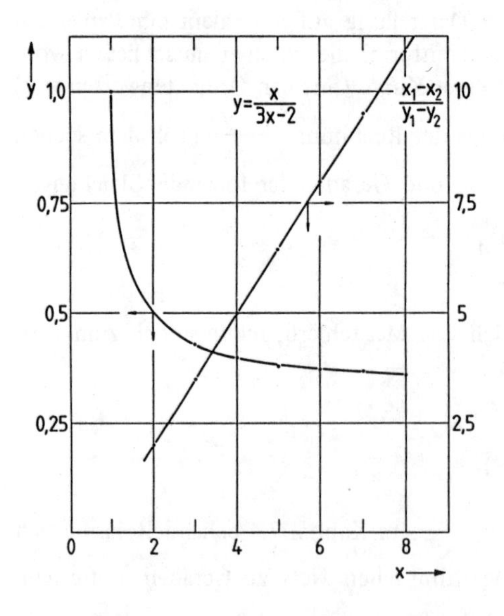


**Bild 8.7**
Eine Kurve vom Typ D nach Bild 5.10 $y = \frac{x}{3x-2}$ (Ordinate links) kann mit neuer Ordinateneinteilung $\left(\frac{x_1 - x_2}{y_1 - y_2}\right)$ (rechts) zur Geraden gestreckt werden (Tabelle 8.5)

## 8.3 Kurventyp F aus Bild 5.10 (S. 55)

Eine gewisse Ähnlichkeit mit der vorstehenden Funktion hat die folgende:

$$y = \frac{x}{a + b \cdot x} + c \tag{8.1}$$

Sie ergibt, in mm-Papier aufgetragen jedoch eine Kurve vom Typ F nach Bild 5.10. Aber auch in diesem Falle wird eine Streckung zur Geraden nur möglich, wenn wieder $\frac{x_1 - x_2}{y_1 - y_2}$ berechnet und gegen x aufgetragen wird. Die folgende Werte- und Rechentabelle 8.6 und das zugehörige Bild 8.8 verdeutlichen das. (Auf die dort ganz unten eingezeichnete Gerade wird noch zurückgekommen.) Ebenso wie vorher ist zu beachten, daß die Teilungen der linken und rechten Ordinatenachsen sich unterscheiden, um Kurve und Gerade in einem Bild vereinigen zu können.

Bei der Berechnung der Tabelle 8.6 wurden für $x_2$ und $y_2$ wieder die kleinsten Werte benutzt.

**Tabelle 8.6** für $y = \frac{x}{a + b \cdot x}$ mit a = 3, b = 2, c = 4

| x | y | $x_1 - x_2$ | $y_1 - y_2$ | Ordinaten $\frac{x_1 - x_2}{y_1 - y_2}$ |
|---|---|---|---|---|
| 0 | 4 | 0 | 0 | – |
| 5 | 4,38 | 5 | 0,38 | 13,16 |
| 10 | 4,43 | 10 | 0,43 | 23,26 |
| 20 | 4,47 | 20 | 0,47 | 42,5 |
| 30 | 4,48 | 30 | 0,48 | 62,5 |
| 40 | 4,485 | 40 | 0,38 | 83,3 |
| 50 | 4,49 | 50 | 0,49 | 102,0 |
| 60 | 4,49 | 60 | 0,49 | 122,4 |
| 70 | 4,49 | 70 | 0,49 | 142,9 |

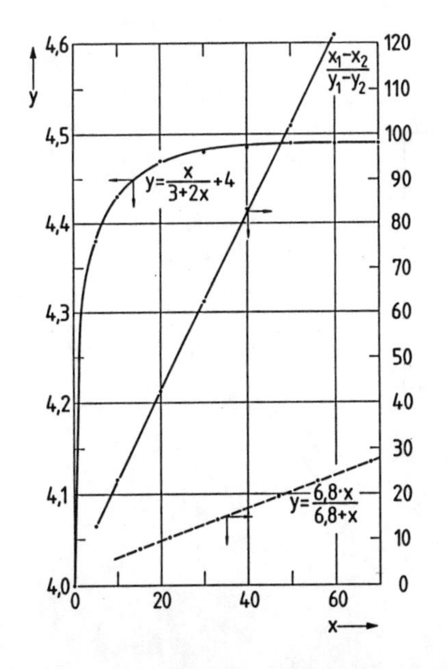


**Bild 8.8**
Ebenso wie in Bild 8.7 gelingt es, eine Kurve vom Typ F nach Bild 5.10 (Tabelle 8.6) über die neue Teilung der Ordinatenachse (rechts) in eine Gerade zu verwandeln. (Für die gestrichelte Gerade gilt Tabelle 8.7)

**Praxisbeispiel 11: Parallelschaltung von Widerständen (1)*)**

Die soeben durch Gleichung 8.1 beschriebene Funktion hat eine gewisse Ähnlichkeit mit einer in der Elektronik oft gebrauchten Formel, nach der der Gesamtwiderstand $R_g$ aus der Parallelschaltung zweier Einzelwiderstände $R_1$ und $R_2$ berechnet werden kann:

$$R_g = \frac{R_1 \cdot R_2}{R_1 + R_2} \tag{8.2}$$

Diese könnte in mathematischer Form wie folgt geschrieben werden, wenn z. B. $y = R_g$, $a = R_1$ und $x = R_2$ gesetzt wird:

$$y = \frac{a \circ x}{a + x} \tag{8.3}$$

So ist die Ähnlichkeit mit der vorher diskutierten Gleichung 8.1 deutlicher.

Auch Werte, die dieser Gleichung 8.3 gehorchen, werden durch Auftrag von $\frac{x_1 - x_2}{y_1 - y_2}$ auf der Ordinatenachse gegen x auf der Abszissenachse graphisch als Gerade darstellbar.

Für $a = R_1 = 6{,}8\ \Omega$ und Werte von x zwischen 10 Ω und 68 Ω ist die folgende Werte- und Rechentabelle 8.7 aufgestellt. Die zugehörige Gerade war in Bild 8.8 unten gestrichelt eingezeichnet. (Die Kurve dazu läßt sich bei der vorgegebenen linken Ordinateneinteilung nicht zeichnen, sie ist auch in diesem Zusammenhang uninteressant.)

Diese Funktion ist weiterhin aus der hier nicht abgebildeten Kurvenform zur Geraden streckbar, wenn beide Koordinateneinteilungen mit 1/x und 1/y statt normal x und y vorgenommen werden – ein weiterer Weg, aus einer Kurve der Gruppe F nach Bild 5.10 eine Gerade zu erhalten.

**Tabelle 8.7** für $y = \frac{a \cdot x}{a + x}$ mit a = 6,8

| x | y | $x_1 - x_2$ | $y_1 - y_2$ | Ordinaten $\frac{x_1 - x_2}{y_1 - y_2}$ |
|---|---|---|---|---|
| 10 | 4,05 | 0 | 0 | – |
| 15 | 4,68 | 5 | 0,63 | 7,9 |
| 22 | 5,19 | 12 | 1,14 | 10,5 |
| 33 | 5,64 | 23 | 1,59 | 14,5 |
| 47 | 5,94 | 37 | 1,89 | 19,6 |
| 56 | 6,05 | 46 | 2,00 | 23,0 |
| 68 | 6,18 | 58 | 2,13 | 27,2 |

*) (2) siehe Kapitel 9.1 (S. 111)

Für drei Widerstandswerte $a = R_1 = 2{,}2\ \Omega$, $4{,}7\ \Omega$ und $10\ \Omega$ und $x = R_2$ mit Werten zwischen $1{,}5\ \Omega$ und $10\ \Omega$ ist nachstehende Werte- und Rechentabelle 8.8 aufgestellt. Die drei zugehörigen Geraden sind in Bild 8.9 gezeichnet. Auf der Ordinatenachse sind die Werte für $1/y$ aufgetragen und auf der Abszissenachse die Werte für $1/x$.

Dieses Beispiel mit Bild 8.9 ist hier nur insofern gebracht worden, um zu zeigen, daß Kurven vom Typ F (nach Bild 5.10) je nach der zugrundeliegenden Funktion, die ja nach einer Messung zunächst unbekannt ist, nach drei verschiedenen Verfahren zu Geraden gestreckt werden können:

1. Durch Auftragen der Werte in ein doppelt logarithmisch geteiltes Netz (vgl. Bild 7.19, S. 99).
2. Durch Verwendung der Ordinatenteilung mit den Rechenwerten $\frac{x_1 - x_2}{y_1 - y_2}$ und Auftrag gegen x auf der Abszissenachse (vgl. Bild 8.8).
3. Durch Auftrag der Reziprokwerte $1/x$ gegen $1/y$ bei linearer Achsenteilung (vgl. Bild 8.9).

**Tabelle 8.8** für $y = \frac{a \cdot x}{a + x}$

| | | a = 2,2 | | a = 4,7 | | a = 10 | |
|---|---|---|---|---|---|---|---|
| x | 1/x | y | 1/y | y | 1/y | y | 1/y |
| 1,5 | 0,67 | 0,89 | 1,12 | 1,14 | 0,88 | 1,30 | 0,77 |
| 2,2 | 0,45 | 1,10 | 0,91 | 1,50 | 0,67 | 1,80 | 0,55 |
| 3,3 | 0,30 | 1,32 | 0,76 | 1,94 | 0,52 | 1,50 | 0,40 |
| 4,7 | 0,21 | 1,50 | 0,67 | 2,35 | 0,43 | 3,20 | 0,31 |
| 6,8 | 0,15 | 1,66 | 0,60 | 2,78 | 0,36 | 4,05 | 0,25 |
| 10,0 | 0,10 | 1,80 | 0,55 | 3,20 | 0,31 | 5,00 | 0,20 |

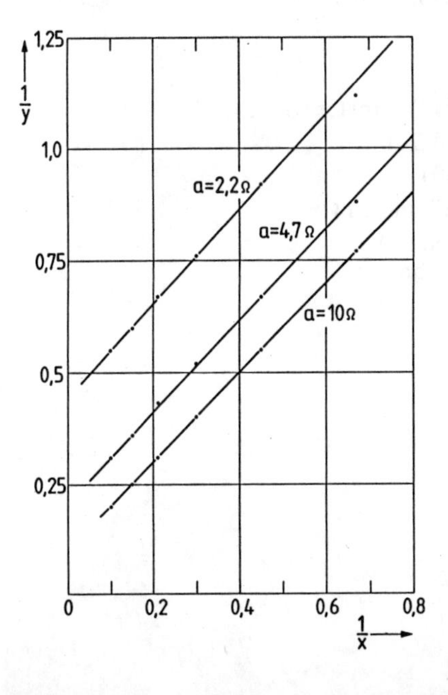


**Bild 8.9**

Auch eine Koordinateneinteilung mit Reziprokwerten von x und y kann Geraden im linearen Netz ergeben (Tabelle 8.8)

Für die Kurventypen B, D und F nach Bild 5.10 muß also von Fall zu Fall geprüft werden, welche der Möglichkeiten zur Streckung einer Kurve zu einer Geraden gegeben ist – voraussagen läßt sich das nicht.

Für den zuletzt geschilderten Fall der Paralellschaltung von Widerständen war die dritte Art (Auftrag der Reziprokwerte von x und y) zur Erzielung einer Geraden fast zu erahnen, wenn man nicht die oben genannte Gleichung 8.2 betrachtet, sondern die zweite, zur Berechnung von Parallelschaltungen ebenfalls übliche:

$$\boxed{\frac{1}{R_g} = \frac{1}{R_1} + \frac{1}{R_2} + \ldots} \tag{8.4}$$

In dieser muß sofort mit Reziprokwerten der Widerstände gerechnet werden, so daß schon damit ein Hinweis auf die zweckmäßige graphische Darstellung gegeben ist.

Obwohl es mit den beiden Gleichungen 8.2 und 8.4 in jedem Einzelfall einfach ist, aus zwei gegebenen Widerständen $R_1$ und $R_2$ (Gleichung 8.2) oder auch aus mehreren Widerständen (Gleichung 8.4) den durch Parallelschaltung erhaltenen Gesamtwiderstand $R_g$ zu berechnen, soll diesem „Problem“ doch noch mehr Raum im folgenden Kapitel 9 gegeben werden. Wir haben es hier – und nicht nur hier sondern sehr oft in der Elektronik – neben den zwei voneinander abhängigen Größen x und y auch noch mit einer dritten Variablen a zu tun. Auch diese ist in einer graphischen Darstellung unterzubringen.

Derartige Abhängigkeiten dreier Veränderlicher voneinander werden meist in Parameterdarstellungen gebracht. Ein Parameter ist eine unbestimmte Konstante, von der eine Funktion abhängt. Im letzten Beispiel war es $a = R_1$. In Bild 8.9 ist eine Kennlinienschar gezeichnet, die aus drei Geraden besteht. Der Wert, der von Gerade zu Gerade wechselt, und der hier jeweils angeschrieben ist, wird Parameter genannt.

Schon bei mehreren Bildern wurden – ohne besonderen Hinweis – Parameterdarstellungen gebracht. Siehe dazu die vorausgegangenen Bilder, für die die Parameter hier noch einmal aufgeführt werden:

| | |
|---|---|
| Bild 4.2 | mit der Stromdichte ($A/mm^2$) als Parameter (S. 30) |
| Bild 4.4, 4.5 | mit der Leistung (mW) (S. 35 und 36) |
| Bild 6.2 | mit Widerstandswerten (Ω) (S. 60) |
| Bild 7.1 und 7.2 | mit Faktoren für e oder 1/e (S. 67 und 71) |
| Bild 7.14 | mit Faktoren für 1/x oder $1/x^2$ (S. 87) |
| Bild 7.19 | mit Faktoren von $\sqrt{x}$ oder $\sqrt[3]{x}$ (S. 99) |

# 9 Parameterdarstellungen*)

In diesem Kapitel werden nicht nur Verfahren beschrieben, mit denen die Auswertung von Meßergebnissen ermöglicht wird, sondern es werden auch graphische Darstellungen herangezogen, mit denen Formelrechnungen erleichtert bzw. kontrolliert werden können.

Durch die in der Fachliteratur oft gezeichneten Ausgangs-Kennlinienfelder für Transistoren sind Parameter-Darstellungen für den Elektroniker ein fester Begriff. Bei diesen ist bekanntlich $I_C$ auf der Ordinatenachse, $U_{CE}$ auf der Abszissenachse aufgetragen und $I_B$ als Parameter der Einzelkurven angeschrieben. Diese sollen hier aber nicht diskutiert werden. (Vgl. dazu Kapitel 4.3)

**Praxisbeispiel 12: Parallelschaltung von Widerständen (2)**

Im Praxisbeispiel 11 (S. 108) (Kapitel 8.3) war die Parallelschaltung von Widerständen schon angesprochen, wobei die Streckung der Kurven zu Geraden durch den Auftrag der Reziprokwerte von x und y gelang. Diese Möglichkeit soll jetzt voll ausgeschöpft werden, mit anderen Worten, es soll ein richtiges „Arbeitsblatt" zum Thema: Parallelschaltung von Widerständen geschaffen werden.

In Bild 9.1 sind Kurven für Widerstände der E 6-Reihe im Bereich 1 Ω bis 10 Ω nach punktweiser Berechnung gezeichnet. Das Verfahren ist aber, wie schon früher gesagt, recht mühsam, eine Berechnung von Fall zu Fall ist viel einfacher. Sie erfolgt nach den schon vorher genannten Gleichungen:

$$R_g = \frac{R_1 \cdot R_2}{R_1 + R_2} \tag{8.2}$$

$$y = \frac{a \cdot x}{a + x} \tag{8.3}$$

$R_1$ = a ist hier als Parameter für die sieben gezeichneten Kurven benutzt. $R_2$ = x ist auf der Abszissenachse aufgetragen, und $R_g$ = y, das Ergebnis einer Ablesung, erscheint auf der Ordinatenachse. Die als Beispiel eingetragenen Schnittpunkte zwischen einer Kurve und den senkrechten Linien durch die Punkte $P_1$ und $P_2$ lassen zum Beispiel erkennen, daß aus der Parallelschaltung von $R_1$ = 4,7 Ω (Kurve) und $R_2$ = 2,2 Ω (senkrechte Linie) bzw. auch umgekehrt aus $R_1$ = 2,2 Ω (Kurve) und $R_2$ = 4,7 Ω (senkrechte Linie) ein Gesamtwiderstand $R_g$ von 1,5 Ω entsteht.

Dieses Bild 9.1 ist aber für den praktischen Gebrauch wenig nützlich, zumal immer nur ein kleiner Ausschnitt aus der Skala verfügbarer Widerstände dargestellt werden kann.

*) Literatur: [4] S. 20

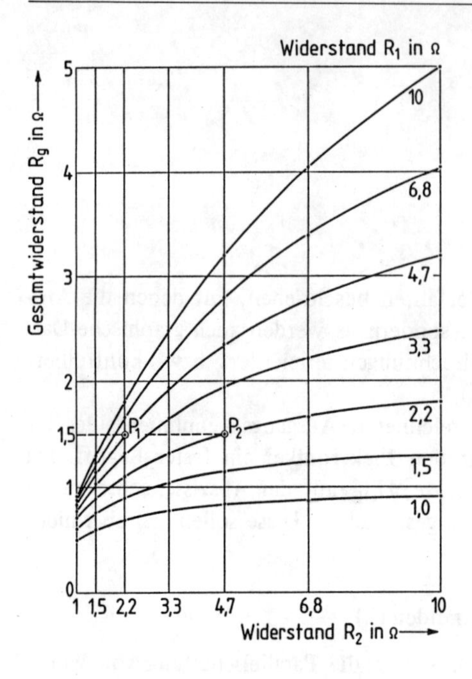


**Bild 9.1**
Parallelschaltung zweier Widerstände im Bereich 1 Ω bis 10 Ω, Gesamtwiderstand $R_g$ auf der Ordinatenachse ablesbar

Selbst wenn man, um aus den Kurven des Bildes 9.1 gerade Linien zu bilden, $1/x$ (= $1/R_2$) gegen $1/y$ (= $1/R_g$) aufträgt und a (= $R_1$) als Parameter wählt, ist noch nicht viel gewonnen.

Für denselben Abschnitt der E 6-Widerstandsreihe (teilweise ergänzt um die Werte 1,2 Ω und 1,8 Ω – gestrichelt nachgezeichnet) sind nur wenige Berechnungen erforderlich, wie das nachfolgende Schema zeigt, das in Bild 9.2 zum Ausdruck kommt.

**Tabelle 9.1**

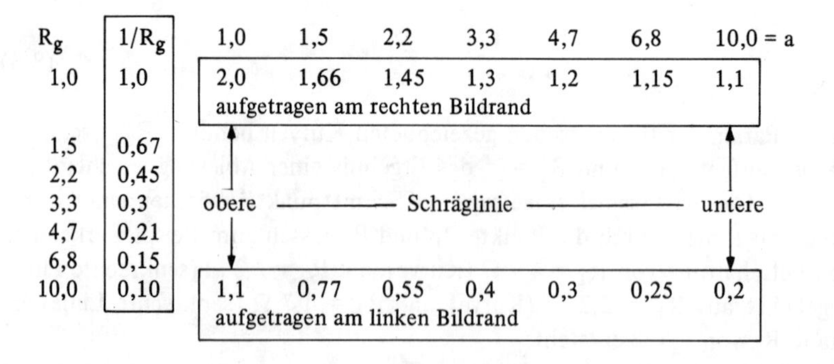

| $R_g$ | $1/R_g$ | 1,0 | 1,5 | 2,2 | 3,3 | 4,7 | 6,8 | 10,0 = a |
|---|---|---|---|---|---|---|---|---|
| 1,0 | 1,0 | 2,0 | 1,66 | 1,45 | 1,3 | 1,2 | 1,15 | 1,1 |
| | | aufgetragen am rechten Bildrand | | | | | | |
| 1,5 | 0,67 | | | | | | | |
| 2,2 | 0,45 | | | | | | | |
| 3,3 | 0,3 | obere | | | Schräglinie | | | untere |
| 4,7 | 0,21 | | | | | | | |
| 6,8 | 0,15 | | | | | | | |
| 10,0 | 0,10 | 1,1 | 0,77 | 0,55 | 0,4 | 0,3 | 0,25 | 0,2 |
| | | aufgetragen am linken Bildrand | | | | | | |

Ablesebeispiel:

Die Schräggerade für $R_1$ = 2,2 Ω trifft die senkrechte Gerade für $R_2$ = 1,8 Ω (gestrichelt) im Punkt P, für den am rechten Bildrand $R_g$ = 1,0 Ω abgelesen werden kann.

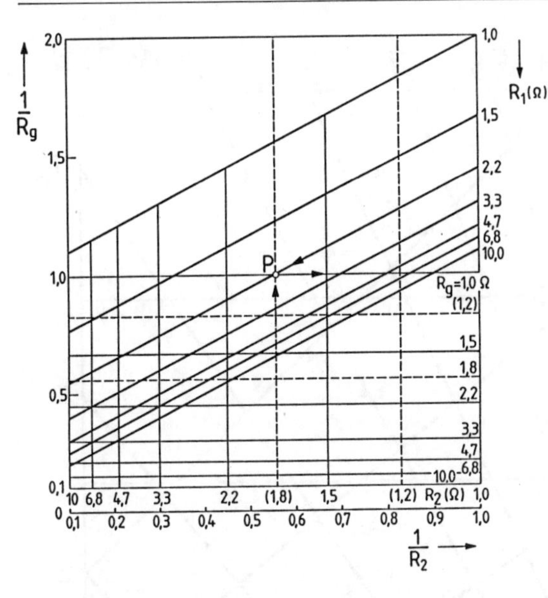


**Bild 9.2**
Durch Verwendung der Reziprokwerte von $R_g$ und $R_2$ für die Koordinateneinteilung entstehen gerade Linien (Tabelle 9.1)

Selbstverständlich kann man bei diesem Bild wie auch bei den folgenden zum gleichen Thema (Parallelschaltung von Widerständen, gekennzeichnet durch das Zeichen //) alle abgelesenen Werte mit den gleichen Faktoren multiplizieren, um den Wirkungsbereich der graphischen Darstellungen zu erweitern. Mit dem letzten Beispiel gilt also umfassend:

| | | | | | |
|---|---|---|---|---|---|
| | 2,2 Ω | // | 1,8 Ω | → 1,0 Ω | |
| · 10 → | 22 Ω | // | 18 Ω | → 10 Ω | |
| · 100 → | 220 Ω | // | 180 Ω | → 100 Ω | |
| · 1000 → | 2,2 kΩ | // | 1,8 kΩ | → 1 kΩ | usw. |

Rechnerisch und zeichnerisch einfacher ist eine Darstellung der Zusammenhänge durch Geraden, wie in Bild 9.3 gezeichnet, bei dem sowohl $R_1$ als auch $R_2$ als Parameter eingetragen sind, womit sich eine Beschriftung der Abszissenachse erübrigt.

Durch die für Normwiderstände eingezeichneten waagerechten Linien lassen sich bei dieser Darstellungsart schnell passende Parallelschaltungen ermitteln.

Ablesebeispiel 1:

Am Punkt $P_1$ kreuzen sich die fallende Gerade für 15 Ω und die steigende für 18 Ω in Höhe der waagerechten Linie für das gesuchte $R_g$ = 8,2 Ω.

Ablesebeispiel 2:

Ein $R_g$ von 2,2 Ω (waagerechte Linie) kann sowohl durch Parallelschalten von 2,7 Ω (fallende Gerade) mit 12 Ω (steigende Gerade) (Punkt $P_2$) als auch aus 3,3 Ω (fallende Gerade) und 6,8 Ω (steigende Gerade) erhalten werden. (Punkt $P_3$).

Als dicke Punkte sind all die Kreuzungen in Bild 9.3 eingezeichnet, wonach ein Widerstand der Normreihe durch zwei parallel geschaltete Widerstände (sich kreuzende Geraden, rechts und oben beschriftet) mit einiger Genauigkeit erzeugt werden kann. Man sieht, daß mindestens je ein Punkt auf jeder horizontalen Linie erscheint, ausgenommen

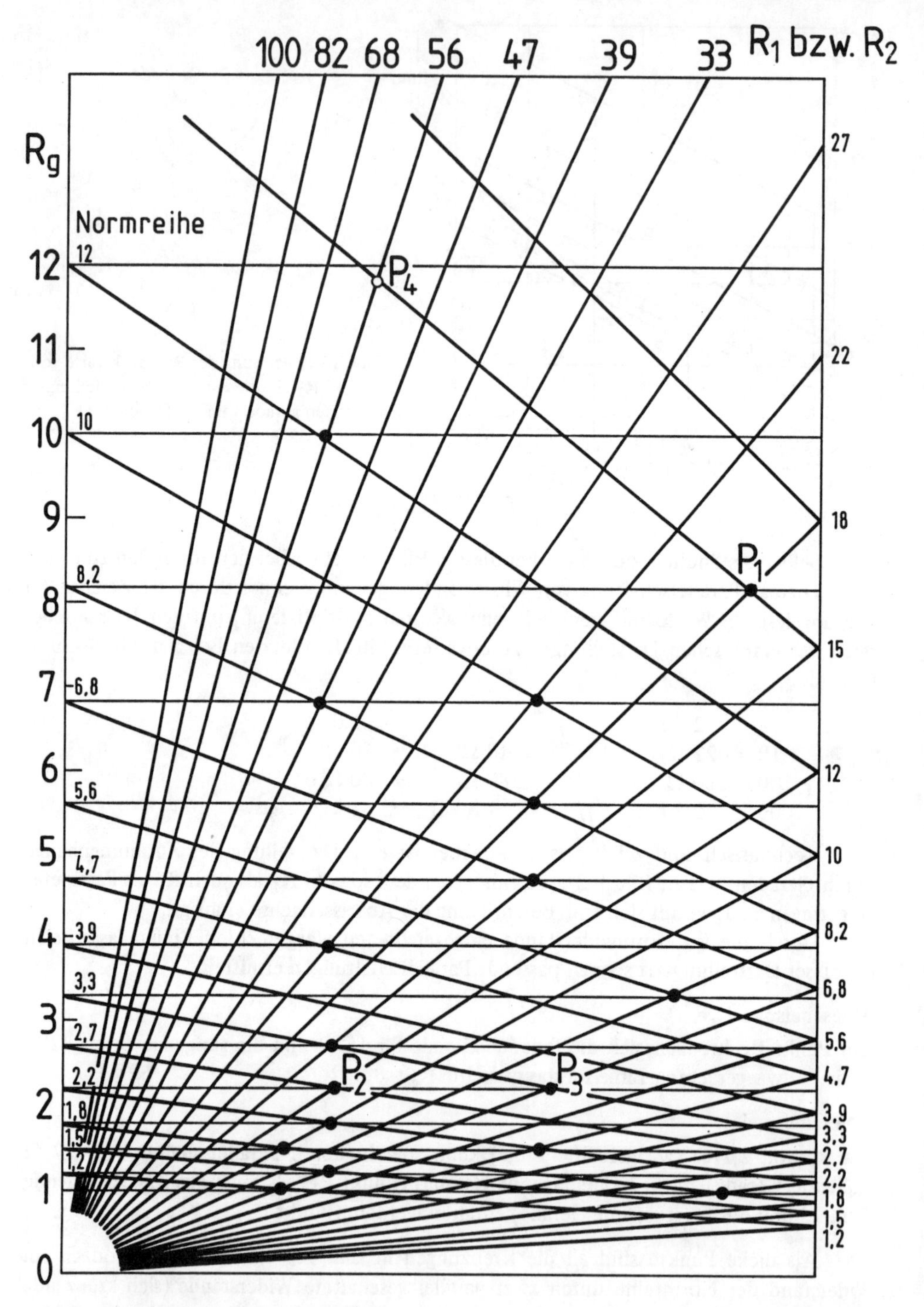


**Bild 9.3** Verbessertes Diagramm zur Ermittlung der Werte von $R_1$, $R_2$ oder $R_g$ bei Parallelschaltung zweier Widerstände $R_1$ und $R_2$

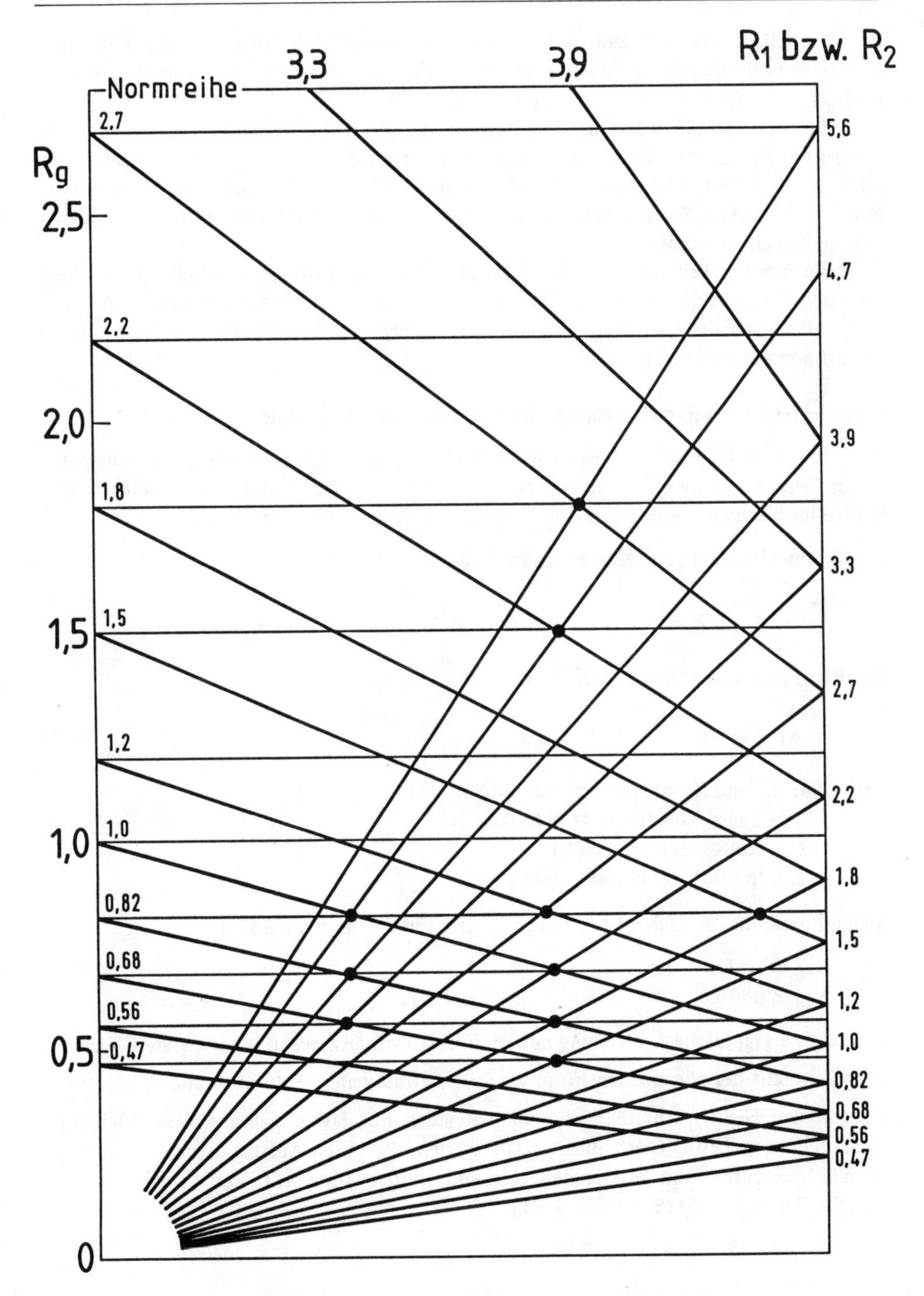


**Bild 9.4** Ausschnittsvergrößerung aus Bild 9.3 zur Verbesserung der Ablesbarkeit

für $R_g = 12\ \Omega$. Selbstverständlich kann man bei zulässig größeren Toleranzen auch dicht über oder unter den Horizontalen liegende Kreuzungspunkte verwenden, in diesem Falle für $R_g = 12\ \Omega$ der Punkt $P_4$. ($15 // 56\ \Omega \rightarrow 11{,}83\ \Omega$).

Bei diesem Bild 9.3 wurde die Teilung der rechten Ordinatenachse mit den verdoppelten Werten der linken Ordinatenachse vorgenommen, um den Kombinationsbereich zu vergrößern. Die meisten Geraden sind als einfache Verbindungen zwischen zwei Punkten der beiden Ordinatenachsen zu zeichnen – nur wenige, zusätzliche Koordinaten müssen berechnet werden.

Im unteren Teil des Bildes 9.3 wird die Ablesung schwierig. In solchen Fällen hilft man sich durch Vergrößerung des Maßstabes, wie durch Bild 9.4 demonstriert wird. Auch hier sind wieder die Kreuzungspunkte zweier schrägliegender Geraden mit den Horizontalen durch dicke Punke markiert.

**Praxisbeispiel 13: Blindwiderstände von Kondensatoren und Spulen**

Ein recht lehrreiches Beispiel für Parameterdarstellungen kann durch die folgenden Bilder beschrieben werden, mit denen der Blindwiderstand von Kondensatoren und Spulen im Wechselstromkreis in Abhängigkeit von der Frequenz erfaßt wird.

Der Blindwiderstand eines Kondensators*) ist

$$\boxed{X_C = \frac{1}{\omega \cdot C}} \tag{9.1}$$

Der Blindwiderstand einer Spule**) ist

$$\boxed{X_L = \omega \cdot L} \tag{9.2}$$

Darin sind $X_C$ und $X_L$ die Reaktanzen in Ohm ($\Omega$)
$\omega = 2\pi f$ = Kreisfrequenz in Hertz (Hz)
C = Kapazität in Farad (F)
L = Induktivität in Henry (H)

Man erkennt, daß in beiden Gleichungen je drei Variable enthalten sind:

$X_C$, $\omega$ und C bzw.
$X_L$, $\omega$ und L

so daß eine graphische Darstellung mit Parametern vorauszusehen ist. Die erste Gleichung (9.1) gehorcht der allgemeinen Form $y = \frac{1}{a \cdot x}$, worin man sowohl $\omega$ als auch C als a oder als x in den Nenner schreiben könnte. Auf jeden Fall lassen sich aus dieser Gleichung Hyperbeln vom Typ D (nach Bild 5.10) zeichnen, die durch Auftrag in ein doppelt logarithmisch geteiltes Netz zu Geraden gestreckt werden können. (Siehe dazu Kapitel 7.4 mit Bild 7.4 und 7.15) (S. 87 und S. 91)

---

*) Literatur: [16] S. 73; [17] S. 207; [19] S. 90
**) Literatur: [8] S. 100; [9] S. 74; [16] S. 68; [19] S. 104

Die zweite Gleichung 9.2 lautet allgemein $y = b \cdot x$, sie ergibt also schon in linearer Darstellung Geraden mit den Parameterwerten b. Dabei ist wieder zu wählen, ob $\omega$ oder L als b eingesetzt werden.

Beginnen wir mit der ersten Gleichung 9.1, in der sofort $\omega = 2\pi f$ eingesetzt wird:

$$X_C = \frac{1}{2\pi f \cdot C} = \frac{0{,}159}{f \cdot C} \tag{9.3}$$

Wenn man zunächst f als Parameter wählt, erhält man bei doppelt logarithmischer Darstellung Geraden nach Bild 9.5.

Die zweite Gleichung 9.2 – verallgemeinert $y = b \cdot x$ – ergäbe auf Diagrammpapier mit linearer Einteilung beider Achsen in ihrer graphischen Darstellung gerade Linien. Bedenkt man aber den Umfang der in Frage kommenden Frequenzen und Induktivitäten, die beide über mehrere Zehnerpotenzen reichen, dann lohnt sich auch hier das Auftragen in ein doppelt logarithmisch geteiltes Netz, wobei die Geraden ja Geraden bleiben! Die zweite Gleichung 9.2 wird dann – wieder mit $\omega = 2\pi f$ – zu:

$$X_L = 2\pi f \cdot L = 6{,}283 \cdot f \cdot L \tag{9.4}$$

Die graphische Darstellung – ebenfalls mit f als Parameter – ist durch Bild 9.6 gegeben.

Beide soeben betrachteten Gleichungen (9.3 und 9.4) enthalten die Frequenz f – einmal steht sie im Nenner, einmal im Zähler. So lassen sich die Bilder 9.5 und 9.6 auch noch vereinigen, wobei jetzt die Abszissenachse für die Frequenz f gewählt wird (Bild 9.7). Das ist die als „HF-Tapete" bekannte Darstellungsform. An die fallenden Geraden ist die Kapazität als Parameter angeschrieben und an die steigenden Geraden die Induktivität.

Dieses Bild bietet den Vorteil, daß man die Größenordnung der Resonanzfrequenz eines Parallel- oder Reihenschwingkreises ablesen kann, wenn C oder L bekannt sind. Man kann auch bei vorgegebener Resonanzfrequenz C oder L ermitteln, wenn dazu L oder C gegeben sind. Später gebrachte Ablesebeispiele werden das verdeutlichen.

Der Resonanzfall eines Schwingkreises liegt vor, wenn $X_C = X_L$ ist, daß heißt an den Kreuzungspunkten der beiden Geradenscharen in Bild 9.7 oder auch an gedachten Zwischenwerten. Dazu ein Hinweis: Unterteilt man die gezeichneten Kästchen des Diagramms in vier gleiche Teile, dann gelten für die Streckenabschnitte folgende Faktoren, um die der unten oder links angeschriebene Koordinatenwert zu erhöhen ist. Zum Beispiel für die Dekade

| | | | | | |
|---|---|---|---|---|---|
| 1–10 | 1 | 1,8 | 3,2 | 5,6 | 10 |
| oder 100–1000 | 100 | 180 | 320 | 560 | 1000 |

$X_C = X_L$ bedeutet, daß man die Gleichungen 9.3 und 9.4 gleichsetzen kann:

$$\frac{1}{2\pi f \cdot C} = 2\pi f \cdot L$$

f wird somit zur Resonanzfrequenz, die meist $f_0$ genannt wird. Dann kann man umstellen zu

$$f_0 = \frac{1}{2\,\pi\sqrt{L \cdot C}} = \frac{0{,}159}{\sqrt{L \cdot C}} \tag{9.5}$$

Sind f und C gegeben und wird L gesucht, dann gilt

$$L = \frac{1}{(2\,\pi)^2 \cdot f_0^2 \cdot C} = \frac{0{,}02533}{f_0^2 \cdot C} \tag{9.6}$$

Ist C gesucht bei vorgegebenen Werten für $f_0$ und L, dann gilt:

$$C = \frac{1}{(2\,\pi)^2 \cdot f_0^2 \cdot L} = \frac{0{,}02533}{f_0^2 \cdot L} \tag{9.7}$$

Erfahrungsgemäß kommen bei Berechnungen nach den Gleichungen 9.5 bis 9.7 leicht Fehler vor, weil der Umgang mit Wurzeln oder Zahlen mit negativen Exponenten, wie sie jetzt in den Ablesebeispielen erscheinen werden, nicht ganz alltäglich ist. Die folgenden Beispiele im Vergleich mit den zugehörigen Berechnungen werden das deutlich machen.

Ablesebeispiel 1 (Punkt $P_1$ in Bild 9.7).
Die Resonanzfrequenz eines Schwingkreises aus L = 10 mH und C = 100 pF ist etwas kleiner als 180 kHz.

Berechnung nach Gleichung 9.5: Gegeben

$$L = 10\ \text{mH} = 10 \cdot 10^{-3}\ \text{H}$$

$$C = 100\ \text{pF} = 100 \cdot 10^{-12}\ \text{F}$$

gesucht:

$$f_0 = \frac{0{,}159}{\sqrt{10 \cdot 10^{-3} \cdot 100 \cdot 10^{-12}}} = \frac{0{,}159}{\sqrt{10^{-12}}}$$

$$f_0 = 0{,}159 \cdot 10^6\ \text{Hz} = 159\ \text{kHz}$$

Ablesebeispiel 2 (Punkt $P_2$):
Für die Resonanzfrequenz von ca. 5,6 kHz kann die Kombination aus C = 1 µF und L = 1 mH eingesetzt werden.

Berechnung nach Gleichung 9.6: Gegeben

$$f_0 = \text{ca. } 5{,}6\ \text{kHz} = \text{ca. } 5 \circ 10^3\ \text{Hz}$$
$$C = 1\ \mu\text{F} = 10^{-6}\ \text{F}$$

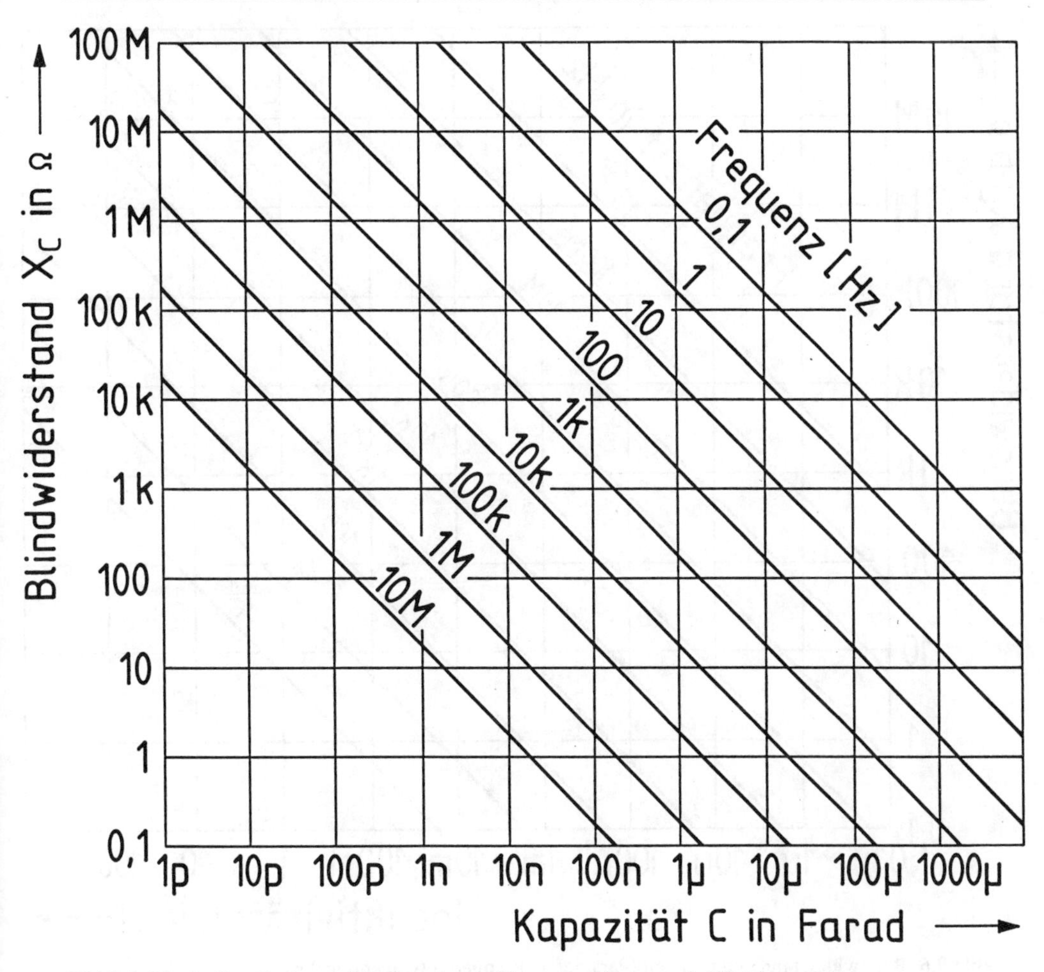


**Bild 9.5** Blindwiderstände von Kondensatoren (Parameter: Frequenz) (Gleichung 9.3)

gesucht:

$$L = \frac{0{,}02533}{5^2 \cdot 10^6 \cdot 10^{-6}} = \frac{0{,}02533}{25} = 0{,}001 \text{ H}$$

$$L = 1 \text{ mH}$$

Ablesebeispiel 3 (Punkt $P_3$):

Die gleiche Resonanzfrequenz von ca. 5,6 kHz ergibt sich bei der Kombination aus $L = 10$ mH und $C = 0{,}1\ \mu$F.

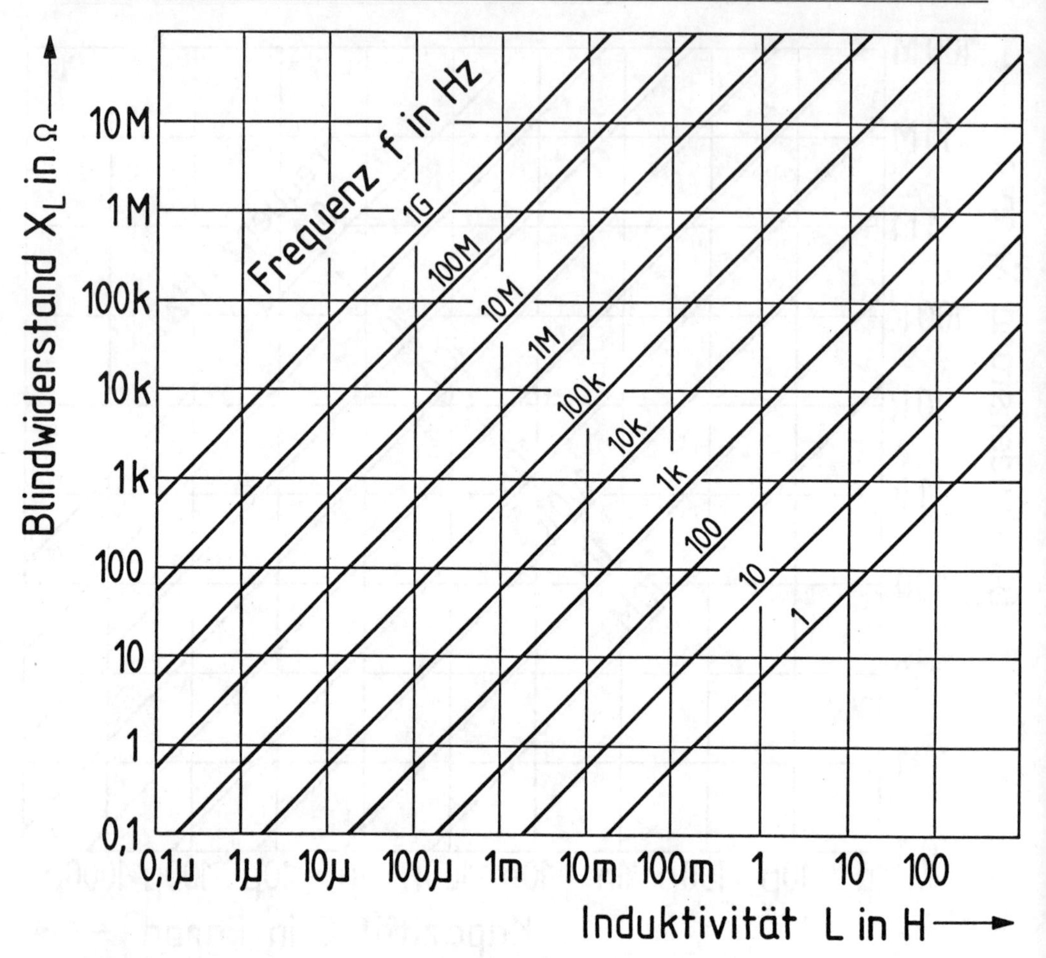


**Bild 9.6** Blindwiderstände von Spulen (Parameter: Frequenz) (Gleichung 9.4)

Berechnung nach Gleichung 9.7: Gegeben

$f_0$ = ca. 5,6 kHz = ca. $5 \cdot 10^3$ Hz
L = 10 mH = $10 \cdot 10^{-3}$ H

gesucht:

$$C = \frac{0{,}02533}{25 \cdot 10^6 \cdot 10 \cdot 10^{-3}} = 0{,}001 \cdot 10^{-4}$$

$$C = 0{,}1 \cdot 10^{-6} = 0{,}1\ \mu F$$

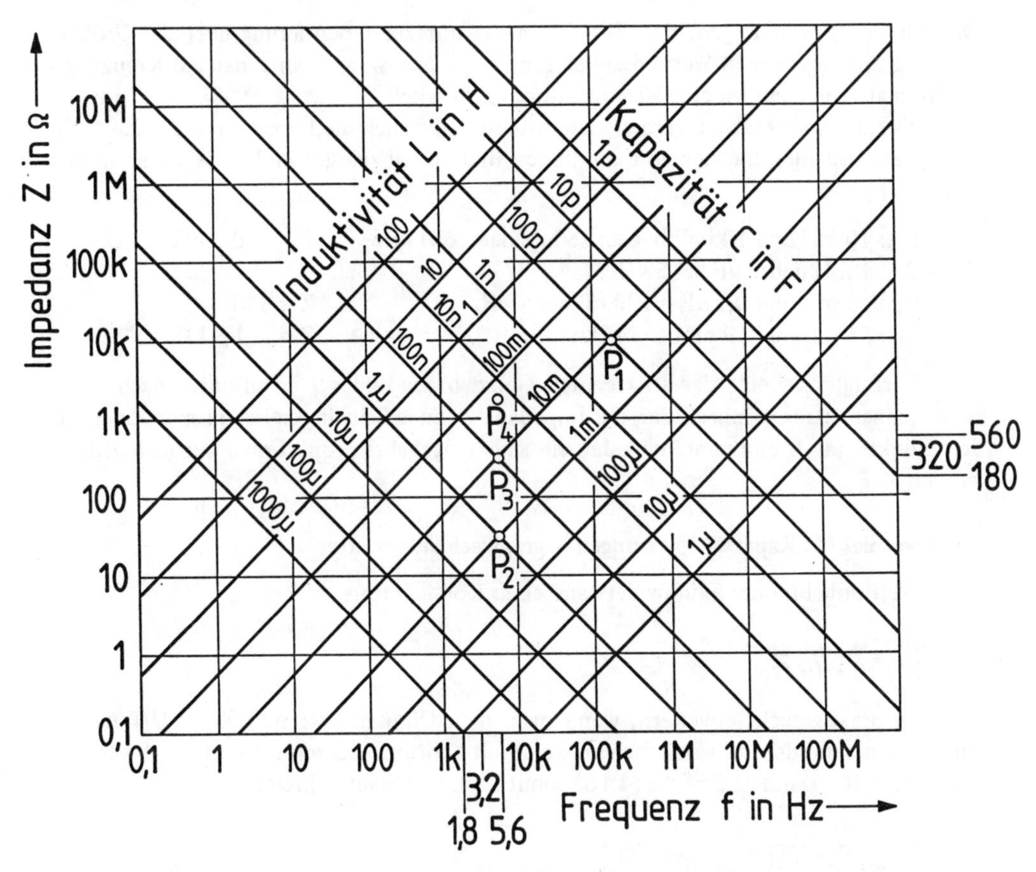


**Bild 9.7** Zusammenhänge zwischen Kapazitäten, Induktivitäten, Impedenzen und Frequenzen (auch Resonanzfrequenzen)

Ablesebeispiel 4 (Punkt $P_4$):

Durch den Punkt $P_4$ sind Zwischenwerte gekennzeichnet, die etwa wie folgt zu sehen sind:

$f_0$ ca. 5,6 kHz
L ca. 56 mH
C ca. 18 nF

Berechnet man $f_0$ mit gegebenen Werten für C und L, dann folgt nach Gleichung 9.5:

$$f_0 = \frac{0{,}159}{\sqrt{56 \cdot 10^{-3} \cdot 18 \cdot 10^{-9}}} = \frac{0{,}159}{\sqrt{10^{-9}}} = \frac{0{,}159}{\sqrt{10^{-1} \cdot 10^{-8}}} = \frac{0{,}159 \cdot 10^4}{\sqrt{0{,}1}}$$

$$f_0 = \frac{0{,}159 \cdot 10^4}{0{,}316} = 0{,}503 \cdot 10^4 \text{ Hz}$$

$$f_0 = 5 \text{ kHz}$$

Die Ablesebeispiele zeigen, daß Bild 9.7 meist nur zur Orientierung über die Größenordnung der abgelesenen Werte dienlich sein kann. Nur wenn man genau auf Kreuzungspunkten ablesen kann, ist eine Nachrechnung entbehrlich.

Es kann noch ergänzt werden, daß in diesem Bild auch die Impedanzen $Z = X_C = X_L$ für die ausgesuchten Bauelemente am linken Bildrand abzulesen sind. Dies waren in den Ablesebeispielen

| | |
|---|---|
| $P_1$.: 10 mH und 100 pF bei ca. 180 (genau 160) kHz | Z = 10 kΩ |
| $P_2$.: 1 mH und 1 μF bei 5 kHz: | Z = 32 Ω |
| $P_3$.: 10 mH und 0,1 μF = 100 nF bei 5 kHz: | Z = 320 Ω |
| $P_4$.: 56 mH und 19 nF bei 5 kHz: | Z = 1,8 kΩ |

Verfolgt man eine der senkrechten Geraden des Bildes 9.7 von unten nach oben, so wird man daran erinnert, daß die Impedanz Z eines Schwingkreises proportional mit der Induktivität L zunimmt, und daß sie sich umgekehrt proportional zur Kapazität C verhält.

**Praxisbeispiel 14: Kapazitätsmessungen – graphisch ausgewertet**

Die Formel für den Blindwiderstand eines Kondensators

$$X_C = \frac{1}{2\pi f \cdot C} \tag{9.3}$$

läßt sich praxisgerecht erweitern, wenn nach dem Ohmschen Gesetz $X_C = U/I$ gesetzt wird. Sie ist außerdem zu vereinfachen, wenn mit der Netzwechselspannung mit f = 50 Hz gearbeitet wird. Dann ist $2\pi f = 314{,}16$. Somit kann man dann schreiben

$$C = \frac{I}{314{,}16 \cdot U}$$

C ist in Farad, I in Ampère und U in Volt einzusetzen. Handelt es sich aber um übliche Kondensatoren im nF- oder μF-Bereich, dann werden bei Spannungen zwischen 0 und 220 V nur Ströme im mA-Bereich auftreten, so daß die Gleichung nochmals umgeschrieben werden soll:

$$C_{(\mu f)} = \frac{I_{(mA)} \cdot 1000}{314{,}16 \cdot U_{(V)}} \qquad \boxed{C_{(\mu F)} = \frac{3{,}18 \cdot I_{(mA)}}{U_{(V)}}} \tag{9.8}$$

So lassen sich mit einem Regeltransformator, dessen jeweils eingestellte Spannung gemessen wird, und einem Milliamperemeter, das den Kondensatorstrom erfaßt, unter Verwendung des Bildes 9.8 schnell und bequem die Werte von Kondensatoren – hier im Bereich 1,5 nF bis 10 μF – bestimmen. Bei diesen Messungen ist natürlich die höchstzulässige Spannung der untersuchten Kondensatoren zu beachten.

Die Punkte, durch die die Geraden zu legen sind, lassen sich sehr einfach berechnen, indem man die Gleichung 9.8 so umstellt, daß für einige runde Kondensatorwerte und für feste Spannungen die fließenden Ströme als unbekannt betrachtet werden, also

$$I_{(mA)} = \frac{U_{(V)} \cdot C_{(\mu F)}}{3{,}18}$$

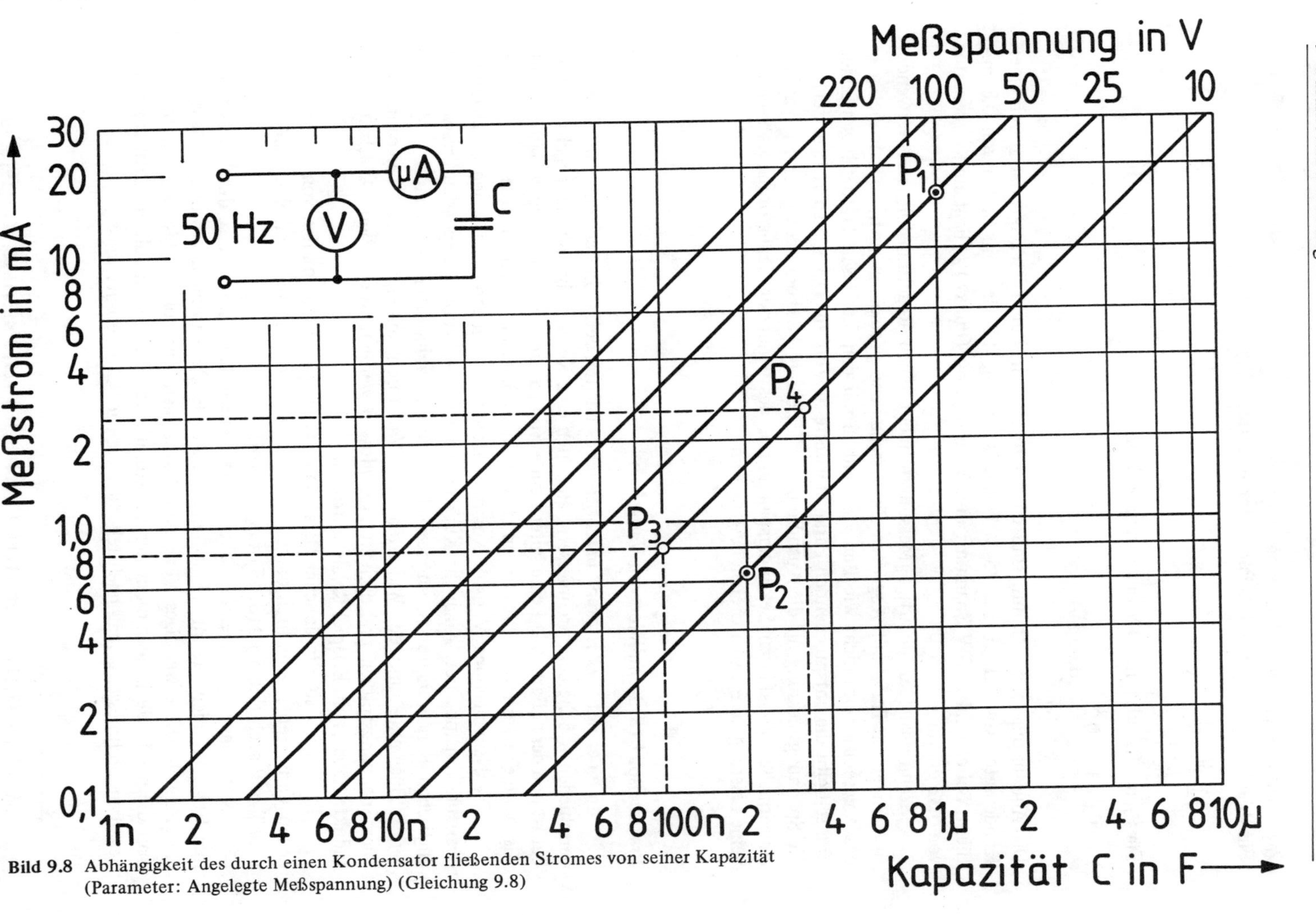


**Bild 9.8** Abhängigkeit des durch einen Kondensator fließenden Stromes von seiner Kapazität (Parameter: Angelegte Meßspannung) (Gleichung 9.8)

Zwei Beispiele sind in Bild 9.8 eingetragen.
Für $P_1$ mit 1 $\mu$F und 50 V (als Parameter aufgetragen) gilt:

$$I = \frac{50 \cdot 1}{3,18} = 15,7 \text{ mA}$$

Für $P_2$ mit 0,2 $\mu$F und 10 V (als Parameter) gilt:

$$I = \frac{10 \cdot 0,2}{3,18} = 0,63 \text{ mA}$$

Die Ablesungen im Diagramm sind dann sehr einfach: Punkt $P_3$ zeigt, daß durch einen Kondensator von 0,1 $\mu$F bei 25 V Wechselspannung (50 Hz!) ein Strom von 0,8 mA fließt. Bei ebenfalls 25 V Spannung und 2,6 mA Strom (Punkt $P_4$) liegt ein Kondensator von 0,33 $\mu$F vor.

Wenn man für derartige Messungen nicht einen Regeltransformator verwendet sondern einen Trafo mit Abgriffen für verschiedene Festspannungen, so zeichnet man das Ablesediagramm nicht wie Bild 9.8 sondern mit den für diesen Trafo gültigen Linien und schreibt die entsprechenden Parameterwerte in Volt an. Dabei erspart man zugleich die Spannungsmessung für die Ausfüllung der Gleichung 9.8, vorausgesetzt, man kann mit einigermaßen konstanten Sekundärspannungen des benutzten Transformators rechnen. Seine Leistung muß also ausreichend groß sein.

**Praxisbeispiel 15: Kennlinien von Varistoren**

In einer mit „Varistoren" beschrifteten Schachtel befinden sich fünf Varistoren mit verschiedenen Scheibendurchmessern, an denen eine Kennzeichnung nicht mehr erkennbar ist und deren Farbcode keine zureichende Aussage über ihre technischen Daten macht. Also wird es erforderlich, Messungen zu ihrer Identifizierung durchzuführen.

Die Namengebung Varistor kommt bekanntlich von ihrer englischen Bezeichnung "variable resistor" her. Auch ihr Kurzzeichen VDR = "voltage dependent resistor" ist englischen Sprachursprungs, zu deutsch: Spannungsabhängiger Widerstand.*) Mit steigender Spannung sinkt der Widerstand von Varistoren rapide, so daß Überspannungen oder Spannungsspitzen praktisch kurzgeschlossen werden, wie sie beim Abschalten von Induktivitäten, zum Beispiel Relais, auftreten.

In Bild 9.9 sind in üblicher Darstellungsweise die I/U-Kennlinien von drei verschiedenen Varistoren schematisch dargestellt. Im 1. Quadranten sind parabelähnliche Kurven vom Typ E nach Bild 5.10 (S. 55) zu erkennen.

Nun könnte man die zur Diskussion stehenden fünf Varistoren so durchmessen, daß ihre I/U-Kennlinien wie im 1. Quadranten des Bildes 9.9 zu zeichnen wären – das ist aber ein ziemlich zeitaufwendiges Verfahren. Bevor man eine solche Messung beginnt, muß man die maximale Belastbarkeit der Varistoren bedenken, die im allgemeinen aus ihrem Scheibendurchmesser gemäß nachstehender Tabelle 9.2 zu ermitteln ist.

---

*) Literatur: [1] S. 47; [11] S. 236; [12] S. 82; [14] S. 160; [15] S. 48; [16] S. 108; [19] S. 199

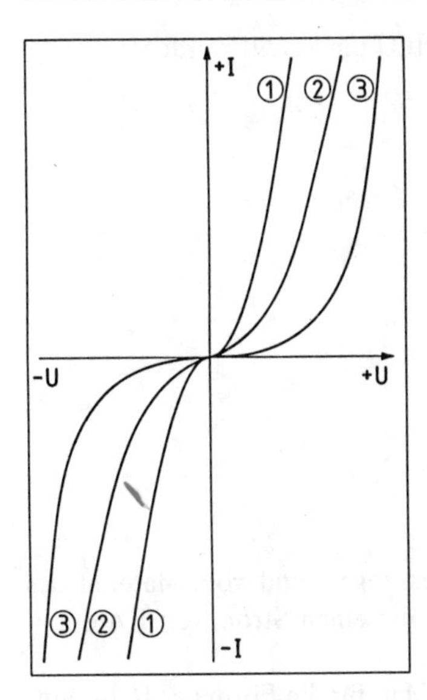


**Bild 9.9** I/U-Kennlinie von Varistoren, schematisch

**Bild 9.10** I/U-Kennlinie eines durchgemessenen Varistors (Nr. 1 – Tabelle 9.4)

**Tabelle 9.2**

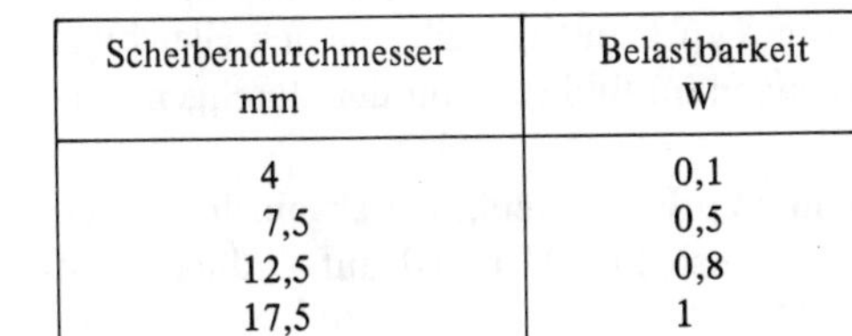

| Scheibendurchmesser mm | Belastbarkeit W |
|---|---|
| 4 | 0,1 |
| 7,5 | 0,5 |
| 12,5 | 0,8 |
| 17,5 | 1 |
| 25 | 2 |
| 40 | 3 |
| 60 | 5 |

**Tabelle 9.3**

| Spannung V | Strom mA |
|---|---|
| 3 | 10,1 |
| 4 | 17,0 |
| 5 | 26,5 |
| 6 | 38,1 |
| 7 | 52,9 |
| 8 | 68,5 |
| 9 | 87,0 |
| 10 | 109,1 |
| 11 | 130,0 |
| 12 | 154,8 |
| 13 | 185,0 |
| 14 | 214,5 |

Von einem der Varistoren (später mit Nr. 1 bezeichnet) wurde die I/U-Kennlinie, begrenzt auf den ersten Quadranten, aufgenommen, wobei die Werte der Tabelle 9.3 erhalten und in Bild 9.10 ausgewertet wurden.

Die recht mühsame Arbeit derartiger Messungen kann man sich ersparen, wenn man berücksichtigt, daß der durch einen Varistor fließende Strom exponentiell mit der Spannung wächst und zwar nach folgender Gleichung:

$$I = \left(\frac{1}{K} \cdot U\right)^{\frac{1}{m}} \tag{9.9}$$

Diese Gleichung kann auf logarithmischem Weg leicht nach U umgestellt werden:

$$\lg I \;= \frac{1}{m} (\lg \frac{1}{K} \cdot U)$$

$$\lg I^m = \lg (\frac{1}{K} \cdot U)$$

$$I^m = \frac{1}{K} \cdot U$$

$$\boxed{U = K \cdot I^m} \qquad (9.10)$$

In diesen Gleichungen bedeuten:

I = fließender Strom in A
K = Konstante, die von den geometrischen Abmessungen und vom Material des VDR abhängig ist. K entspricht der Spannung, die einen Strom von 1 A durch den Varistor treiben würde.
m = Regelfaktor – eine Werkstoffkonstante, die ein Maß für die Form der I/U-Kennlinie ist. Sie nimmt in Gleichung 9.9 und 9.10 im allgemeinen Werte zwischen 0,2 und 0,6 an.

Mit Rückblick auf die Parabeln E und F in Bild 5.10 (S. 55), die dort spiegelbildlich zur 45° Linie verlaufen, soll daran erinnert werden, daß die für beide Kurven gültige Funktion $y = n \cdot x^m$ lautet und damit auch die obenstehende Gleichung 9.10 erfaßt.

Im Kapitel 7.5 (S. 95) waren Kurven vom Typ E mit der allgemeinen Gleichung $y = n \cdot x^m$ und $m > 1$ behanelt – wiederzuerkennen im Bild 9.10 für den durchgemessenen VDR.

In Kapitel 7.6 (S. 98) waren Kurven vom Typ F mit derselben allgemeinen Gleichung aber $m < 1$ abgehandelt. Je nachdem, wie also hier U und I auf Ordinate und Abszisse verteilt werden, kann das dem Exponenten m in der allgemeinen Funktion entsprechende m in Gleichung 9.10 größer oder kleiner als 1 sein.

Nachdem aufgrund der Gleichung 9.10 ersichtlich ist, daß ein Eintrag der Meßwerte in ein doppelt logarithmisches Koordinatensystem zu einer Geraden führt, können die fünf Varistoren mit wenigen Messungen charakterisiert werden.

Eine zwischen 2 und 40 V regelbare Gleichspannung wird so eingestellt, daß jeweils 10, 25 und 50 mA durch den VDR fließen. Der Stromzufluß ist dabei wie bei einem normalen Widerstand unabhängig von der Polung.

Aus diesen Messungen entstand die nachfolgende Tabelle 9.4, in der in den horizontalen Zeilen die abgelesenen, gerundeten Spannungswerte enthalten sind. Bei der Numerierung der Varistoren ist schon eine Sortierung nach steigenden Spannungen vorgenommen.
Diese Werte lassen sich auf ein doppelt logarithmisch geteiltes Netz übertragen, und jeweils drei in einer Zeile zusammenstehende müssen sich durch eine Gerade verbinden lassen, wenn Gleichung 9.10 gültig ist.

**Tabelle 9.4**

| VDR Nr. | Scheiben ∅ mm | Belastbarkeit W | Stromdurchgang in mA 10 | 25 | 50 |
|---|---|---|---|---|---|
| 1 | 25 | 2 | 3,1 | 4,8 | 6,8 |
| 2 | 25 | 2 | 9,3 | 13,0 | 16,0 |
| 3 | 25 | 2 | 13,5 | 18,0 | 23,0 |
| 4 | 40 | 3 | 20,1 | 25,0 | 28,0 |
| 5 | 40 | 3 | 26,0 | 32,5 | 37,5 |

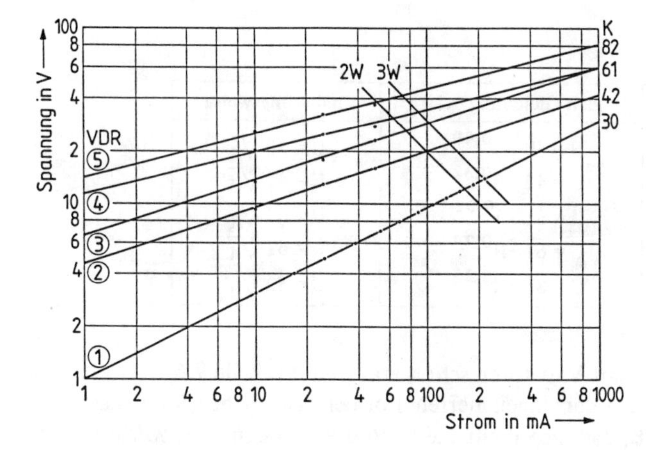


**Bild 9.11**
U/I-Kennlinie von 5 Varistoren – Geraden im doppelt lograithmischen Netz (Parameter: Materialkonstante K) (Tabelle 9.4)

So entstand Bild 9.11. Bei der Geraden für VDR 1 sind auch die Meßpunkte aus Tabelle 9.3 eingezeichnet, obwohl ein Auftragen von nur je 3 Werten aus Tabelle 9.4 genügt hätte. Die ebenfalls eingezeichneten Begrenzungslinien für 2 W und 3 W Belastbarkeit wurden nur bei VDR 1 geringfügig überschritten, was bei kurzen Meßzeiten zulässig ist. (Man beachte, daß bei diesem Bild und beim folgenden Bild 9.12 die x- und y-Achsen gegenüber dem vorhergehenden Bild 9.10 vertauscht sind, begründet durch die Verfügbarkeit geeigneter Logarithmenpapiere).

Die Konstante K (= Spannung, bei der ein Strom von 1 A fließen würde) ist der Parameter und am rechten Bildrand abzulesen (über x = I = 1000 mA), auch wenn dort keine Messungen mehr durchgeführt wurden oder werden durften. Zur Vereinfachung der Berechnung der Richtungsfaktoren wird beim Ausfüllen der Gleichung 1.2:

$$m = \frac{y_1 - y_2}{x_1 - x_2}$$

für $x_1$ im Nenner der größte Abszissenwert und für $x_2$ der kleinste Abszissenwert eingesetzt. Also

$$x_1 - x_2 = \lg 1000 - \lg 1 = 3 - 0 = 3.$$

Der Nenner ist damit konstant = 3. Für den Zähler gelten die y-Werte der Tabelle 9.5, die am rechten bzw. linken Bildrand (in V) abgelesen werden.

**Tabelle 9.5**

| VDR | Ablesung (V) | | lg-Werte | lg (3 · m) | m | 1/m |
|---|---|---|---|---|---|---|
| | $y_1$ | $y_2$ | | | | |
| 1 | 30 | 1 | 1,477–0 | 1,477 | 0,49 | 2,04 |
| 2 | 42 | 4,6 | 1,623–0,663 | 0,960 | 0,32 | 3,12 |
| 3 | 61 | 6,7 | 1,785–0,826 | 0,959 | 0,32 | 3,12 |
| 4 | 61 | 11,5 | 1,785–1,061 | 0,724 | 0,24 | 4,16 |
| 5 | 82 | 14,5 | 1,914–1,161 | 0,753 | 0,25 | 4,00 |

**Tabelle 9.6**

| VDR | K | m | nach Gleichung 9.10 | näherungsweise |
|---|---|---|---|---|
| 1 | 30 | 0,49 | $U = 30 \cdot I^{0,49}$ | $U = 30\sqrt{I}$ |
| 2 | 42 | 0,32 | $U = 42 \cdot I^{0,32}$ | $U = 42\sqrt[3]{I}$ |
| 3 | 61 | 0,32 | $U = 61 \cdot I^{0,32}$ | $U = 61\sqrt[3]{I}$ |
| 4 | 61 | 0,24 | $U = 61 \cdot I^{0,24}$ | $U = 61\sqrt[4]{I}$ |
| 5 | 82 | 0,25 | $U = 81 \cdot I^{0,25}$ | $U = 82\sqrt[4]{I}$ |

Damit sind die Gleichungen der fünf Varistoren schon ermittelt. (Tabelle 9.6)
Bei Benutzung der genauen oder der angenäherten Formeln ist zu beachten, daß I in Ampère eingesetzt werden muß, daß also nicht die in Bild 9.11 benutzten Werte in mA gelten.

Mit dieser Darstellung der I/U-Kennlinie ist aber das eigentliche Ziel noch nicht erreicht, denn man möchte ja nicht nur berechnen sondern direkt ablesen können, welche Widerstände diese fünf Varistoren in Abhängigkeit von der Spannung haben. Auch dieser Zusammenhang ist wieder durch Geraden im doppelt logarithmischen System darstellbar, so daß für jede Gerade nur je zwei Punkte zu berechnen sind.

Man könnte nach dem Ohm'schen Gesetz R = U/I jeweils zwei zusammengehörige U- und I-Werte aus Bild 9.11 ablesen und auf ein doppelt logarithmisches System übertragen. Wegen der ungenauen Ablesbarkeit der Logarithmen-Werte ist es jedoch zweckmäßiger, für jeden VDR drei R-Werte zu berechnen, und diese dann für eine neue Zeichnung zu benutzen. Dazu geht folgender Rechengang voraus für R = U/I:
Mit Gleichung 9.9:

$$I = \left(\frac{1}{K} \cdot U\right)^{\frac{1}{m}}$$

$$R = \frac{U}{\left(\frac{1}{K} \circ U\right)^{\frac{1}{m}}} = \frac{K^{\frac{1}{m}}}{U^{\frac{1}{m}} \circ U^{-1}}$$

$$\boxed{R = \frac{K^{\frac{1}{m}}}{U^{\left(\frac{1}{m} - 1\right)}}} \qquad (9.11)$$

Der Potenzwert 1/m, der hier gebraucht wird, ist in Tabelle 9.5 schon berechnet und in der letzten Spalte aufgeführt.
Für drei Spannungen, die bei allen fünf Geraden benutzbar sind, (10, 25 und 70 V) ist folgende Tabelle 9.7 mit gerundeten Zahlen nach Gleichung 9.11 zu berechnen.

Ins doppelt logarithmische Netz übertragen ergibt sich Bild 9.12. An der eingezeichneten Geraden für 1 A im Winkel von 45° zur x-Achse werden an den Schnittpunkten mit den Geraden 1 bis 5 wieder die K-Werte auf der Abszisse ablesbar. Die höchst zulässigen Spannungen für den Einsatz der fünf Varistoren sind durch waagerechte Striche angedeutet, so daß beim Gebrauch des Diagramms nur die rechten Teile der Geraden von Bedeutung sind.

**Tabelle 9.7**

| | VDR | 1 | 2 | 3 | 4 | 5 |
|---|---|---|---|---|---|---|
| | 1/m<br>K | 2,04<br>30 | 3,12<br>42 | 3,12<br>61 | 4,16<br>61 | 4,00<br>82 |
| R in Ω<br>bei 10 V<br>25 V<br>70 V | | <br>94<br>36<br>12,5 | <br>880<br>126<br>14 | <br>2,8 k<br>404<br>46 | <br>18,5 k<br>1 k<br>40 | <br>45 k<br>2,9 k<br>132 |

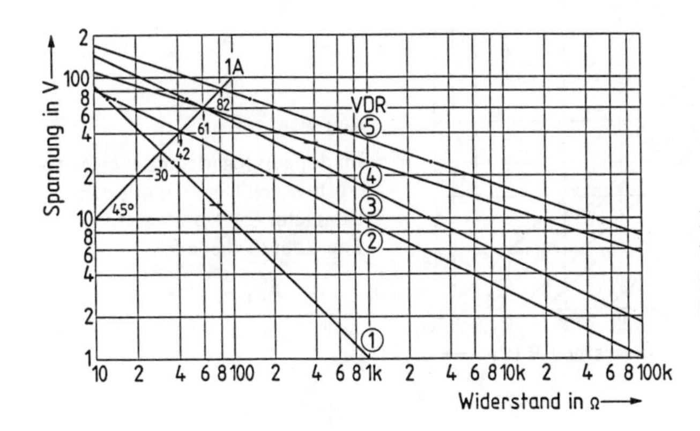


**Bild 9.12**
Widerstand von fünf Varistoren in Abhängigkeit von der angelegten Spannung (Gleichung 9.11)

## Praxisbeispiel 16: Experimente mit dem IC 7400

Es bestand die Aufgabe, einen Rechteckoszillator aufzubauen, der in einem schmalen Bereich Tonfrequenzen erzeugt und zuverlässig selbst anschwingt. Von besonderem Interesse war der Frequenzbereich c′ = 261,6 Hz über den Kammerton a′ = 440,0 Hz bis c″ = 523,3 Hz (1 Oktave). Dazu wurde die bekannte integrierte Schaltung vom Typ 7400 mit vier NAND-Gattern benutzt und nach der Schaltung im Bild 9.13 aufgebaut.*)

*) Literatur: [21] H 4, S. 430; H 5 S. 545

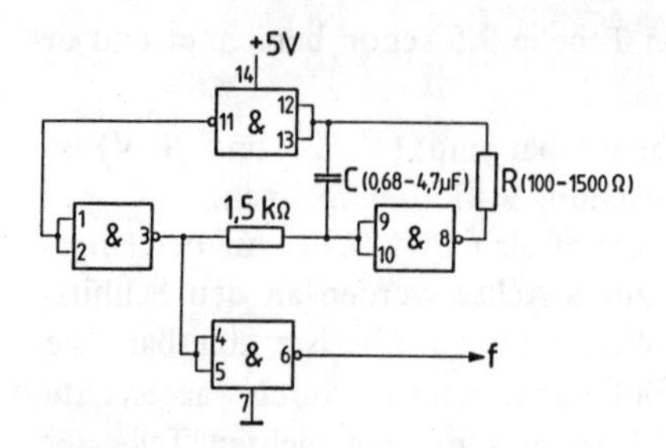


**Bild 9.13** Schaltung eines Tonfrequenz-Oszillators mit IC 7400

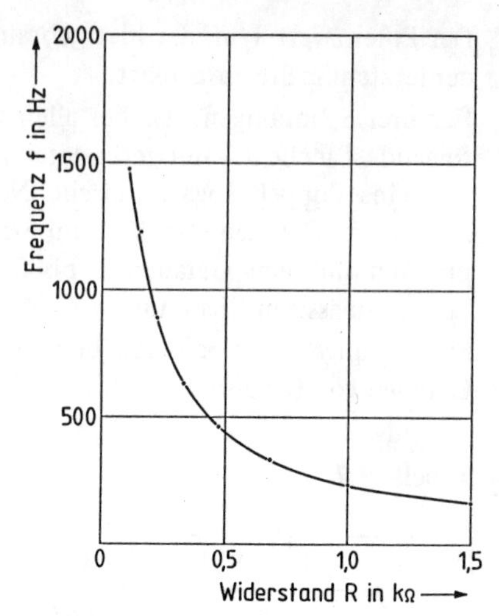


**Bild 9.14** Frequenzgang des Oszillators nach Bild 9.13 in Abhängigkeit vom Widerstand R

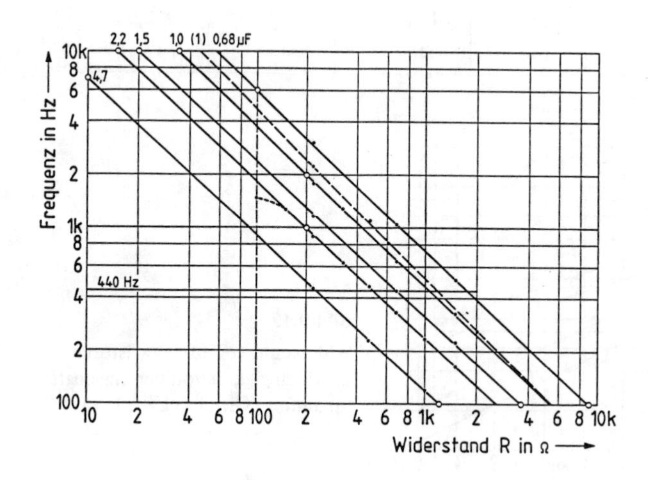


**Bild 9.15**
Im doppelt logarithmischen Netz ergeben sich Geraden mit dem Parameter C = Kondensator-Kapazität (Tabelle 9.8)

Der Kondensator C wurde zunächst zu 2,2 µF gewählt und später im Bereich 0,68–4,7 µF variiert. Die Widerstandswerte R waren nach der E 6-Reihe mit 100 Ω–1,5 kΩ einstellbar.

Beim Vorversuch mit C = 2,2 µF zeigte sich, daß die Abhängigkeit der Frequenz f vom Widerstand R (Bild 9.14) eine Hyperbel vom Typ D $\left(y = \frac{n}{x^m}\right)$ nach Bild 5.10 (S. 55) ergab. Damit war klar, daß im doppelt logarithmischen Koordinatensystem eine Gerade entstehen müßte, wie sie im Bild 9.15 für 2,2 µF auch zu sehen ist. Für Messungen mit den übrigen C-Werten, die im Bild 9.15 oben als Parameter angeschrieben sind, waren daher nur noch je zwei Meßpunkte erforderlich, die kontrollehalber aber auf drei bis

**Tabelle 9.8**

| R in Ω | Frequenz in Hz mit C = | | | | | |
|---|---|---|---|---|---|---|
| | 4,7 μF | 2,2 μF | 1,5 μF | 1 μF | (1) μF | 0,68 μF |
| 1,5 k | | 164 | 225 | 330 | 360 | 510 |
| 1,0 k | 122 | 235 | | | | |
| 680 | | 330 | 440 | 650 | | 1050 |
| 470 | 231 | 460 | | | 1100 | |
| 330 | | 631 | | 1300 | | |
| 220 | 450 | 890 | 1180 | 1790 | 2250 | 3020 |
| 150 | | 1228 | | | | |
| 100 | | 1477 | | | | |

vier erweitert wurden. Tabelle 9.8 stellt die Werte für die abgelesenen Frequenzen zusammen.

Die anscheinend sehr gute Parallelität der Geraden – sichtbar durch diese Parameterdarstellung – wird nur in einem Falle gestört, wo ein 1 μF-Kondensator (in der Tabelle 9.8 und im Bild 9.15 mit (1) bezeichnet) herausfiel. Es handelt sich dabei um ein mit PMT gekennzeichnetes Exemplar, während die anderen MKS- oder MKT-Kondensatoren waren. Dieser „PMT"-Kondensator hat offensichtlich ein stark verlustbehaftetes Dielektrikum, was aber nicht näher untersucht wurde. MKS- und MKT-Typen sind hochwertige Folienkondensatoren, die ausschließlich für solche Schaltungen verwendet werden sollten.*) Außerdem ist zu bedenken, daß die in Tabelle 9.8 wiedergegebenen Frequenzen nur für diesen Versuch gelten, weil Exemplarstreuungen des IC 7400 auch etwas abweichende Frequenzwerte ergeben können. Hier geht es um eine Demonstration der Meßwert-Analyse, nicht um die Entwicklung einer Schaltung.

In der Annahme, daß die Parallelität der Geraden in Bild 9.15 reell ist, wurden alle fünf Richtungsfaktoren nach Gleichung 1.2 berechnet, wobei wegen der logarithmischen Achsenteilung wieder die Logarithmen der abgelesenen Ziffern einzusetzen sind. Mit den Werten für die eingekreisten Punkte ergaben sich folgende Rechnungen:

$$4{,}7\ \mu\text{F}:\ m = \frac{\lg 7000 - \lg 100}{\lg 10 - \lg 1200} = \frac{3{,}8541 - 2}{1 - 3{,}0792} = \frac{1{,}5841}{-2{,}0792} = m = -0{,}8917$$

Mit dem gleichen Rechenschema erhält man für:

2,2 μF: $m = -0{,}8890$
1,5 μF: $m = -0{,}8868$
1,0 μF: $m = -0{,}9010$
0,68 μF: $m = -0{,}9090$

*) Literatur: [12] S. 19 ff.; [14] S. 175

Daraus wurde der Mittelwert $\overline{m}$ berechnet, weil jede Ablesung in Bild 9.15 ja mit kleinen Fehlern behaftet ist, die durch die Berechnung von $\overline{m}$ aus fünf parallelen Geraden weitgehend eliminiert werden können.

$$\text{Summe } m = -4{,}4793 : 5 = -0{,}8959 = \overline{m}.$$

Für die Berechnung der allgemeinen Geradengleichung 1.1:

$$y = m \cdot x + n$$

muß hier wieder das doppelt logarithmische Achsensystem berücksichtigt werden, so daß zu schreiben ist:

$$\lg y = m \cdot \lg x + \lg n.$$

Die zu erwartende Funktion kann wie folgt geschrieben werden:

$$y = n \cdot x^m.$$

Mit gerundetem $\overline{m} = -0{,}9$ kommt zum Ausdruck, daß $y = n \cdot x^{-0{,}9}$ wird, so daß auch geschrieben werden kann: $y = \frac{n}{x^{0{,}9}}$, wie es zur Hyperbel vom Typ D nach Bild 5.10 (S. 55) paßt. Eine solche Hyperbel war im Bild 9.14 auch zu erkennen.

Es fehlt noch der Ordinatenabschnitt n, der rechnerisch ermittelt werden muß, weil die Abszisse $x = \lg 1 = 0$ nicht im Bild 9.15 enthalten ist. (Ein zeichnerisches Verfahren zur Ermittlung des Ordinatenabschnittes n, wenn dieser – wie auch hier – nicht im Bild erscheint, wurde in Kapitel 7.5 beschrieben). (S. 97 und S. 99) Aus der vorstehenden Gleichung kann hier ein rechnerisches Verfahren abgeleitet werden:

$$n = \frac{y}{x^m} = y \cdot x^{-m}.$$

Wenn man für alle Geraden x = 100 (Ω) setzt, so kann man mit immer gleichem Faktor $x^{-\overline{m}} = 100^{-(-0{,}8959)} = 61{,}92$ rechnen und muß nur die zugehörigen y-Werte (≙ f) im Bild 9.15 über x = 100 (≙ R) ablesen, um die einzelnen n-Werte berechnen zu können.

So entsteht Tabelle 9.9, in deren letzter Spalte auch noch n/440 aufgeführt ist, ein Wert, der später zur Rechnung herangezogen wird.

Mit einheitlich $\overline{m} = -0{,}8959$ und den einzelnen n-Werten ließen sich jetzt die fünf Geradengleichungen aufstellen, die aber eigentlich nicht von Interesse sind. Vielmehr soll hier ermittelt werden, welcher Widerstand (x) bei Verwendung der einzelnen Kondensa-

**Tabelle 9.9**

| C in μF | y (abgelesen) (f in Hz) | n (berechnet) (= y ∘ 61,92) | n/440 |
|---|---|---|---|
| 4,7 | 910 | 56 347 | 128 |
| 2,2 | 1840 | 113 933 | 259 |
| 1,5 | 2400 | 148 608 | 338 |
| 1,0 | 3750 | 232 200 | 528 |
| 0,68 | 6000 | 371 520 | 844 |

**Tabelle 9.10**

| $C_{soll}$ in $\mu$F | $C_{ist}$ in $\mu$F | R (abgelesen) $\Omega$ | R (berechnet) $\Omega$ |
|---|---|---|---|
| 4,7 | 4,15 | 230 | 225 |
| 2,2 | 2,07 | 500 | 494 |
| 1,5 | 1,59 | 680 | 665 |
| 1,0 | 1,03 | 1080 | 1094 |
| 0,68 | 0,675 | 1780 | 1847 |

toren einzusetzen ist, um eine bestimmte Frequenz – hier 440 Hz als Beispiel gewählt – zu erzeugen. Dazu wird die gültige Gleichung $y = n \cdot x^m$ wie folgt umgewandelt:

$$\frac{1}{x^m} = \frac{n}{y}$$

$$x^{-m} = \frac{n}{y}$$

Beide Seiten werden durch $\frac{1}{-m}$ als Potenzwert ergänzt:

$$x^{\frac{-m}{-m}} = \left(\frac{n}{y}\right)^{\frac{1}{-m}}$$

Dann folgt für den zu berechnenden Widerstand $R \mathrel{\hat{=}} x$:

$$x = \left(\frac{n}{y}\right)^{\frac{1}{-m}} \quad \text{mit } y = 440 \text{ (Hz)}$$

Also sind die Werte der letzten Spalte aus Tabelle 9.9 mit $1/-\overline{m}$ zu potenzieren: $1/-\overline{m} = 1/-(-0.8959) = 1,116196$. Die Gleichung $x = \left(\frac{n}{440}\right)^{1,116196}$ führt dann zu der vorstehenden Tabelle 9.10:

Die Ergebnisse zeigen zwar Abweichungen, hervorgerufen durch mögliche Fehler bei der Berechnung von n, durch Mittelwertbildung von m, durch Toleranzen der benutzten Widerstände und durch Toleranzen der Kondensatoren, deren später gemessene, genauen Werte als $C_{ist}$ oben aufgelistet sind.

---

(Anmerkung: Bei dieser Schaltung ist die Konstanz der Versorgungsspannung des IC 7400 zu beachten: Es wurde festgestellt, daß eine lineare Abhänggkeit der Frequenz von der Versorgungsspannung besteht: Sie betrug 2,9 Hz/0,1 V. Die Frequenz dieses Oszillators stieg bei abnehmender Versorgungsspannung.)

# 10 Änderungen am Koordinatensystem

**Praxisbeispiel 17: Frequenzabhängigkeit der Kapazität von MP-Kondensatoren**

Die wichtige Aufgabe graphischer Darstellungen, aufwendige Rechnungen durch einfache Ablesungen zu ersetzen, wird gelegentlich nicht erfüllt, wenn man die Fachliteratur betrachtet. Man findet also manchmal ausgesprochen „ungünstige" Darstellungen der Abhängigkeit zweier Größen voneinander, die nach Ablesung eines Wertes weitere Berechnungen erfordern, um die gesuchte Größe zu ermitteln. In Fällen, wo man wiederholt auf ein Diagramm zurückgreifen muß, lohnt sich mitunter eine Umzeichnung, die dem Eigenbedarf entspricht und Rechenarbeit nach der Ablesung erspart.

Als Beispiel für die sinnvolle Umzeichnung einer „schlechten" graphischen Darstellung in eine bessere soll die Frequenzabhängigkeit der Kapazität von MP-Kondensatoren herangezogen werden. In einem Bauelemente-Datenbuch findet sich eine graphische Darstellung, in der die relative frequenzabhängige Kapazitätsänderung von MP-Kondensatoren linear auf der Ordinatenachse und die Frequenz im logarithmischen Maßstab auf der Abszissenachse aufgetragen sind. (Bild 10.1) Anzumerken ist, daß die folgenden Ausführungen vorwiegend als Zeichenbeispiel zu betrachten sind, weil MP-Kondensatoren meist mit Kapazitätswerten $\geqq 1\ \mu F$ als Motor-Hilfsphasen-Kondensatoren oder zur Siebung in Netzgeräten größerer Leistung verwendet werden. Ihre Frequenzabhängigkeit oberhalb 1 kHz ist also von untergeordneter Bedeutung.

Ausnahmsweise wurde nun diese Gerade in Bild 10.1 in eine Kurve umgezeichnet, die entsteht, wenn beide Achsen linear geteilt sind (Bild 10.2). Man erkennt hier eine Kurve vom Typ A nach Bild 5.10. Das war natürlich mit hinreichender Genauigkeit nur

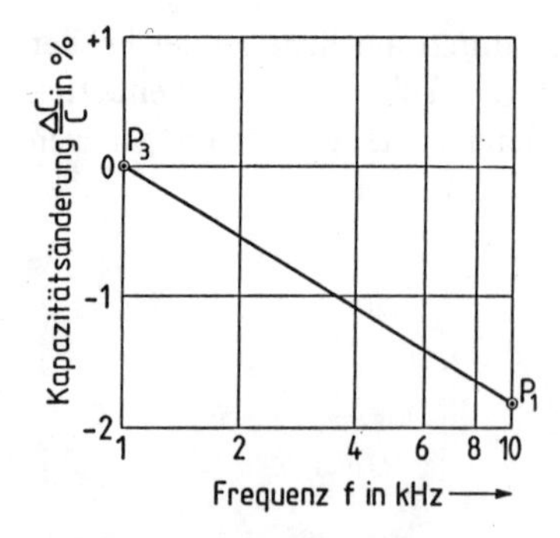


**Bild 10.1** Relative frequenzabhängige Kapazitätsänderung von MP-Kondensatoren (aus einem Bauelemente-Datenbuch)

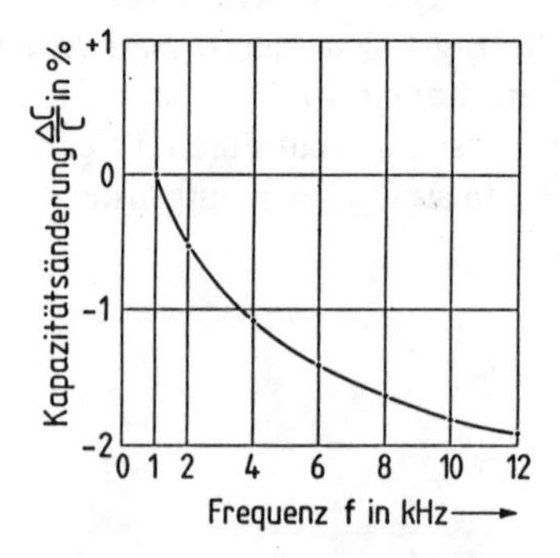


**Bild 10.2** Im linearen Koordinatensystem entsteht daraus eine Kurve vom Typ A nach Bild 5.10:
$y = -1{,}8 \cdot \log x$

möglich, wenn vorher die Gleichung der Geraden bestimmt werden konnte. Darauf kommen wir noch zurück. Zunächst soll verdeutlicht werden, warum eine Änderung des Koordinatensystems sinnvoll erschien.

Aus Bild 10.1 sollte beispielsweise ermittelt werden, mit welcher Kapazität eines 4,7 $\mu$F-Kondensators zu rechnen ist, wenn er mit einer Frequenz von 10 kHz beaufschlagt wird. Wenn man nicht täglich mit Relativwerten, zum Beispiel relativen Fehlern, zu tun hat, dann muß man zur Beantwortung dieser Frage erst nachdenken und dann recht viel rechnen.

In Bild 10.1 ist die Ordinatenachse mit der „relativen Kapazitätsänderung" $\Delta C/C$ (%) beschriftet. Bei 1 kHz, der Bezugsfrequenz, ist der Wert gleich Null, das heißt bei dieser Frequenz hat unser Kondensator die Sollkapazität ($C_s$) = 4,7 $\mu$F. Sie vermindert sich bei 10 kHz auf die Istkapazität ($C_i$) um 1,8 %, wie man am Punkt $P_1$ ablesen kann.

$\Delta C$ ist die Differenz zwischen Ist- und Sollkapazität, also $\Delta C = C_i - C_s$. Für diesen Kondensator gilt dann folgende Beziehung:

$$\frac{-1{,}8}{100} = \frac{C_i - 4{,}7}{4{,}7}$$

Daraus folgt durch Umstellung:

$$C_i - 4{,}7 = -\frac{1{,}8 \cdot 4{,}7}{100} = 4{,}7 - 0{,}0846$$

$$C_i = 4{,}6154\ \mu\text{F}$$

Die Kapazität ist also beim Übergang von 1 kHz auf 10 kHz um den Faktor $F = 4{,}6154 : 4{,}7 = 0{,}982$ verringert. Hätte man diesen Faktor F gleich gekannt, so wäre der vorstehende Rechenansatz mit der relativen Kapazitätsänderung entbehrlich gewesen und nur eine Multiplikation $C_s \cdot F = 4.7 \cdot 0.982 = 4{,}6154 = C_i$ erforderlich gewesen. Noch schwieriger wäre es, wollte man die Istkapazität $C_i$ bei 3 kHz aus Bild 10.1 ermitteln, denn diese Frequenz ist in dem groben Diagramm gar nicht eingezeichnet. Zusätzlich hat dieses Bild, das als Ablesediagramm nicht geeignet ist, im Original nur eine Breite von 50 mm und eine Höhe von 32 mm.

Also erschien es zweckmäßig, eine Umzeichnung von Bild 10.1 vorzunehmen und die neue Ordinatenachse mit dem Faktor F zu beschriften, während die Abszisse unverändert bleiben und höchstens noch mit Zwischenwerten ausgestattet werden sollte. In Bild 10.3 ist das nach dem jetzt zu beschreibenden Verfahren ausgeführt, wobei unten links noch einmal das Bild 10.1 miteingebaut ist.

Der höchste Punkt der Geraden ($P_4$) muß nun bei „1" auf der Ordinatenachse liegen, weil bei der Bezugsfrequenz (1 kHz) $C_i = C_s$ ist. Die Teilung der Abszissenachse bleibt praktisch unverändert von 1 kHz bis 10 kHz, jedoch kann sie hier aus Formatgründen (DIN A4 in der Bildvorlage) bis 30 kHz verlängert werden.

Der zweite Punkt, der zur Festlegung einer Geraden erforderlich ist, kann aus $P_1$ ($\Delta C/C = -1{,}8\,\%$) auf der ursprünglichen Geraden abgeleitet werden. Man rechnet einfach mit einer gedachten Kapazität von zum Beispiel $C_2 \triangleq 100\ \mu$F. Dann wird:

$$C_i = 100 - \frac{1{,}8 \cdot 100}{100} = 98{,}2\ \mu\text{F}$$

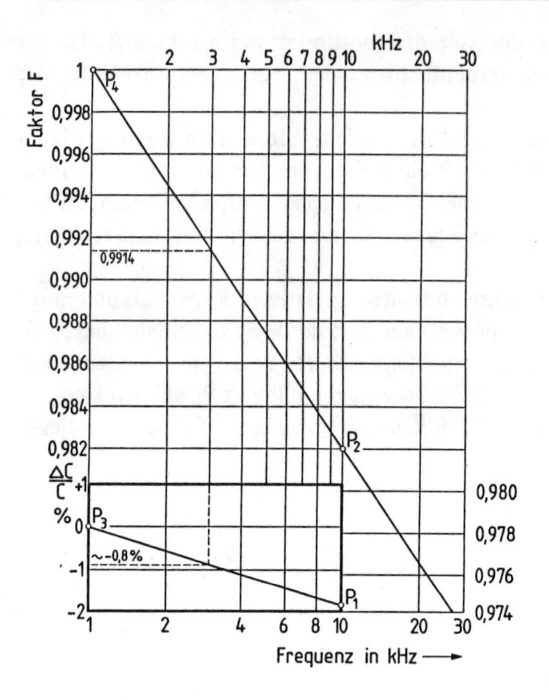


**Bild 10.3**

Abhängigkeit des Umrechnungsfaktors F für die Kapazitätsänderung bei steigender Frequenz

Der Abminderungsfaktor F gegenüber $C_s$ = 100 $\mu$F ist also 0,982. Damit ist $P_2$ zu zeichnen (Frequenz f auf der x-Achse = 10 kHz, Faktor F auf der neuen y-Achse = 0,982). Die vorher erwähnte Ablesung bei 3 kHz, unten zu − 0,8 % zu schätzen, wird jetzt genau ablesbar durch den eingetragenen Faktor 0,9914.

Zu Bild 10.2 wurde schon ausgeführt, daß eine genaue Zeichnung dieser Kurve nur möglich wird, wenn aus der Geraden des Originals eine Gleichung abgeleitet werden konnte. Aus einer Kurve vom Typ A nach Bild 5.10 (S. 55) ist eine Gerade mit der allgemeinen Gleichung $y = m \cdot \lg x$ zu erwarten. Steigende Geraden dieses Typs mit positivem m finden sich im Bild 7.11 (S. 83), dort allerdings abgeleitet aus Kurven vom Typ C. Für dieses Beispiel hier ist jedoch eine fallende Gerade mit negativem m zu erwarten.

Zur Ermittlung der Geradengleichung des Originals könnte man wie bisher den Richtungsfaktor m mit der Gleichung 1.2 ermitteln, wie es früher immer ausgeführt wurde. Hier soll jedoch noch ein anderer Weg aufgezeigt werden, der in so einfachen Fällen ebenfalls beschritten werden kann, um eine Geradengleichung zu finden.

Für die allgemeine Geradengleichung 1.1:

$$y = m \cdot x + n$$

ist hier n = 0, weil die Ordinatenachse – über x = lg 1 d.h. x = 0 – von der Geraden im Bild 10.1 im Punkt Null geschnitten wird. Weiter kann man sehen, daß bei lg x = 10, das heißt bei $x = 1$ ein y von $-1{,}8$ vorliegt, also folgt ganz einfach $y = -1{,}8 \cdot \lg x$. Zur Kontrolle soll noch einmal der Wert für $x = 3$ (kHz) berechnet werden:

$$y = -1{,}8 \cdot \lg 3$$
$$= -1{,}8 \cdot 0{,}477$$
$$y = -0{,}86$$

(An der Originalgeraden war etwa 0,8 % abzulesen)

Auch für die neu in Bild 10.3 gezeichnete Gerade läßt sich dieser Weg zur Ermittlung ihrer Gleichung beschreiten. Sie wird ebenfalls die allgemeine Form $y = m \cdot \lg x$ haben, muß jedoch um + 1 ergänzt werden, weil der Schnittpunkt mit der Ordinatenachse nun „1" genannt wurde. Außerdem wissen wir schon, daß bei $\lg x = 10$ das zugehörige $y = 0{,}982$ sein muß. Die eben gedanklich durchgeführte Ergänzung der Gleichung um + 1 wird dadurch wieder ausgeglichen, daß man $0{,}982 - 1 = -0{,}018$ berechnet. Dann folgt:

$$y = -0{,}018 \cdot \lg x + 1$$

als Gleichung für die Gerade in Bild 10.3.
Wir kontrollieren wieder bei $x = 3$ (kHz):

$$y = -0{,}018 \cdot 0{,}477 + 1 = 0{,}9914 \; (= F)$$

wie eingetragen im Bild 10.3

# 11 Diagramm-Kombinationen

Parameterdarstellungen gestatten, wie im Kapitel 9 gezeigt wurde, die Erfassung mehrerer Variabler in einem Diagramm. Wenn nun darüberhinaus auch noch mehrere oder umständlich zu berechnende Formeln in einer graphischen Darstellung vereint werden sollen, auf die häufig zurückgegriffen wird, dann kann man sich durch Diagramm-Kombinationen helfen, wie an den folgenden Beispielen demonstriert werden soll.

**Praxisbeispiel 18: Frequenzen von RC-Oszillatoren**

Oszillatoren zur Erzeugung niederfrequenter, sinusförmiger Spannungen kommen in der Transistor-Elektronik vorwiegend in drei Varianten vor:

1. Phasenschieber-Generatoren*)
   mit Kondensatoren in Querrichtung und Widerständen in Längsrichtung (Bild 11.1)
2. Wien Brücken **) (Bild 11.2)
3. Phasenschieber-Generatoren*)
   mit Widerständen in Querrichtung und Kondensatoren in Längsrichtung (Bild 11.3).

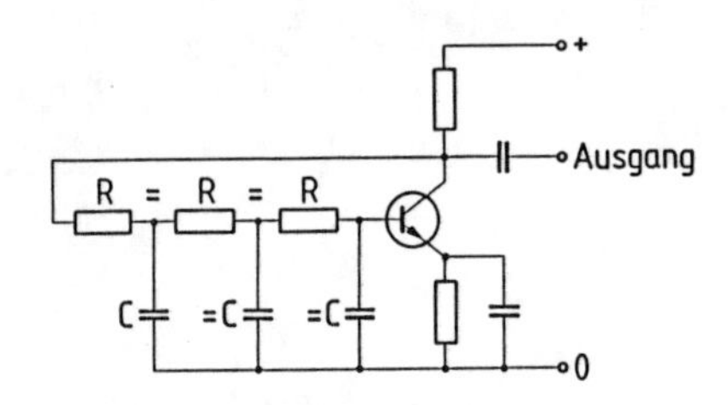


**Bild 11.1** Schaltung eines RC-Oszillators (R in Längsrichtung)

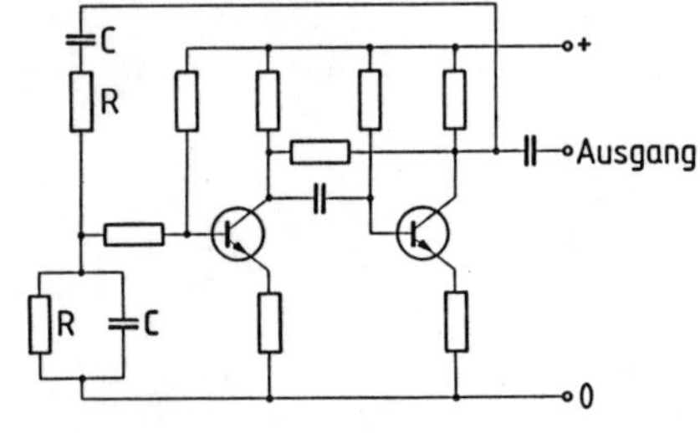


**Bild 11.2** Schaltung eines Wien-Brücken-Oszillators

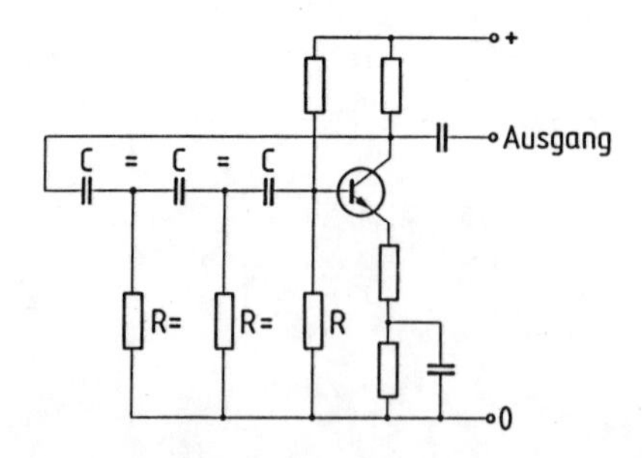


**Bild 11.3**
Schaltung eines RC-Oszillators (C in Längsrichtung)

---

*) Literatur: [8] S. 257; [11] S. 183; [13] S. 242; [19] S. 288; [28] H 5, S. 33

**) Literatur: [8] S. 258; [19] S. 289

Für die mit diesen Oszillatoren erzeugbaren Frequenzen gelten näherungsweise folgende Formeln:

1. Phasenschieber – Widerstände in Längsrichtung

$$f = \frac{\sqrt{6}}{2\pi R \cdot C} = \frac{1}{2{,}565 \cdot R \cdot C} \tag{11.1}$$

2. Wien-Brücken

$$f = \frac{1}{2\pi R \cdot C} = \frac{1}{6{,}28 \cdot R \cdot C} \tag{11.2}$$

3. Phasenschieber – Kondensatoren in Längsrichtung

$$f = \frac{1}{2\pi \cdot \sqrt{6} \cdot R \cdot C} = \frac{1}{15{,}4 \cdot R \cdot C} \tag{11.3}$$

In diese Formeln sind die Werte mit folgenden Dimensionen einzusetzen: f in Hz, R in Ω, C in F.

Die Ähnlichkeit dieser drei Formeln ist deutlich: Sie unterscheiden sich nur durch den im Nenner stehenden Zahlenfaktor. Das Produkt R · C, die Zeitkonstante $\tau$, wurde schon im 6. Kapitel (S. 60) behandelt (Bild 6.2). Sie wird im Bild 11.4 noch einmal ablesbar, obwohl sie zur Ermittlung der Schwingfrequenz nicht direkt gebraucht wird. Im rechten Teil des Bildes 11.4 mit log.-geteilten Achsen sind die Kapazitäten auf der Abszissenachse aufgetragen, die Widerstände als Parameter dargestellt, und auf der Ordinatenachse ist die Zeitkonstante $\tau$ ablesbar – eine, dem Bild 6.2 (S. 60) recht ähnliche Darstellung.

Im linken Teil des Bildes 11.4, der ebenfalls 2 x log.-geteilt ist, sind drei Geraden gezeichnet, die für die obenstehenden Formeln 11.1 bis 11.3 gültig und mit der gleichen Nummer (1, 2, 3) versehen sind. Sie gestatten, wie weiter unten an den Ablesebeispielen gezeigt wird, die Ermittlung der Schwingfrequenz für die genannten Oszillatoren.

Gerade 1: für Phasenschieber mit Widerständen in Längsrichtung (Faktor 1/2,565)
Gerade 2: für Wien-Brücken-Oszillatoren (Faktor 1/6,28)
Gerade 3: für Phasenschieber mit Kondensatoren in Längsrichtung (Faktor 1/15,4)

Ablesebeispiel 1:

Gesucht die Schwingfrequenz (f) bei vorgegebenen Bauteilen R und C

Mit C = 330 pF und R = 1000 kΩ ist $P_0$ im rechten Bildteil definiert. Man kann, obwohl hierbei nicht wichtig, rechts die Zeitkonstante $\tau = 3{,}3 \cdot 10^{-5}$ s ablesen. Geht man von $P_0$ nach links, so wird die Gerade (1) in $P_1$ geschnitten, und darunter (auf der Abszisse des linken Bildteils) ist abzulesen, daß ein solcher Oszillator (1) eine Schwingfrequenz von 12 kHz aufweist.

Weiter nach links gehend, wird die Gerade (2) im Punkt $P_2$ erreicht. Unten ist dann für die Wien-Brücke eine Schwingfrequenz von 4,8 kHz ablesbar.

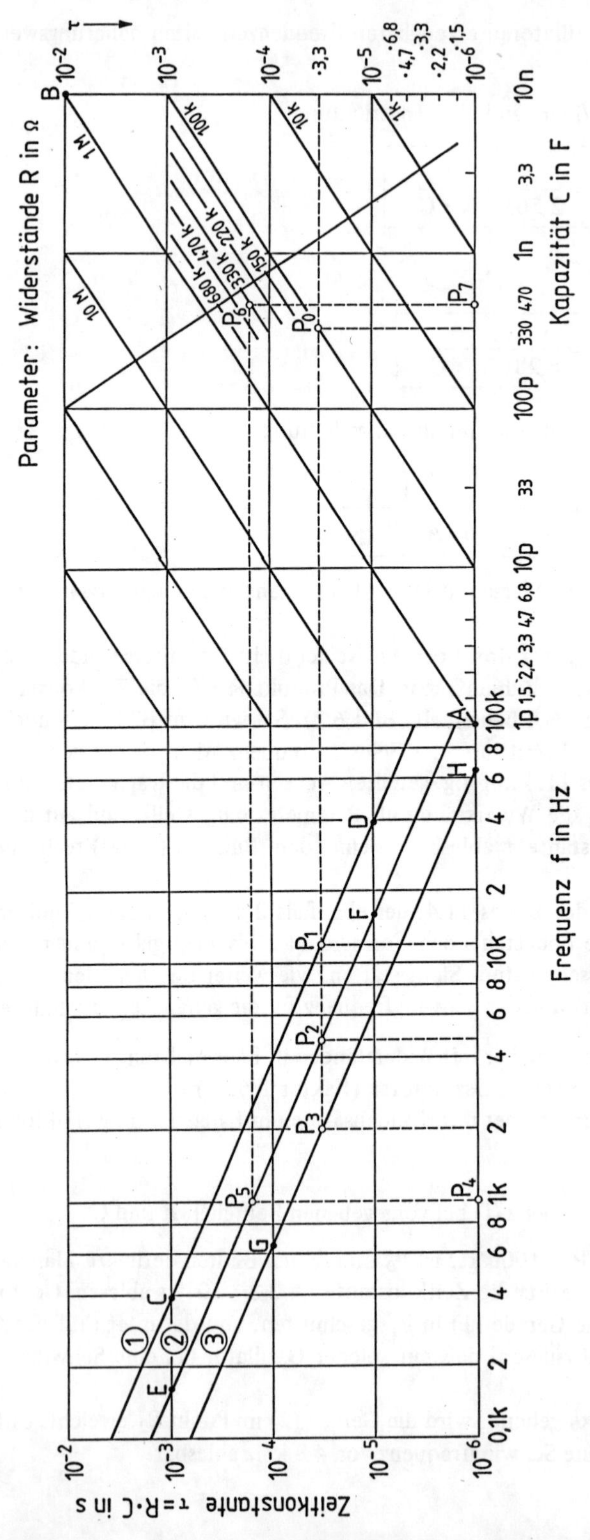


**Bild 11.4** Diagramm-Konbination zur Bestimmung der Werte f, R, C und $\tau$ in den Schaltungen nach Bild 11.1 bis 11.3

Noch weiter links wird der Punkt $P_3$ auf der Geraden (3) erreicht, der für den Phasenschieber-Generator mit den Kondensatoren in Längsrichtung eine Schwingfrequenz von 2 kHz ergibt.

Ablesebeispiel 2:
Gesucht R und C für den Wien-Brücken-Oszillator bei vorgegebener Frequenz (f).

Ausgehend von der gewünschten Frequenz (1 kHz) bei Punkt $P_4$ auf der Abszisse des linken Bildteils findet man darüber den Schnittpunkt mit der für diesen Oszillator gültigen Geraden (2) als $P_5$. Nach rechts gehend, gibt es mehrere Möglichkeiten der Kombination von R und C. Hier sei vorgeschlagen ein Widerstand von 330 kΩ (Punkt $P_6$) für den man auf der Abszisse des rechten Bildteils einen Kondensator von 470 pF ($P_7$) findet. Auch andere RC-Kombinationen können analog auf derselben horizontalen Linie abgelesen werden.

Wie wird ein solches Diagramm erstellt? Der Gedankengang sei durch folgende Schritte erläutert.

1. Für den linken Teil des Bildes 11.4 muß man zunächst festlegen, in welchem Frequenzbereich man Ablesungen vornehmen möchte – hier ist der Niederfrequenzbereich 100 Hz (= 0,1 kHz) bis 100 kHz gewählt. So wird die Abszissenachse des linken Bildteils beschriftet. Dann ergibt sich mit der umgestellten Gleichung 11.1:

$$R \cdot C = \frac{1}{2{,}56 \cdot f} \quad (= \tau)$$

der größte Wert von $\tau$ (mit 100 Hz) zu

$$\tau = \frac{1}{(2{,}56) \cdot 100} = 10^{-2}\ \text{s}$$

Mit der umgestellten Gleichung 11.3

$$R \cdot C = \frac{1}{15{,}4 \cdot f} \quad (= \tau)$$

folgt der kleinste Wert für $\tau$ (mit 100 kHz)

$$\tau = \frac{1}{\text{ca. } 10 \cdot 100 \cdot 10^3} = 1/10^6 = 10^{-6}\ \text{s}$$

Mit diesen Grenz- und den Zwischenwerten kann die Ordinate des Bildes 11.4 links wie rechts schon beschriftet werden.

2. Da solche Oszillatoren vorwiegend mit kleinen Kapazitäten aufgebaut werden, soll 1 pF = $10^{-12}$ F als unterste Grenze angenommen werden. Die Beschriftung der Abszissenachse des rechten Bildteils geht dann von 1 pF bis 10 nF.

3. Die Endpunkte (A) und (B) der hier eingezeichneten Diagonale sind mit der umgestellten Gleichung $\tau = R \cdot C$ nachzurechnen:

A) $R = \tau : C = 10^{-6}\ \text{s} : 1\ \text{pF} = 10^{-6} : 10^{-12} = 10^6$
$R = 1\ \text{M}\Omega$

B) $R = \tau : C = 10^{-2}\ \text{s} : 10\ \text{nF} = 10^{-2} : (10 \cdot 10^{-9}) = 10^6$
$R = 1\ \text{M}\Omega$

Somit kann dieser Parameterwert 1 MΩ an die Diagonale A—B angeschrieben werden.
4. Die zu diesem Parameterstrahl parallelen Geraden sind dann einfach in Schritten mit steigenden oder fallenden Potenzwerten zu finden.
5. Für die Ablesung von Zwischenwerten gibt die in der Nähe von $P_6$ gezeichnete Parallelenschar einen Hinweis. Man erkennt, daß die Abstände zwischen den Werten der E 6-Widerstandsreihe im logarithmischen Maßstab der y-Achse ($\tau$) etwa gleich werden, was in der Mitte der rechten Bildhälfte angedeutet ist.
6. Nun muß noch der linke Teil des Bildes 11.4 ausgefüllt werden. Für jede Gerade sind zwei Punkte mit zwei verschiedenen Werten für $\tau$ zu berechnen.

Für die Gerade (1) wählen wir $\tau = 10^{-3}$ s und $\tau = 10^{-5}$ s. Mit Gleichung 11.1 folgt dann für Punkt C:

$$f = \frac{1}{2{,}565 \cdot 10^{-3}} = \frac{10}{2{,}565}\ 389{,}9\ \text{Hz} = 0{,}39\ \text{kHz}$$

Die Koordinaten von Punkt C sind also $\tau = 10^{-3}$ s und f = 0,39 kHz. Für Punkt D gilt:

$$f = \frac{1}{2{,}565 \cdot 10^{-5}} = \frac{10^5}{2{,}565} = 38986\ \text{Hz} = 39\ \text{kHz}$$

Die Koordinaten von Punkt D sind also $\tau = 10^{-5}$ s; f = 39 kHz.

Für die Gerade (2) muß Gleichung 11.2 herangezogen werden:

$$f = \frac{1}{6{,}28 \cdot R \cdot C}$$

Dann kommt man mit den gleichen Werten für $\tau$ zu den Frequenzen f = 0,16 kHz für Punkt E und f = 16 kHz für Punkt F.

Für die Gerade (3) sind entsprechende Punkte mit Gleichung 11.3 zu ermitteln:

$$f = \frac{1}{15{,}4 \cdot R \cdot C}$$

Der Punkt G hat die Koordinaten $\tau = 10^{-4}$ s; f = 0,65 kHz.

Und schließlich wird für den Punkt H berechnet:

$\tau = 10^{-6}$ s; f = 65 kHz.

Diese RC-Oszillatoren finden vorwiegend im Niederfrequenzbereich Anwendung. In der Fachliteratur ist der Bereich 0,01 Hz–500 kHz genannt. Bild 11.4 erfaßte nur einen Ausschnitt: 100 Hz–100 kHz, es macht aber keine Schwierigkeiten, die Grenzen bei Bedarf nach oben oder unten zu verschieben oder einen Ausschnitt mit erhöhter Ablesegenauigkeit zu erstellen.

**Praxisbeispiel 19: Ein Colpitts-Oszillator als Induktivitäts-Meßvorsatz**

Ein Colpitts-Oszillator*) zur Messung unbekannter Induktivitäten kann nach Bild 11.5 so aufgebaut werden, daß die entstehenden Schwingungen nicht nur am Oszilloskop zu beobachten und auszuwerten sind, sondern daß darüberhinaus auch eine direkte Ablesung an einem Frequenzzähler ermöglicht wird.

---

*) Literatur: [5] S. 303; [11] S. 182; [13] S. 245; [14] S. 295; [19] S. 245; [20] H 4, S. 450; [28] H 5, S. 32

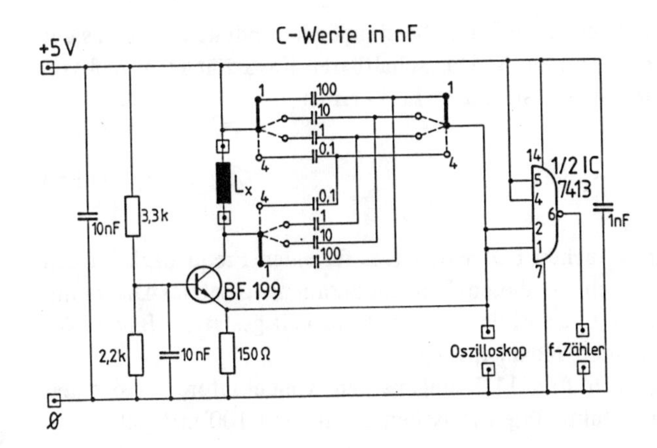


**Bild 11.5**
Schaltung eines Colpits-Oszillators mit vier Bereichen

In dieser Schaltung sind vier Meßbereiche mit vier verschiedenen Kondensatorpaaren vorgesehen, die sich überschneiden, um optimale Sinuskurven zu erhalten. Dazu dient ein 4-Stufen-Schalter mit 3 Ebenen. Das IC 7413 (zwei NAND-Schmitt-Trigger mit je vier Eingängen – zur Hälfte ausgenutzt) formt die an den Pins 1 und 2 anliegende Sinusschwingung an seinem Ausgang (Pin 6) in eine für Frequenzzähler brauchbare Rechteckschwingung ausreichender Amplitude um.

Die Schwingungsgleichung – „Thomsonsche Schwingkreisformel" –*) für einen Colpitts-Oszillator lautet:

$$f = \frac{1}{2\pi \cdot \sqrt{L \cdot C}} \qquad (11.4)$$

Die anzuwendenden Dimensionen sind wieder: f in Hz, R in Ω, C in F. Anzumerken ist, daß die Güte der zu messenden Spulen > 10 sein muß.**) Diese Thomsonsche Schwingungsformel gilt nur näherungsweise. Sie ist auf der rechten Seite der Gleichung mit einem Faktor F zu multiplizieren, der die Abweichung der Oszillatorfrequenz von der Resonanzfrequenz des reinen Schwingkreises infolge seiner Belastung angibt:

$$F = \sqrt{1 + \frac{L}{r_e \cdot r_a (C_1 + C_2)}}$$

Darin sind $r_e$ und $r_a$ Eingangs- und Ausgangswiderstand der Schaltung und $C_1$ und $C_2$ die Werte der beiden – jeweils gleichen – Kondensatoren bei den vier Schaltstufen.***) Bei durchgeführten Messungen mit genau bekannten Induktivitäten bewegte sich der Faktor F im Bereich 1,00–1,13, ist also meist zu vernachlässigen.

*) Literatur: [8] S. 186; [16] S. 86; [17] S. 216; [18] S. 270; [19] S. 116
**) Literatur: [8] S. 186
***) Literatur: [13] S. 250

Es ist zu erkennen, daß die Berechnung der zu bestimmenden Induktivität L aus der abgelesenen Frequenz f und der bekannten, hier umschaltbaren Kapazität recht mühsam ist. Die nach dem gesuchten L umgestellte Gleichung 11.4 ergibt:

$$\boxed{L = \frac{1}{4\,\pi^2 \cdot f^2 \cdot C}} \tag{11.5}$$

Um bei der Benutzung eines solchen L-Meßvorsatzes für einen Frequenzzähler den Rechengang zu ersparen, wurde auch für diesen Fall ein zusammengesetztes Diagramm entwickelt, das schnelle Ablesungen mit ausreichender Genauigkeit gestattet (Bild 11.6). Für seine Konstruktion dient folgender Gedankengang.

Für die in die Schaltung nach Bild 11.5 eingebauten Kondensatoren und einen maximal erfaßbaren Bereich der Induktivitäten zwischen 10 $\mu$H und 100 mH (schon auf der u n t e r e n Abszissenachse einzutragen) werden zunächst die Ausdrücke $\frac{1}{\sqrt{L \cdot C}}$ berechnet, die in Gleichung 11.4 enthalten sind und nun für die Beschriftung der Ordinatenachse herangezogen werden sollen. Dieses Vorgehen hat den Vorteil, daß nur eine steigende Gerade in das folgende Bild 11.6 einzuzeichnen ist, was gegenüber Bild 11.4 von Vorteil für die Ablesungen ist, wie noch erkennbar wird.

Da die Kondensatoren in der Colpitts-Schaltung in Reihe geschaltet sind, aber ihr Gesamtwert $C_{ges.}$ in die Rechnung eingeht, muß dieser zunächst für die vier Paare ermittelt werden. Dazu dient die – für hintereinander geschaltete Kondensatoren bekannte – Gleichung:

$$\boxed{C_{ges.} = \frac{C_1 \cdot C_2}{C_1 + C_2}} \tag{11.6}$$

Für die Schalterstellung (1) nach Bild 11.5 gilt z.B. für zwei Kondensatoren mit je $100\ \mathrm{nF} = 100 \cdot 10^{-9}$ F folgende Rechnung:

$$C_{ges.} = \frac{100 \cdot 10^{-9} \cdot 100 \cdot 10^{-9}}{100 \cdot 10^{-9} + 100 \cdot 10^{-9}} = \frac{10000 \circ 10^{-18}}{200 \cdot 10^{-9}} = 50 \cdot 10^{-9}\ \mathrm{F} = 50\ \mathrm{nF}$$

Analog sind auch die anderen in der Schaltung enthaltenen Kondensatorwerte $C_{ges.}$ zu berechnen.

Für die Schalterstellung (1) in Bild 11.5 (entspricht der Geraden (1) in Bild 11.6) werden für die Beschriftung der Ordinatenachse zwei Rechnungen durchgeführt. Dazu dient einmal der soeben berechnete $C_{ges.}$-Wert und zum anderen ein ausgewählter Induktivitäts-Wert, der eine einfache Rechnung mit den Potenzen ermöglicht.

a) $L \circ C = 2\ \mathrm{mH} \cdot 50\ \mathrm{nF} = 100 \cdot 10^{-3} \cdot 10^{-9} = 10^{-10}, \sqrt{L \cdot C} = 10^{-5}$

$\frac{1}{\sqrt{L \cdot C}} = 10^5$ (ergibt Punkt $P_1$ in Bild 11.6)

b) $L \cdot C = 20\ \mu\mathrm{H} \cdot 50\ \mathrm{nF} = 1000 \cdot 10^{-6} \cdot 10^{-9} = 10^{-12}, \sqrt{L \cdot C} = 10^{-6}$

$\frac{1}{\sqrt{L \cdot C}} = 10^6$ (ergibt Punkt $P_2$ in Bild 11.6)

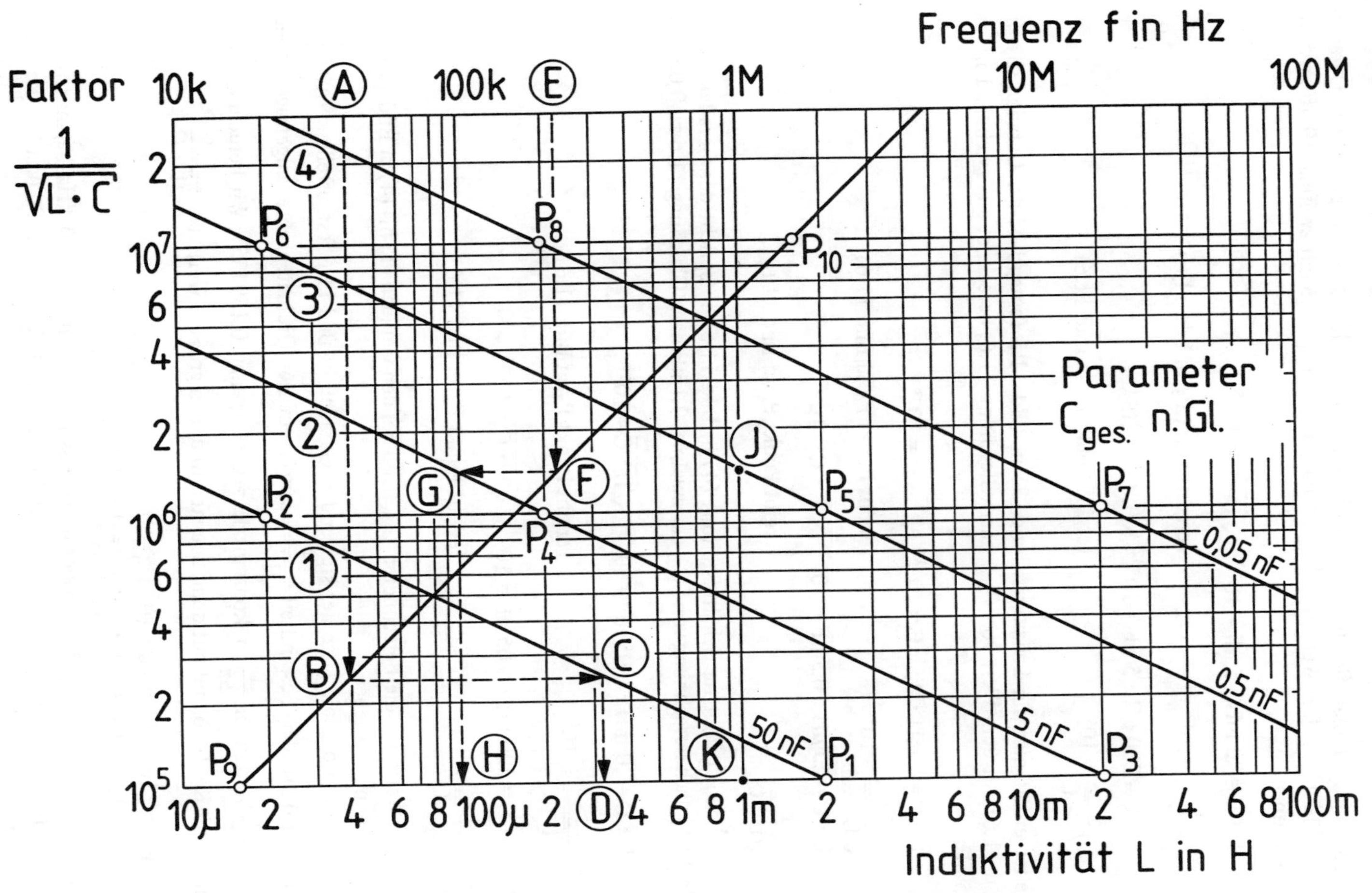


**Bild 11.6** Ermittlung von Induktivitäts-Werten über die Schwingfrequenz eines Colpitts-Oszillators

Analog verfährt man für die Schalterstellung (2) in Bild 11.5 (entspricht der Geraden (2) in Bild 11.6). Der Wert von $C_{ges.}$ ist nach Gleichung 11.6 mit zweimal 10 nF zu 5 nF zu berechnen.

a) $L \cdot C = 20\ \text{mH} \circ 5\ \text{nF} = 10^{-10}, \sqrt{L \cdot C} = 10^{-5}$

$\frac{1}{\sqrt{L \cdot C}} = 10^5$ (ergibt Punkt $P_3$ in Bild 11.6)

b) $L \cdot C = 200\ \mu\text{H} \cdot 5\ \text{nF} = 10^{-12}, \sqrt{L \cdot C} = 10^{-6}$

$\frac{1}{\sqrt{L \cdot C}} = 10^6$ (ergibt Punkt $P_4$ in Bild 11.6)

Weiter erhält man für Schalterstellung (3) in Bild 11.5 (entspricht der Geraden (3) in Bild 11.6) mit dem Wert von $C_{ges.}$ nach Gleichung 11.6, berechnet aus zweimal 1 nF zu 0,5 nF:

a) $L \cdot C = 2\ \text{mH} \cdot 0{,}5\ \text{nF} = 10^{-12}, \sqrt{L \cdot C} = 10^{-6}$

$\frac{1}{\sqrt{L \cdot C}} = 10^6$ (ergibt Punkt $P_5$ in Bild 11.6)

b) $L \cdot C = 20\ \mu\text{H} \circ 0{,}5\ \text{nF} = 10^{-14}, \sqrt{L \cdot C} = 10^{-7}$

$\frac{1}{\sqrt{L \circ C}} = 10^7$ (ergibt Punkt $P_6$ in Bild 11.6)

Und schließlich folgt für Schalterstellung (4) in Bild 11.5 (entspricht der Geraden (4) in Bild 11.6) nach Berechnung von $C_{ges.}$ aus zweimal 0,1 nF nach Gleichung 11.6 zu 0,05 nF:

a) $L \cdot C = 20\ \text{mH} \cdot 0{,}05\ \text{nF} = 10^{-12}, \sqrt{L \cdot C} = 10^{-6}$

$\frac{1}{\sqrt{L \cdot C}} = 10^6$ (ergibt Punkt $P_7$ in Bild 11.6)

b) $L \cdot C = 200\ \mu\text{H} \cdot 0{,}05\ \text{nF} = 10^{-14}, \sqrt{L \cdot C} = 10^{-7}$

$\frac{1}{\sqrt{L \circ C}} = 10^7$ (ergibt Punkt $P_8$ in Bild 11.6)

Die Werte für die berechneten $C_{ges.}$ sind bei den Geraden (1) bis (4) in Bild 11.6 als Parameter angeschrieben.

Nun ist noch die Lage der steigenden Geraden in Bild 11.6 festzustellen: Aus Gleichung 11.4 ist der Bestandteil $\frac{1}{\sqrt{L \cdot C}}$ schon auf der Ordinatenachse eingetragen. Der Gleichungsbestandteil $\frac{1}{2\pi}$ ist konstant K = 0,16 (genau 0,159155). Wir berechnen zwei Punkte mit K = 0,16 und mit dem kleinsten und dem größten Wert von $\frac{1}{\sqrt{L \cdot C}}$

$P_9$ : $0{,}16 \cdot 10^5 = 16 \cdot 10^3\ \text{Hz} = 16\ \text{kHz}$
$P_{10}$ : $0{,}16 \cdot 10^7 = 1{,}6 \cdot 10^6\ \text{Hz} = 1{,}6\ \text{MHz}$

Wenn dann die Teilung der oberen Abszissenachse links mit 10 kHz beginnt, dann kann die Frequenzskala vervollständigt und die steigende Gerade mit $P_9$ und $P_{10}$ gezeichnet werden.

In Bild 11.6 sind zwei Ablesebeispiele durch gestrichelte Linien gekennzeichnet, wobei für die Ablesung immer vom oberen Bildrand auszugehen ist.

Ablesebeispiel 1:

Wenn bei Schalterstellung (1) eine Schwingfrequenz von 40 kHz gefunden wurde, so folgt man dem Verlauf der gestrichelten Linien von (A) über (B) und (C) nach (D), wo der Wert der gemessenen Induktivität zu 320 $\mu$H abzulesen ist.

Ablesebeispiel 2:

Mit einer bei Schalterstellung (2) ermittelten Schwingfrequenz von 225 kHz geht man von (E) am oberen Bildrand aus und verfolgt wieder die gestrichelten Linien über (F), (G) bis (H) und findet am unteren Bildrand die gesuchte Induktivität zu 100 $\mu$H.

Hätte man die soeben mit 225 kHz abgelesene Schwingfrequenz nicht bei Schalterstellung (2) sondern bei (3) erhalten, so dürfte man am Punkt (F) nicht nach links zur Geraden (2) weitergehen sondern müßte sich nach rechts zur Geraden (3) wenden und fände dann über (J) auf Gerade (3) unten bei (K) den Induktivitätswert von 1 mH.

Grundsätzlich ist also von der ermittelten Frequenz am oberen Bildrand auszugehen und zunächst die steigende Gerade zu erreichen. Dann muß man – je nach der gewählten Schalterstellung – entweder nach links o d e r nach rechts horizontal zu einer der vier parallelen Geraden weitergehen, die zur Schalterstellung gehört. Darunter ist dann der gesuchte Induktivitätswert abzulesen.

Das Diagramm Bild 11.6 kann natürlich auch in umgekehrter Reihenfolge der Ablesungen benutzt werden, wenn es z. B. darum geht, die Schwingfrequenz eines Colpitts-Oszillators mit vorgegebenen Indutivitäts- und/oder Kapazitätswerten abzuschätzen.

# 12 Computer-Berechnungen

Im Text der vorhergehenden Kapitel wurde schon mehrfach auf die Ergebnisse hingewiesen, die nach Eingabe der x- und y-Werte in einen Computer auf dem Bildschirm angezeigt oder von einem Drucker (oder auch Plotter) ausgegeben werden. Dabei ist auch oft auf die Bedeutung des Korrelationskoeffizienten K aufmerksam gemacht worden, der möglichst nahe bei + 1 oder − 1 liegen sollte, womit die Qualität der Meßergebnisse in Zusammenhang gebracht werden kann.

Hier sei jedoch nochmals darauf hingewiesen, daß es mitunter nützlich sein kann, eine Kurve oder Gerade zunächst auf mm-Papier zu zeichnen und erst dann – je nach dem vorgefundenen Ergebnis – alle oder nur einen Teil der Meßwerte in den Computer einzugeben. Zwei Beispiele mögen das beleuchten:

In der folgenden Tabelle sind zwei Meßwert-Reihen aufgeführt, die zur Zeichnung des Bildes 12.1 führten.

Die rechts gezeichnete Kurve (1) hat eine gewisse Ähnlichkeit mit der in Bild 1.1 (S. 2) abgebildeten, sie läßt ebenfalls erwarten, daß nur der lineare Teil weiterzuver-

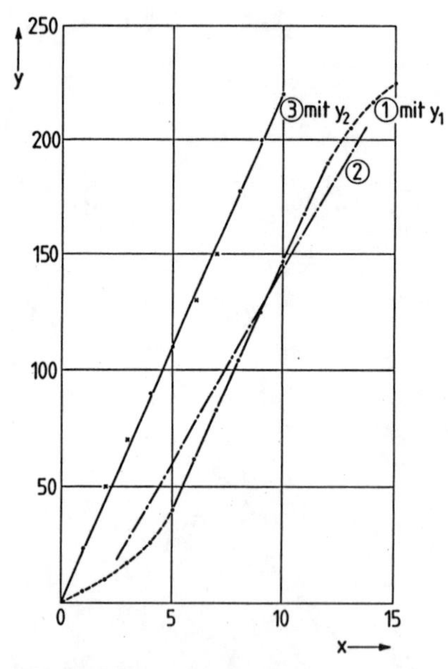


**Bild 12.1** Zwei Beispiele für die Behandlung von Meßwerten mit unverwertbaren Kurvenstücken bzw. mit „Ausreißern"

**Tabelle 12.1**

| x | y1 | y2 |
|---|---|---|
| 0,0 | (0,0) | 0,0 |
| 1,0 | (5,0) | 23,0 |
| 2,0 | (10,0) | (50,0) |
| 3,0 | (17,5) | (70,0) |
| 4,0 | (26,0) | 90,0 |
| 5,0 | 40,0 | 110,0 |
| 6,0 | 62,0 | (130,0) |
| 7,0 | 82,5 | (150,0) |
| 8,0 | 104,5 | 177,5 |
| 9,0 | 125,0 | 200,0 |
| 10,0 | 147,0 | 220,0 |
| 11,0 | 168,0 | |
| 12,0 | 190,0 | |
| 13,0 | (205,0) | |
| 14,0 | (216,0) | |
| 15,0 | (225,0) | |

arbeiten ist. Gibt man alle y1-Werte der Tabelle 12.1 in den Computer ein, so erhält man als Rechenergebnis folgende Funktion:

$$y1 = 16{,}99 \cdot x - 25{,}98$$

und dazu den relativ „schlechten" Korrelationskoeffizienten K = 0,98886. (Dazu gehört die strichpunktiert eingezeichnete Gerade (2).)

Läßt man dagegen die in Tabelle 12.1 eingeklammerten Werte weg, so erhält man für den „brauchbaren", linearen Teil die Funktion:

$$y1 = 21{,}36 \cdot x - 66{,}66$$

und einen Korrelationskoeffizienten K = 0,99997, der anzeigt, daß dieser Kurventeil auf sehr genaue Messungen zurück geht.

Betrachtet man nun die links gezeichnete Gerade (3) und gibt wieder alle Meßwerte (y2) ein, so erhält man die Funktion:

$$y2 = 21{,}73 \cdot x + 2{,}30 \text{ mit } K = 0{,}99937.$$

Da von insgesamt 10 Meßwerten nur 4 als streuend anzusehen sind, scheint es verantwortbar, diese bei der Berechnung einmal auszulassen (in Tabelle 12.1 ebenfalls eingeklammert geschrieben) und nur die wirklich auf der Geraden liegenden einzugeben. Dann erhält man das genauere Ergebnis:

$$y2 = 22{,}05 \cdot x + 0{,}66 \text{ mit } K = 0{,}99994.$$

Die Zeichnung in Bild 12.1 läßt den Ordinatenabschnitt n = 0,66 schon gar nicht mehr erkennen, während das in der vorher gefundenen Funktion n = 2,30 schon auf den ersten Blick zeigen würde, daß die Gerade nicht (etwa) durch den Koordinatenursprung geht. Ohne Zeichnung hätte man die durch Kreuze gekennzeichneten 4 „Ausreißer" nicht erkennen können.

Nach diesen Vorbemerkungen folgen nun die Erläuterungen und das Listing zum erarbeiteten Programm.

## 12.1 Beschreibung des Programmes

Das Programm „Funktion finden" kann Funktionsgleichungen aus eingegebenen Wertepaaren ermitteln. Folgende Funktionstypen können erkannt werden:

| | |
|---|---|
| 1. lineare Funktionen | $y = m \cdot x + n$ |
| 2. e-Funktionen | $y = n \cdot e^{(m \cdot x)}$ |
| 3. Potenzfunktionen | $y = n \cdot x^m$ |
| 4. logarithmische Funktionen | $y = m \cdot \ln(x) + n$ |

Das Programm errechnet jeweils die beste Näherung für die Koeffizienten m und n mit der Methode der linearen Regression. Der Korrelationskoeffizient wird mit angegeben. Nach der Berechnung von m und n können die Wertepaare sowie die Regressionsgerade auf dem Bildschirm graphisch dargestellt werden.

## 12.2 Hinweise zur Bedienung

Nach Starten des Programms erscheint auf dem Bildschirm ein Menü aus dem 4 Punkte wählbar sind.

### 12.2.1 Wertetabelle editieren (1)

Nach Eingabe der Menüoption 1 kann die Liste der Wertepaare erstellt bzw. editiert werden. Sind noch keine Daten vorhanden, werden Sie aufgefordert die ersten Wertepaare einzugeben. Sie können die Eingabe beenden, wenn Sie für einen x- oder y-Wert den Buchstaben „e“ bzw. „E“ eingeben. Auf diese Weise gelangen Sie zum obigen Menü zurück.

Haben Sie schon vorher Daten eingegeben, so erscheinen diese in einer Wertetabelle auf dem Bildschirm, ferner haben Sie 5 Möglichkeiten im Editiermenü zu wählen. Sie können Wertepaare hinzufügen 1, löschen 2, korrigieren 3. Geben Sie dazu jeweils nur die Nummer (1, 2, 3) und die Nummer des Wertepaares an.

Mit der Option 4 können Sie die ganze Wertetabelle löschen und daraufhin neu eingeben. Option 5 führt Sie zum Hauptmenü zurück.

Sollten Sie aus Versehen die Option 2 („Löschen“) angewählt haben, so geben Sie als Wertepaarnummer einfach 0 ein und Sie gelangen direkt, ohne zu löschen, in das Editiermenü zurück.

### 12.2.2 Rechnen (2)

Mit der Wahl dieser Menüoption werden die günstigsten Parameter m, n und K ermittelt. Um die lineare Regression auch auf e-, logarithmische- und Potenz-Funktionen anwenden zu können, werden jeweils die x-Werte, die y-Werte oder beide logarithmiert.

Beispiel: $y = x^2$

Mit den Wertepaaren (1;1), (2;4), (3;9) findet das Programm richtig: Potenzfunktion der Form: $n \cdot x^m$, mit m = 2, n = 1 und K = 1. Gibt man zusätzlich das Wertepaar (− 2;4) ein, so wird nun die beste Näherung für eine lineare Funktion angegeben, da log (− 2) nicht gebildet werden konnte.

Die Anwahl der Menüoption (2 = „Berechnung“) ist Voraussetzung für eine spätere graphische Darstellung, weil das Programm vorher nicht weiß, was für eine Funktion es darstellen soll.

### 12.2.3 Graphik (3)

Diese Menüoption stellt die berechneten Werte graphisch dar. Die X- und Y-Achse können logarithmisch oder linear geteilt sein, was vom Funktionstyp abhängt. Bei einer logarithmischen Teilung liegt der Ursprung nicht bei 0 sondern bei 1.

Es werden die Meßwerte in Form von Kreuzen, die Regressionsgerade als durchgehende Linie dargestellt. Die graphische Darstellung kann man durch den Druck einer beliebigen Taste wieder verlassen.

### 12.2.4 Ende (4)

Über Menüoption 4 wird das Programm verlassen.

### 12.2.5 Pascal-Programm

Im Anhang S. 163 ist das Listing eines Pascal-Programms abgedruckt. Dieses Programm ist eine reduzierte Version des BASIC-Programms. Der Graphikteil und der Editiermodus entfallen hier. Das Programm fragt zunächst die Anzahl der Meßwerte ab. Es folgt die Eingabe der Wertepaare und direkt danach, ohne weiteren Aufruf, wird die Funktion berechnet und das Ergebnis auf dem Bildschirm ausgegeben. Das Programm wird verlassen, indem man für die Anzahl der Wertepaare ‚0' eingibt.

## 12.3 Bedeutung der einzelnen Variablen

| | |
|---|---|
| X, Y | Hier werden die Meßergebnisse gespeichert. |
| XR, YR | Für die Regression und die Umrechnung von linearen Meßergebnissen in logarithmische werden die Meßergebnisse von X und Y zwischengespeichert. |
| ANZ | Anzahl der Meßergebnisse. |
| K$, CL$ | Konstante Strings für Bildschirmausgaben. |
| M0 | Umrechnungsfaktor von natürlichem in dekadischen Logarithmus. |
| A$, ZAHL$ | Eingabestring bei Menüs oder Wertepaareingaben. |
| S, S$ | Schleifenvariable, Schleifenstring zur Achsenbeschriftung. |
| XQ, YQ | Mittelwerte bei der Regressionsanalyse. |
| S1, S2, S3 | Zwischensummen zur Fehlerabschätzung der linearen Regression. |
| M, N. R | Ergebnisse des Unterprogramms „Lineare Regression". |
| M1 ..4,<br>N1 ..4,<br>R1 ..4 | Ergebnisse der Regression für die unterschiedlichen Funktionstypen. |
| RM, FF | Maximaler Korrelationskoeffizient, die Nummer der dazugehörenden Funktion. |
| FL | Laufvariable mit der aktuellen Funktionsnummer. |
| N | Eingabevariable des Editorteils. |
| XF, YF | Testvariable ob einer der Funktionswerte (X oder Y) kleiner 0 ist. Ist dies der Fall, so ist XF = 1 bzw. YF = 1. |
| X0, Y0 | Achsenkreuzkoordinaten. |
| XP, YP | Koordinaten für die Beschriftungsausgabe. |
| GX, KX, GX2<br>GY, KY, GY2 | Maximales X, minimales X, maximales X (absolut). |
| XMAX, YMAX | Grenzen für Achsenbeschriftung. |
| MX, MY<br>LX, LY<br>SX, SY | Maßstabsfaktoren für Funktionswerte und die Beschriftung der Achsen. |
| X1 ..2,<br>Y1 ..2,<br>XPOS, YPOS | Koordinaten zur Bildschirmausgabe von Linien. |

## 12.4 Hinweise zur Anpassung des Programms an verschiedene Rechner

Das Programm wurde ursprünglich auf einem IBM-PC mit GW-BASIC 3.1 geschrieben. Bis auf den Graphikteil, wurden Standard-Befehle benutzt, die nahezu jeder BASIC-Interpreter versteht.

Zeile 160–180:
CL$ wird hier der ASCII-Code für das Bildschirmlöschen zugeordnet. Die Befehle SCREEN und KEY OFF sind IBM-spezifisch und dienen dazu, die Statuszeile 25 abzuschalten, sowie den Bildschirm in den hochauflösenden Modus umzuschalten. Hierbei wurde von dem Standardgraphikadapter mit 640 × 200 Punkten ausgegangen. Wird auf die graphische Darstellung verzichtet, können diese Zeilen ausgelassen werden.

Zeile 2220:
Als einziger Graphikbefehl wurde: LINE (X1, Y1)–(X2, Y2) benutzt. Dieser Befehl zeichnet eine Linie von (X1, Y1) nach (X2, Y2). Der Nullpunkt dieser Koordinaten ist die obere, linke Bildschirmecke.

Leider stellt GW-BASIC keinen Befehl zur Verfügung, der einen Text im hochauflösenden Modus an der Bildschirmkoordinate (X1, Y1) ausgibt. Dafür ist der PRINT-Befehl weiter aktiv. Mit dem Befehl LOCATE Y, X, 1 wird der normale Textcursor in die Zeile Y und Spalte X gesetzt. Mit PRINT kann sodann der entsprechende Text ausgegeben werden. Die Textausgabe ist somit an den normalen Zeilenabstand von 8 Bildschirmpunkten gebunden. Dementsprechend werden bei der Maßstabsberechnung die Achsen und die Schrittweiten an die zeilenweise Textausgabe angeglichen um ein einheitliches Bild zu erzeugen.

## 12.5 Testlauf

Wir wollen noch das Programm mit 6 Funktionen überprüfen. Die Werte sind in Tabelle 12.2 enthalten. Es handelt sich hierbei um Funktionen, die den Kurventypen A bis F in Bild 5.10 (S. 55) entsprechen:

A) $y = 50\ e^{-0,4\ x}$ D) $y = 48\ x^{-1}$
B) $y = 4,1\ e^{0,11\ x}$ E) $y = 0,7\ x^{1,2}$
C) $y = 7,5 \ln(x) + 4,2$ F) $y = 6\ x^{0,5}$

**Tabelle 12.2**

| Kurve in Bild 12.2 | A | B | C | D | E | F |
|---|---|---|---|---|---|---|
| x | y1 | y2 | y3 | y4 | y5 | y6 |
| 2,0 | 22,5 | 5,1 | 9,4 | 24,0 | 1,6 | 8,5 |
| 4,0 | 10,1 | 6,4 | 14,7 | 12,0 | 3,7 | 12,0 |
| 6,0 | 4,5 | 7,9 | 17,6 | 8,0 | 6,0 | 14,7 |
| 8,0 | 2,0 | 9,9 | 19,8 | 6,0 | 8,5 | 17,0 |
| 10,0 | 0,9 | 12,3 | 21,5 | 4,8 | 11,1 | 19,0 |
| 12,0 | 0,4 | 15,3 | 22,8 | 4,0 | 13,8 | 20,8 |
| 14,0 | 0,2 | 19,1 | 24,0 | 3,4 | 16,6 | 22,4 |
| 16,0 | 0,1 | 23,8 | 25,0 | 3,0 | 19,5 | 24,0 |

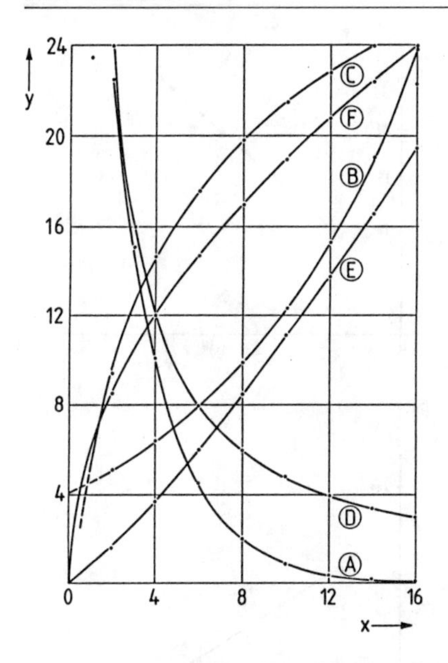


**Bild 12.2**

Die Kurventypen (A) bis (F) nach Bild 5.10 für den Testlauf des Computer-Programms nach Tabelle 12.2

Die Koeffizienten erscheinen zunächst sehr willkürlich gewählt. Man stellt jedoch fest, daß diese Funktionen gut in ein einziges Koordinatensystem eingetragen werden können (siehe Bild 12.2).

Nach dem Programmstart können Sie nun über Menüoption 1 die obigen Werte eingeben. Das Ergebnis auf dem Bildschirm für die 6 obengenannten Funktionen sehen Sie auf den folgenden Seiten. Für alle Funktionen wurden die Werte der Tabelle eingegeben und die Menüoptionen 2 und 3 nacheinander aufgerufen.

Ergebnis A:

e-Funktion der Form: y = n * e ^ (m * x)
m = – .3903701
n = 46.97104
Korrelationskoeffizient K = – .9995744

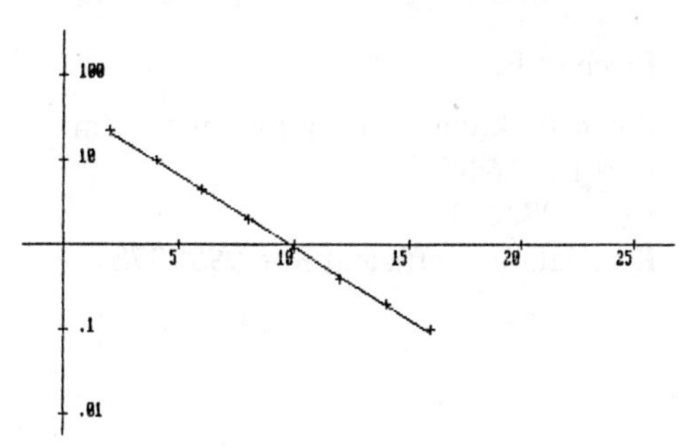


Ergebnis B:

e-Funktion der Form: y = n * e ^ (m * x)
m = .109822
n = 4.103425
Korrelationskoeffizient K = .9999862

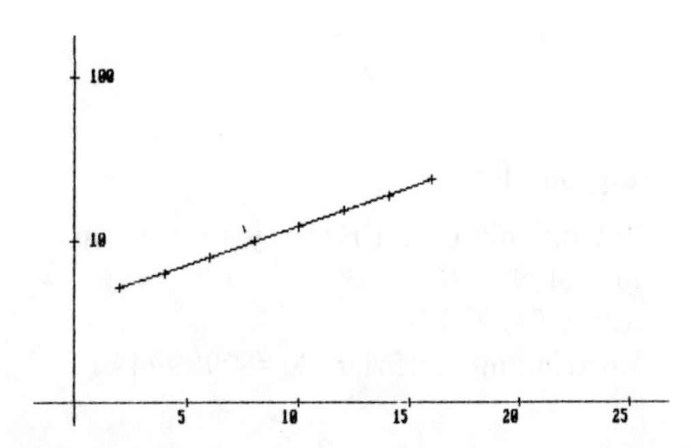

Ergebnis C:

Logarithmusfunktion der Form: y = m * ln (x) + n
m = 7.483309
n = 4.243277
Korrelationskoeffizient K = .9999672

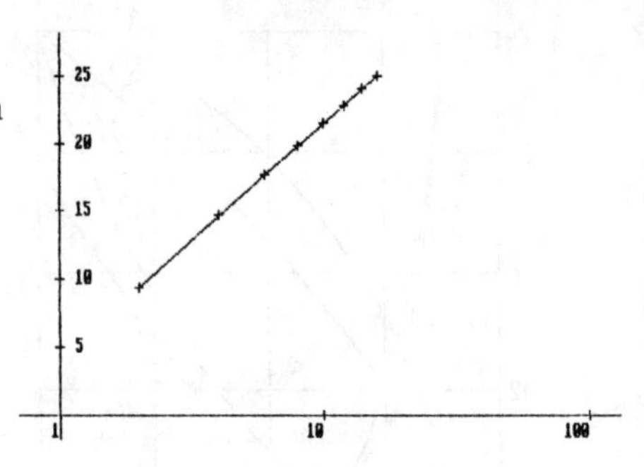


Ergebnis D:

Potenzfunktion der Form: y = n * x ^ m
m = − 1.001499
n = 48.09511
Korrelationskoeffizient K = − .9999924

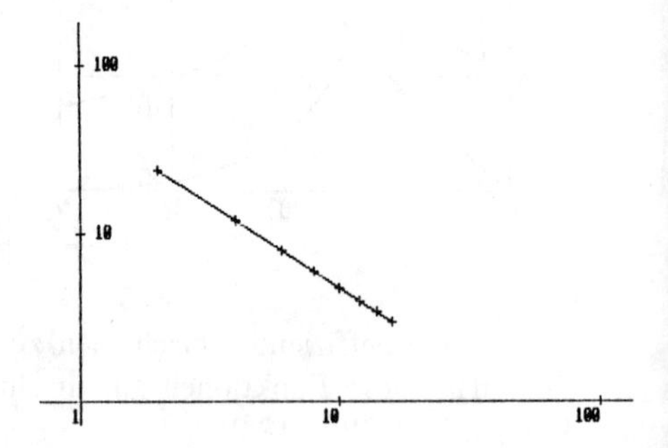


Ergebnis E:

Potenzfunktion der Form: y = n * x ^ m
m = 1.201644
n = .6972672
Korrelationskoeffizient K = .9999978

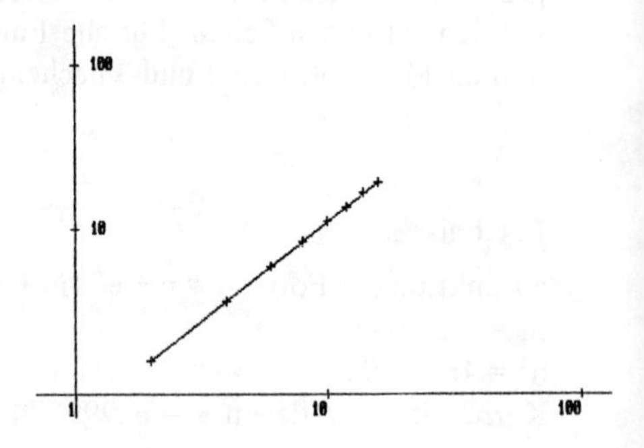


Ergebnis F:

Potenzfunktion der Form: y = n * x ^ m
m = .4991678
n = 6.012775
Korrelationskoeffizient K = .9999944

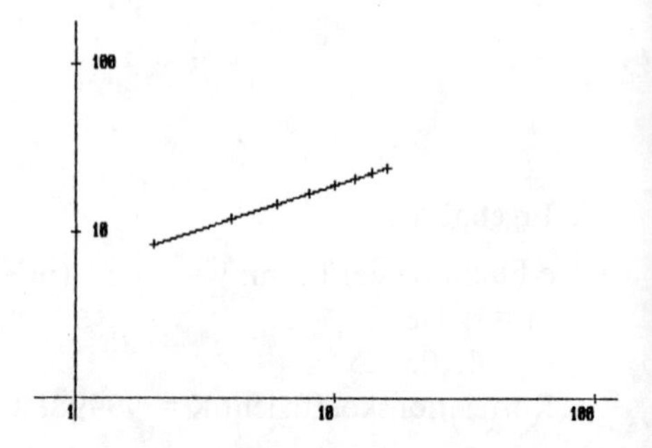

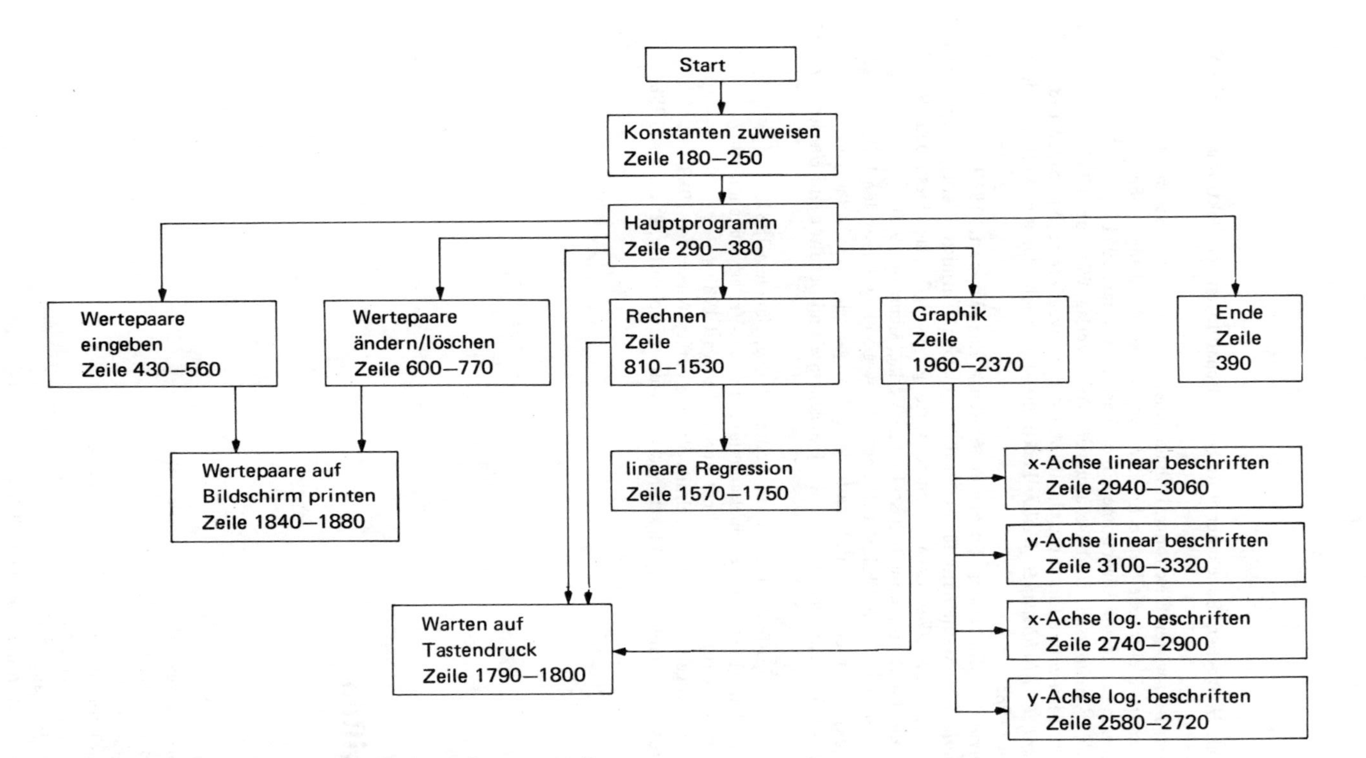


**Bild 12.3** Aufrufplan für die verschiedenen Programmteile

# 13 Literaturverzeichnis

[1] *W. Bauer, H. Wagner:* Bauelemente und Grundschaltungen der Elektronik. Hanser-Verlag, München, 1977
[2] *D. Benda:* Basiswissen Elektronik, II. Bauelemente. VDE-Verlag, Berlin 1982
[3] *K. Bergmann:* Elektrische Meßtechnik. Vieweg-Verlag, Wiesbaden 1988
[4] *F. Bergtold:* Elektronik Diagramme. Frech-Verlag, Stuttgart 1971
[5] *K. Beuth, W. Schmusch:* Grundschaltungen. Vogel-Verlag, Würzburg 1985
[6] *K. Bosch:* Elementare Einführung in die Statistik. Vieweg-Verlag, Wiesbaden 1987
[7] *U. Erhard, R. Fischbach, H. Weiler:* Praktisches Lehrbuch Statistik. Verlag Moderne Industrie, Augsburg 1985
[8] *H. Häberle* u. a.: Elektronik. Europa Lehrmittel Verlag, Wuppertal 1969
[9] *H. Häberle* u. a.: Mathematik für Elektroniker. Europa Lehrmittel Verlag, Wuppertal 1972
[10] *R. H. Leaver, T. R. Thomas:* Versuchsauswertung. Vieweg-Verlag, Wiesbaden 1977
[11] *O. Limann:* Elektronik ohne Ballast. Franzis-Verlag, München 1970
[12] *B. Morgenstern:* Elektronik I. Bauelemente. Vieweg-Verlag, Wiesbaden 1986
[13] *B. Morgenstern:* Elektronik II. Schaltungen. Vieweg-Verlag, Wiesbaden 1987
[14] *H. Müseler, T. Schneider:* Elektronik, Bauelemente und Schaltungen. Hanser-Verlag, München 1975
[15] *B. Rentzsch:* Begriffe der Elektronik. Franzis-Verlag, München 1981
[16] *G. Rose:* Kleine Elektronik-Formelsammlung. Franzis-Verlag, München 1987
[17] *H. Schremser:* Grundwissen. Teubner-Verlag, Stuttgart 1982
[18] *A. v. Weiss:* Allgemeine Elektrotechnik. Vieweg-Verlag, Wiesbaden 1983
[19] *P. Zastrow:* Rechenbuch der Elektronik. Frankfurter Fachverlag, Frankfurt 1988

# Zeitschriften

[20] Elektor – Jahrgang 1970
[21] Elektor – Jahrgang 1972
[22] Elektor – Jahrgang 1988
[23] ELO – Jahrgang 1981
[24] Elrad – Jahrgang 1985
[25] Elrad – Jahrgang 1988
[26] Elrad – Jahrgang 1989
[27] Populäre Elektronik – Jahrgang 1981

# Anhang

## Programmlisting „FUNKTION FINDEN" (Basic)

```
10 REM ************************************************************
20 REM **                    FUNKTION FINDEN                       **
30 REM **                          von                             **
40 REM **         Werner Winkelhake und Stefan Thomas              **
50 REM **                    (C) 1988,1989                         **
60 REM ************************************************************
70 REM
80 REM  ******************************************************
90 REM  ** Variablen dimensionieren und Startwerte zuweisen **
100 REM ******************************************************
110 REM
120 DIM X(20),Y(20),XR(20),YR(20)
130 ANZ = 0
140 K$ = "Korrelationskoeffizient K ="
150 M0 = LOG(10):           REM Konstante zur Umrechnung Ln,Log
160 CL$ = CHR$(12):         REM Bildschirm Loeschstring
170 SCREEN 2:               REM Einschalten der Hochaufloesenden Grafik
180 KEY OFF:                REM Abschalten der Statuszeile 25
190 PRINT CL$:              REM Bildschirm loeschen
200 GOTO 730
210 REM
220 REM **********************
230 REM ** Standardroutinen **
240 REM **********************
250 REM --------------------------
260 REM ** Tastaturabfrage auf a$ **
270 REM --------------------------
280 A$ = INKEY$: IF A$ = "" THEN 280
290 RETURN
300 REM --------------------------
310 REM ** Wertetabelle ausgeben **
320 REM --------------------------
330 PRINT"Nr.      X         Y"
340 FOR S = 1 TO ANZ
350 PRINT USING"##.>    ";S;
360 PRINT USING"###.### ;  ";X(S);
370 PRINT USING"###.###";Y(S)
380 NEXT S: RETURN
390 REM -------------------
400 REM ** Werte eingeben **
410 REM -------------------
420 ANZ = ANZ+1: PRINT "Nr.";USING"## X = ";ANZ;
430 INPUT ZAHL$: IF ZAHL$ ="E" OR ZAHL$ = "e" THEN 470
440 X(ANZ) = VAL(ZAHL$): PRINT TAB(7)"Y = ";:
450 INPUT ZAHL$: IF ZAHL$ ="E" OR ZAHL$ = "e" THEN 470
460 Y(ANZ) = VAL(ZAHL$): PRINT: GOTO 420
470 ANZ = ANZ-1: RETURN
480 REM
490 REM ***************************************
500 REM ** Unterprogramm LINEARE REGRESSION **
510 REM ***************************************
520 REM
530 IF ANZ < 2 THEN 650: REM zuwenig Werte
540 XQ = 0: YQ = 0: S1 = 0: S2 = 0: S3 = 0
550 FOR S = 1 TO ANZ
```

```
560 XQ = XQ+XR(S)/ANZ: YQ = YQ+YR(S)/ANZ: REM Mittelwert bilden
570 NEXT S
580 FOR S = 1 TO ANZ
590 S1 = S1+(XR(S)-XQ)*(YR(S)-YQ)
600 S2 = S2+(XR(S)-XQ)^2
610 S3 = S3+(YR(S)-YQ)^2
620 NEXT S
630 M = S1/S2: N = YQ-M*XQ: R = S1/SQR(S2*S3)
640 IF ABS(R)>ABS(RM) THEN RM = R: FL = FF: REM Neuen Maximalwert merken
650 RETURN
660 REM
670 REM ******************
680 REM ** Hauptprogramm **
690 REM ******************
700 REM
710 REM ** Menue **
720 REM
730 PRINT: PRINT"FUNKTIONEN FINDEN:" : PRINT
740 PRINT"1.   Wertetabelle erstellen/editieren"
750 PRINT"2.   Berechnung":
760 PRINT"3.   Grafik" :
770 PRINT"4.   Ende"
780 GOSUB 280: ON VAL(A$) GOSUB 860,1250,1920,800
790 GOTO 730 : REM Zurueck zum Anfang
800 END
810 REM
820 REM ****************************
830 REM ** Wertetabelle editieren **
840 REM ****************************
850 REM
860 IF ANZ = 0 THEN 1140: REM Funktionswerte neu eingeben
870 PRINT: PRINT"Wertetabelle :": PRINT
880 GOSUB 330: PRINT
890 PRINT"1. Hinzufuegen, 2. Loeschen, 3. Aendern, 4. Neu, 5. Ende"
900 PRINT: GOSUB 280: ON VAL(A$) GOTO 950,1000,1080,1120,1190
910 GOTO 870
920 REM ---------------------------
930 REM ** Wertetabelle erweitern **
940 REM ---------------------------
950 PRINT"Beenden Sie mit 'E'": PRINT
960 GOSUB 400 :GOTO 870
970 REM  ----------------------------
980 REM ** einzelne Werte loeschen **
990 REM ----------------------------
1000 PRINT"Welche Nummer loeschen : ";:INPUT N:IF N = 0 THEN GOTO 870
1010 FOR S = N TO ANZ-1
1020 X(S) = X(S+1): Y(S) = Y(S+1)
1030 NEXT S: ANZ = ANZ-1
1040 GOTO 870
1050 REM ------------------
1060 REM ** Werte aendern **
1070 REM ------------------
1080 PRINT"Welche Nummer aendern :";: INPUT N: PRINT
1090 PRINT"Nr.";USING"## X = ";N;: INPUT ZAHL$: X(N) = VAL(ZAHL$)
1100 PRINT TAB(7)"Y = ";: INPUT ZAHL$: Y(N) = VAL(ZAHL$)
1110 GOTO 870
1120 ANZ = 0: PRINT"Neue Wertetabelle: ": PRINT: GOTO 1180
1130 REM ---------------------------------
1140 REM ** erstmalige Eingabe von Werten **
1150 REM ---------------------------------
1160 PRINT: PRINT"Bisher keine Werte!"
1170 PRINT"Beginnen Sie mit Nr.1 und beenden Sie mit 'E'": PRINT
1180 GOSUB 420
1190 RETURN
```

```
1200 REM
1210 REM ****************
1220 REM ** Berechnung **
1230 REM ****************
1240 REM
1250 IF ANZ<2 THEN RETURN: REM zu wenig Werte
1260 RM = 0: XF = 0: YF = 0: FL = 0
1270 FOR S = 1 TO ANZ
1280 IF X(S) <= 0 THEN XF = 1: REM Test ob ein X-Wert < 0
1290 IF Y(S) <= 0 THEN YF = 1: REM Test ob ein Y-Wert < 0
1300 NEXT S
1310 REM ----------------------------
1320 REM ** dX auf lineare Funktion y = m*x+n **
1330 REM ----------------------------
1340 FOR S = 1 TO ANZ: XR(S) = X(S): YR(S) = Y(S): NEXT S
1350 FF = 1: GOSUB 530: R1 = R: M1 = M: N1 = N
1360 REM ------------------------------------
1370 REM ** dX auf e-Funktion y = n*e^(m*x) **
1380 REM ------------------------------------
1390 IF YF = 1 THEN 1430
1400 FOR S = 1 TO ANZ: YR(S) = LOG(Y(S)): NEXT S
1410 FF = 2: GOSUB 530: N = EXP(N): R2 = R: M2 = M: N2 = N
1420 REM ------------------------------------
1430 REM ** dX auf Potenzfunktion y = n*x^m **
1440 REM ------------------------------------
1450 IF XF = 1 OR YF = 1 THEN 1490
1460 FOR S = 1 TO ANZ: XR(S) = LOG(X(S)): NEXT S
1470 FF = 3: GOSUB 530: N = EXP(N): R3 = R: M3 = M: N3 = N
1480 REM ------------------------
1490 REM ** dX auf log. Funktion y = m*ln(x)+n **
1500 REM ------------------------
1510 IF XF = 1 THEN 1550
1520 FOR S = 1 TO ANZ: YR(S) = Y(S): XR(S) = LOG(X(S)): NEXT S
1530 FF = 4: GOSUB 530: R4 = R: M4 = M: N4 = N
1540 REM ----------------------------------------
1550 REM ** Ergebnisse auf Bildschirm ausgeben **
1560 REM ----------------------------------------
1570 PRINT: PRINT"Ergebnis: ": ON FL GOSUB 1590,1660,1730,1800
1580 RETURN
1590 PRINT: PRINT"lineare Funktion: y = m*x+n"
1600 PRINT"Richtungsfaktor: m = ";M1
1610 PRINT"Achsenfaktor:    n = ";N1
1620 PRINT K$;R1
1630 FOR S = 1 TO ANZ: XR(S) = X(S): YR(S) = Y(S): NEXT S
1640 M = M1: N = N1
1650 RETURN
1660 PRINT: PRINT"e-Funktion der Form: y = n*e^(m*x)"
1670 PRINT"m = ";M2
1680 PRINT"n = ";N2
1690 PRINT K$;R2
1700 FOR S = 1 TO ANZ: XR(S) = X(S): YR(S) = LOG(Y(S)): NEXT S
1130 REM ----------------------------------
1140 REM ** erstmalige Eingabe von Werten **
1150 REM ----------------------------------
1160 PRINT: PRINT"Bisher keine Werte!"
1170 PRINT"Beginnen Sie mit Nr.1 und beenden Sie mit 'E'": PRINT
1180 GOSUB 420
1190 RETURN
```


```
1200 REM
1210 REM ****************
1220 REM ** Berechnung **
1230 REM ****************
1240 REM
1250 IF ANZ<2 THEN RETURN: REM zu wenig Werte
```

```
1260 RM = 0: XF = 0: YF = 0: FL = 0
1270 FOR S = 1 TO ANZ
1280 IF X(S) <= 0 THEN XF = 1: REM Test ob ein X-Wert < 0
1290 IF Y(S) <= 0 THEN YF = 1: REM Test ob ein Y-Wert < 0
1300 NEXT S
1310 REM -----------------------------
1320 REM ** dX auf lineare Funktion y = m*x+n **
1330 REM -----------------------------
1340 FOR S = 1 TO ANZ: XR(S) = X(S): YR(S) = Y(S): NEXT S
1350 FF = 1: GOSUB 530: R1 = R: M1 = M: N1 = N
1360 REM -------------------------------------
1370 REM ** dX auf e-Funktion y = n*e^(m*x) **
1380 REM -------------------------------------
1390 IF YF = 1 THEN 1430
1400 FOR S = 1 TO ANZ: YR(S) = LOG(Y(S)): NEXT S
1410 FF = 2: GOSUB 530: N = EXP(N): R2 = R: M2 = M: N2 = N
1420 REM -------------------------------------
1430 REM ** dX auf Potenzfunktion y = n*x^m **
1440 REM -------------------------------------
1450 IF XF = 1 OR YF = 1 THEN 1490
1460 FOR S = 1 TO ANZ: XR(S) = LOG(X(S)): NEXT S
1470 FF = 3: GOSUB 530: N = EXP(N): R3 = R: M3 = M: N3 = N
1480 REM -------------------------
1490 REM ** dX auf log. Funktion y = m*ln(x)+n **
1500 REM -------------------------
1510 IF XF = 1 THEN 1550
1520 FOR S = 1 TO ANZ: YR(S) = Y(S): XR(S) = LOG(X(S)): NEXT S
1530 FF = 4: GOSUB 530: R4 = R: M4 = M: N4 = N
1540 REM -----------------------------------------
1550 REM ** Ergebnisse auf Bildschirm ausgeben **
1560 REM -----------------------------------------
1570 PRINT: PRINT"Ergebnis: ": ON FL GOSUB 1590,1660,1730,1800
1580 RETURN
1590 PRINT: PRINT"lineare Funktion: y = m*x+n"
1600 PRINT"Richtungsfaktor: m = ";M1
1610 PRINT"Achsenfaktor:    n = ";N1
1620 PRINT K$;R1
1630 FOR S = 1 TO ANZ: XR(S) = X(S): YR(S) = Y(S): NEXT S
1640 M = M1: N = N1
1650 RETURN
1660 PRINT: PRINT"e-Funktion der Form: y = n*e^(m*x)"
1670 PRINT"m = ";M2
1680 PRINT"n = ";N2
1690 PRINT K$;R2
1700 FOR S = 1 TO ANZ: XR(S) = X(S): YR(S) = LOG(Y(S)): NEXT S
1710 M = M2: N = LOG(N2)
1720 RETURN
1730 PRINT: PRINT"Potenzfunktion der Form: y = n*x^m"
1740 PRINT"m = ";M3
1750 PRINT"n = ";N3
1760 PRINT K$;R3
1770 FOR S = 1 TO ANZ: XR(S) = LOG(X(S)): YR(S) = LOG(Y(S)): NEXT S
1780 M = M3: N = LOG(N3)
1790 RETURN
1800 PRINT: PRINT"Logarithmusfunktion der Form: y = m*ln(x)+n"
1810 PRINT"m = ";M4
1820 PRINT"n = ";N4
1830 PRINT K$;R4
1840 FOR S = 1 TO ANZ: XR(S) = LOG(X(S)): YR(S) = Y(S): NEXT S
1850 M = M4: N = N4
1860 RETURN
1870 REM
1880 REM ***********************************************
1890 REM ** Grafische Ausgabe der Regressionsgeraden **
1900 REM ***********************************************
```

```
1910 REM
1920 IF FL = 0 THEN 3210: REM Keine Berechnung vorrausgegangen
1930 X0 = 320: Y0 = 101: XP = 42: YP = 14
1940 GX = XR(1): GY = YR(1): KX = GX: KY = GY
1950 REM -------------------------------
1960 REM ** Suche nach Min. und Max. **
1970 REM -------------------------------
1980 FOR S = 2 TO ANZ
1990 IF XR(S) > GX THEN GX = XR(S)
2000 IF YR(S) > GY THEN GY = YR(S)
2010 IF XR(S) < KX THEN KX = XR(S)
2020 IF YR(S) < KY THEN KY = YR(S)
2030 NEXT S
2040 GX2 = GX: IF ABS(KX)>GX THEN GX2 = ABS(KX)
2050 GY2 = GY: IF ABS(KY)>GY THEN GY2 = ABS(KY)
2060 REM ---------------------------------
2070 REM ** Massstabsfaktoren berechnen **
2080 REM ---------------------------------
2090 XMAX = 10^INT(1+LOG(GX2)/M0)
2100 XMAX = XMAX/2: IF XMAX>=GX2 THEN 2100
2110 XMAX = XMAX*2: SX = XMAX/10*2: MX = 28/XMAX*10
2120 YMAX = 10^INT(1+LOG(GY2)/M0)
2130 YMAX = YMAX/2: IF YMAX>=GY2 THEN 2130
2140 YMAX = YMAX*2: SY = YMAX/10*2: MY = 8/YMAX*10
2150 IF FL=3 OR FL=4 THEN FX=INT(1+GX2/M0):LX=INT(32/FX)*8:MX=LX/M0
2160 IF FL=2 OR FL=3 THEN FY=INT(1+GY2/M0):LY=INT(10/FY)*8:MY=LY/M0
2170 IF KX >= 0 THEN X0 = 40: XP = 7: LX = LX*2: MX = MX*2
2180 IF KY >= 0 THEN Y0 = 180: YP = 24: LY = LY*2: MY = MY*2
2190 REM ---------------------
2200 REM ** Achsen zeichnen **
2210 REM ---------------------
2220 PRINT CL$:LINE(X0,0)-(X0,199):LINE(0,Y0)-(639,Y0)
2230 REM --------------------------
2240 REM ** Begin der Grafik     **
2250 REM --------------------------
2260 REM ** Messwerte Darstellen **
2270 REM --------------------------
2280 FOR S = 1 TO ANZ
2290 X1 = XR(S)*MX+X0: Y1 = Y0-YR(S)*MY
2300 LINE(X1-4,Y1)-(X1+4,Y1): LINE(X1,Y1-2)-(X1,Y1+2)
2310 NEXT S
2320 REM ---------------------------------
2330 REM ** Regressionsgerade berechnen **
2340 REM ---------------------------------
2350 X1 = KX*MX+X0: Y1 = Y0-(M*KX+N)*MY
2360 X2 = GX*MX+X0: Y2 = Y0-(M*GX+N)*MY
2370 LINE(X1,Y1)-(X2,Y2)
2380 REM -----------------------
2390 REM ** Achsen beschriften **
2400 REM -----------------------
2410 ON FL GOSUB 2440,2480,2520,2560
2420 GOSUB 260: PRINT CL$: RETURN
2430 REM
2440 REM ** lineare Funktion **
2450 GOSUB 2680:              REM X-Achse linear beschriften
2460 GOSUB 2820:              REM Y-Achse linear beschriften
2470 RETURN
2480 REM ** e-Funktion **
2490 GOSUB 2680:              REM X-Achse linear beschriften
2500 GOSUB 3100:              REM Y-Achse log. beschriften
2510 RETURN
2520 REM ** Potenzfunktion **
2530 GOSUB 2960:              REM X-Achse log. beschriften
2540 GOSUB 3100:              REM Y-Achse log. beschriften
```

```
2550 RETURN
2560 REM ** log. Funktion **
2570 GOSUB 2960:                    REM X-Achse log. beschriften
2580 GOSUB 2820:                    REM Y-Achse linear beschriften
2590 RETURN
2600 REM
2610 REM *******************************************
2620 REM ** Beschriftungsroutinen fuer die Achsen **
2630 REM *******************************************
2640 REM
2650 REM --------------------------------
2660 REM ** X-Achse linear beschriften **
2670 REM --------------------------------
2680 IF GX <= 0 THEN 2730
2690 FOR S = SX TO XMAX STEP SX
2700 XPOS=S*MX+X0:S$=STR$(S):LOCATE YP,INT(XPOS/8)-LEN(S$)+1,1
2710 PRINT S$;: LINE(XPOS,Y0-2)-(XPOS,Y0+2)
2720 NEXT S
2730 IF KX >= 0 THEN 2780
2740 FOR S = -SX TO -XMAX STEP -SX
2750 XPOS=S*MX+X0:S$=STR$(S):LOCATE YP,INT(XPOS/8)-LEN(S$)+1,1
2760 PRINT S$;: LINE(XPOS,Y0-2)-(XPOS,Y0+2)
2770 NEXT S
2780 RETURN
2790 REM --------------------------------
2800 REM ** Y-Achse linear beschriften **
2810 REM --------------------------------
2820 IF GY <= 0 THEN 2870
2830 FOR S = SY TO YMAX STEP SY
2840 YPOS = Y0-S*MY: S$ = STR$(S)
2850 LOCATE INT(YPOS/8)+1,XP,1: PRINT S$;: LINE(X0-4,YPOS)-(X0+4,YPOS)
2860 NEXT S
2870 IF KY >= 0 THEN 2920
2880 FOR S = -SY TO -YMAX STEP -SY
2890 YPOS = Y0-S*MY: S$ = STR$(S)
2900 LOCATE INT(YPOS/8)+1,XP,1: PRINT S$;: LINE(X0-4,YPOS)-(X0+4,YPOS)
2910 NEXT S
2920 RETURN
2930 REM ------------------------------
2940 REM ** X-Achse log. beschriften **
2950 REM ------------------------------
2960 IF GX <= 0 THEN 3010
2970 FOR S = 0 TO FX
2980 XPOS=(LX*S+X0):S$=STR$(10^S):LOCATE YP,INT(XPOS/8)-LEN(S$)+1,1
2990 PRINT S$;: LINE(XPOS,Y0-2)-(XPOS,Y0+2)
3000 NEXT S
3010 IF KX >= 0 THEN 3060
3020 FOR S = -1 TO -FX STEP -1
3030 XPOS=(LX*S+X0):S$=STR$(10^S):LOCATE YP,INT(XPOS/8)-LEN(S$)+1,1
3040 PRINT S$;: LINE(XPOS,Y0-2)-(XPOS,Y0+2)
3050 NEXT S
3060 RETURN
3070 REM ------------------------------
3080 REM ** Y-Achse log. beschriften **
3090 REM ------------------------------
3100 IF GY <= 0 THEN 3160
3110 FOR S = 1 TO FY
3120 YPOS = Y0-LY*S: S$ = STR$(10^S)
3130 LOCATE INT(YPOS/8)+1,XP,1: PRINT S$;: LINE(X0-4,YPOS)-(X0+4,YPOS)
3140 NEXT S
3150 IF KY >= 0 THEN 3200
3160 FOR S = -1 TO -FY STEP -1
3170 YPOS = Y0-LY*S: S$ = STR$(10^S)
3180 LOCATE INT(YPOS/8)+1,XP,1: PRINT S$;: LINE(X0-4,YPOS)-(X0+4,YPOS)
3190 NEXT S
3200 RETURN
```

# „FUNKTION FINDEN" in einer reduzierten Pascal-Version:

```
{================================================================}
{=====                  Funktion Finden                    =====}
{=====                        von                          =====}
{=====                   Stefan Thomas                     =====}
{=====                     (C)  1989                       =====}
{================================================================}

type daten = record x,y:real; end;

var messwerte,rechenwerte:array[1..20] of daten;
    anzahl,s,fnr:integer;
    xn,yn:boolean;
    m,n,k:array[1..4] of real;
    text:array[1..4] of string;
    kmax:real;

procedure lineare_regression(var m,n,k:real);
var xq,yq,s1,s2,s3:real;
begin
     xq := 0; yq := 0;
     for s := 1 to anzahl do begin
         xq := xq+rechenwerte[s].x/anzahl;
            yq := yq+rechenwerte[s].y/anzahl;
     end;
        s1 := 0; s2 := 0; s3 := 0;
     for s := 1 to anzahl do begin
         s1 := s1+(rechenwerte[s].x-xq)*(rechenwerte[s].y-yq);
         s2 := s2+sqr(rechenwerte[s].x-xq);
         s3 := s3+sqr(rechenwerte[s].y-yq);
     end;
     m := s1/s2; n := yq-m*xq; k := s1/sqrt(s2*s3);
end;

begin

     text[1] := 'lineare Funktion: m*x+n';
     text[2] := 'e-Funktion: n*e^(m*x)';
     text[3] := 'Potenzfunktion: n*x^m';
     text[4] := 'logarithmische Funktion: m*ln(x)+n';

     repeat

           {===== Meßwerte eingeben =====}

           write('Anzahl Meßwerte: '); readln(anzahl);
           xn := false; yn := false;
           for s := 1 to anzahl do begin writeln;
               write('Nr.',s,' > X = '); readln(messwerte[s].x);
               write('         Y = ');    readln(messwerte[s].y);
               if messwerte[s].x < 0 then xn := true;
               if messwerte[s].y < 0 then yn := true;
           end;

           if anzahl >= 2 then begin

           {===== Berechnung =====}
```

```
          for s := 1 to 4 do begin { m,n,k auf 0 setzen }
             m[s] := 0; n[s] := 0; k[s] := 0;
          end;

          for s := 1 to anzahl do begin { dx auf lineare Funktion }
             rechenwerte[s] := messwerte[s];
          end;
          lineare_regression(m[1],n[1],k[1]);

          if not yn then begin
             for s := 1 to anzahl do begin { dx auf e-Funktion }
                rechenwerte[s].y := ln(messwerte[s].y);
             end;
             lineare_regression(m[2],n[2],k[2]);
             n[2] := exp(n[2]);
          end;

          if not xn and not yn then begin { dx auf Potenzfunktion }
             for s := 1 to anzahl do begin
                rechenwerte[s].x := ln(messwerte[s].x);
             end;
             lineare_regression(m[3],n[3],k[3]);
             n[3] := exp(n[3]);
          end;

          if not xn then begin { dx auf log. Funktion }
             for s := 1 to anzahl do begin
                rechenwerte[s].x := ln(messwerte[s].x);
                rechenwerte[s].y := messwerte[s].y;
             end;
             lineare_regression(m[4],n[4],k[4]);
          end;

          { besten Korrelationskoeffizienten ermitteln }
          kmax := abs(k[1]); fnr := 1;
          for s := 2 to 4 do begin
             if abs(k[s]) > kmax then begin
                kmax := k[s]; fnr := s;
             end;
          end;

          {===== Ausgabe des Ergebnisses =====}

          writeln;
          writeln('Ergebnis: ');
          writeln(text[fnr]);
          writeln('m = ',m[fnr]:10:4);
          writeln('n = ',n[fnr]:10:4);
          writeln('K =      ',k[fnr]:7:6);
          writeln;

       end;

    until anzahl = 0;
end.
```

# Sachregister